亚·和·说·茶

第一卷
DIYIJUAN

U0332237

徐亚和 著
YAHE SHUOCHA

亚和说茶

云南出版集团
云南科技出版社
·昆明·

图书在版编目（CIP）数据

亚和说茶．第一卷／徐亚和著．-- 昆明：云南科技出版社，2017.9（2022.6重印）
ISBN 978-7-5587-0877-0

Ⅰ．①亚… Ⅱ．①徐… Ⅲ．①茶文化－云南 Ⅳ．① TS971.21

中国版本图书馆 CIP 数据核字（2017）第 256848 号

**亚和说茶·第一卷**

徐亚和　著

责任编辑：杨旭恒　邓玉婷
助理编辑：屈雨婷
特邀编辑：段丽彬
封面设计：秦会仙
装帧设计：张　萌
责任校对：叶水金
责任印制：翟　苑
语音整理：徐　颖　张　科
文字整理：陆　森　郭　红

印　　刷：云南金伦云印实业股份有限公司
开　　本：889mm×1194mm　1/32
印　　张：16.75
字　　数：320 千字
版　　次：2018 年 12 月第 1 版
印　　次：2022 年 6 月第 1 版第 3 次印刷
定　　价：98.00 元

出版发行：云南出版集团　云南科技出版社
地　　址：昆明市环城西路 609 号
电　　话：0871-64120150

《亚和说茶》以徐亚和先生在"普洱老爷"微信公众号发布的"亚和说茶"语音版为基础，编辑九十六期内容集结出版了。全书以通俗易懂的语言、清晰严谨的思路、精微实用的经验，从茶叶命名、茶叶分类、茶类特征与茶树形态学关系入题，讲述了茶叶一生的故事，明确了茶树各器官生育规律、气候条件与茶叶品质、茶园结构与高产优质的紧密联系，剖析了灾害性气候对茶叶品质的影响。介绍了制茶技术理论，各种茶类的初、精制及再加工技术，首次批露了普洱茶、滇红功夫茶、红碎茶的精制筛分筛网配置组合；第一次诠释了茶叶归堆与小样分析对生产经营的重大意义，揭示了熏香茶、速溶茶、罐装茶的技术奥秘。通过分析古今中外的茶叶审评方法，架构出茶叶审评品鉴及检验鉴定的学术体系。全面介绍了绿茶、黄茶、白茶、青茶、红茶、黑茶的品鉴方式；首次提出普洱茶中期茶、老茶的鉴定方法和技巧。用最清晰的阐述，严谨的态度，简炼的语言，清晰的思路，全面地讲述了真实的中国茶故事。

这是一本集茶学历史、茶学理论、实用技术、实践经验于一体的科普读物，是一本不可多得的茶学工具书，对广大茶叶爱好者、茶艺师、评茶员及茶叶科技工作者提升理论水平，提高技能技艺将有很大帮助。该书也是作者几十年在茶叶种植、加工、流通全产业链中经验的结晶，集系统性、科学性、实用性为一体，值得一读！

是为序

# 序

陈勋儒　二〇一八年十二月　于昆明

# 目录

## 茶的分类与茶味生活

## 茶树形态特征与茶叶品质

## 气候条件与茶树和茶的品质

## 茶树各器官生育的故事

## 茶叶加工技术

## 茶叶再加工精制技术

# 茶的分类与茶味生活

选择一个好的普洱茶，应该是眼耳鼻舌身一起使用，另外还得加上一些科学的知识。

# 一条普洱茶微信引起的联想

我是一个喜欢运动的人，这两天里约奥运会如火如荼、精彩纷呈，看得我好不惬意。

今天，我一边看着奥运会，一边喝着普洱茶，一个朋友发来了一条微信。这条微信的意思大概是：他们梳理了 2015 年以来市场上销售着的 2000~20000 元一饼的普洱茶的 40 多个品种。

2000~20000 元一饼的茶？我听到这个消息，不知道是高兴还是不高兴。总的来说，如何购买茶叶，用多少钱来购买茶叶，是每个人的权利，无可厚非。

这几年，我身边发生了很多事，很多茶友选茶，喜欢用耳朵选茶。所谓"用耳朵选茶"，就是听茶马古道上已经消失了的种种故事和传说……

有的朋友选茶，是"用眼睛选茶"，只要茶叶是老包装，印着一个老字号的东西，通通收入囊中，付出了巨大的代价。

有的朋友选茶，喜欢"用鼻子"，就是只要这个茶是香的，花香、果香、其他的香，都收入囊中，这些都很危险。

选择一个好的普洱茶，应该是眼、耳、鼻、舌、身一起使用，另外还得加上一些科学的知识。选择云南普洱茶，有这么三个重点：

第一是要看看茶的外形。所谓"外形"，就是要看茶的条形，云南普洱茶是大叶种生产加工出来的茶。既是大叶种，它就一定是条索肥壮，油润，有光泽感的，用手掂量茶的时候，要有压实的感觉，要有分量感。如果是饼茶或砖茶，要看它的形状：饼茶要圆、要饱满；砖茶要棱角清晰、条形清晰，而不要出现泥状，不要压得太紧，也不能是松脱的，松脱的就是没压紧的。有形状的茶，就要用形状去要求它。

第二是要看茶的滋味。你一定要亲口尝一尝，因为有钱难买我喜欢。如果茶的味道不怪异，那么你所买到的可能就是你所喜欢的。

第三就是建议大家要注意食品安全。食品安全问题是一个大话题，一直以来也是普洱茶当中存在的问题。朋友们在选茶的时候，可以要求企业提供可追溯的线索，或者是检验报告。要把食品安全放到一个高度上，希望食品安全问题能得到大家的重视。

总的来说，有钱难买我喜欢，选茶的时候，就要眼、耳、鼻、舌、身一同上阵，少听故事多盯茶。

思考题
1. 普洱茶购买中最常见的错误方式有哪些？
2. 怎样选择一款好的普洱茶？

# 喝什么样的茶好

经常有人问我，喝什么茶好？我的回答是，喝什么茶都好！只要你把茶（当然是质量合格的茶）喝起来，你就能够获得健康，你就能够获得快乐！

世界卫生组织曾经把茶列为五种保健饮料之首，依据是茶叶里面含有茶多酚。茶多酚是一种可降脂的化学物质，云南大叶种茶的茶多酚含量是世界茶树品种中含量比较高的一个品种，它远远高于、优于许多中小叶品种。也就是说我们云南有个大宝贝，那就是我们的云南茶。只要你把茶喝起来，你就能获得这种健康。

茶多酚是苦涩的，尤其是比较偏涩，这就是我们喝茶的时候感觉到的涩味。如果你喝茶的时候喝到了有涩味的茶，那恰恰说明它的茶多酚含量比较高，这是一个好东西。

茶叶里面还含有咖啡碱，咖啡碱是一种苦味物质，就是我们喝茶当中喝到的苦味，这种感觉，主要就是咖啡碱。它是一种血管扩张剂，能使人体的血管壁扩张、血管软化，帮助那些患有血栓病人、血糖比较高的病人软化血管，获得健康。

茶叶里面还含有叶绿素，叶绿素能转化为叶绿醇，就是使茶汤表现出有绿色痕迹的那个色素。叶绿醇可以帮助患有消渴病、糖尿病的病人改善身体的糖代谢。

茶叶里面还含有多糖、单糖，这些植物糖类，可以促进人体的大脑发育……

　　因此，只要你把茶喝起来，茶多酚的降脂功能，咖啡碱的软化血管功能，叶绿素的改善糖代谢的功能，植物糖的促进大脑发育的功能，都能够帮助到你的健康。只要你把茶喝起来，你就可以获得健康！

　　喝茶是快乐的，喝茶能使你心静，你在品茶的这种慢节奏、慢生活中，陶冶自己的情操，享受茶与音乐、茶与书画、茶与生活空间、茶与插花等多种艺术的熏陶，你的生活将是美好的。

思考题
　1. 茶多酚、咖啡碱在茶汤里各是什么味道？
　2. 茶叶中的茶多酚、咖啡碱、叶绿素、植物糖各自对人体的保健功效是什么？

# 中国人爱茶的两条途径

前两期我们聊到了喝茶有利于健康、喝茶能给我们带来快乐，能使我们的生活美好起来。事实上，中国有很多人在喝茶，喝茶的历史已经有几千年。

总结这几千年的喝茶历史，我们发现，中国人爱茶有两条途径：一条途径是沿着植物学的道路去探索茶的属性，我们把这个可以称之为茶的物理性或者茶的科技性，它的探索方式是一种以理性的方式，以一种科学的态度去研究茶、发现茶，另一条途径，是沿着精神文化层面去感知茶叶，比如说通过茶的图腾文化，茶的诗歌、诗词，去认知和感知茶叶。我们把前一种认识茶的方式称之为茶的"物质文化"，把后一种认识茶的方式，称之为茶的"精神文化"。把它们两者相加，就是我们通常所说的茶文化，茶文化的话题，是我们今后要聊到的大话题。

通常，我们一方面朝着物质文化方面去认识茶叶，另一方面朝着精神文化的方面去认识茶叶。无论是朝着茶的物质属性方向去了解茶，还是朝着它的精神文化层面去感受茶、喜爱茶，都是我们中国茶文化的特点。

现在有许多喝茶的朋友、爱茶的朋友，喜欢朝着茶的物质属性方面去探讨茶、研究茶。特别是近两年，喜爱普洱茶的朋友，更有这个迹象，这是一个大好事。但是，说到以科技的方式去爱茶，就必须是逻辑性、理性都很强的，科学、严谨的一种思维方式；它是排斥一些精神臆想、猜测，排斥一些不可能的东西；它以严格的逻辑思维方式，以自然科学的态度去探讨茶。这个，今后我们会慢慢地聊到。

　　另外一条路，就是沿着茶的精神层面去热爱茶、感知茶。它的思维特点、特征是以超理性、非常规、非物质性的方式去爱茶，这就是典型的美学思维的方式，最大特征就是以"意象方式"去感知茶叶。所谓的"意象方式"，就是我们很多民族把一棵茶树当作茶祖来崇拜，首先把这棵树拟人化了，然后把自己的民族跟这个已经拟人化的茶进行了联系，这就是图腾文化的产生，是一种意象认识茶的方式。

　　还有在喝茶的时候，看到茶水的绿色，我们就想到了春天。把绿色和春天进行了类比，也是一种意象。我们看到的茶杯里面婀娜的、飘动着的茶叶，我们就想到了舞动着的"有女如茶"的画面，因此"茶像女人"一样婀娜多姿，这也是一种意象方式。这些意象方式它是非理性的，是超越的，是美学的思维方式。这在我们国家的传统诗词歌赋和楹联里面，比比皆是。

不管是从物质层面，还是从精神层面去理解茶、爱茶，都是我们今后要享受到的茶文化的精神大餐，爱茶、喝茶，生活就是美好的。

思考题
1. 中国人爱茶有几条途径？各有什么特点？
2. 中国茶文化是由哪些认识途径相加而成的？
3. 什么是茶的意象认识方式？

# 茶叶命名的方式方法

我今天想与大家聊的是茶叶命名的话题。

茶叶命名，就是给茶叶取个名字，很多朋友爱茶爱了一辈子，学了一辈子，茶名记不住。究其原因就是没有把握住茶叶命名的规律。

古往今来，中国茶叶的命名大概有五种方法：

第一种是按时间进行的命名。比如春茶、夏茶、秋茶、明前茶、谷花茶等，这些就是按照时间进行的命名。

第二种是按照地点进行的命名，比如龙井、武夷岩茶、蒙顶山茶、滇红茶、云南普洱茶、冰岛茶、易武茶、昔归茶，这些就是按照地点命名的茶。

第三种是根据茶树生长的地形、地貌和生态环境来进行的命名。比如说武夷岩茶的"岩"，就是（指）地貌；高山茶的"高山"，就是（指）海拔；云雾茶的"云雾"，就是（指）生态；石介茶的"介"，是两点之间的意思，石介茶就是两个石头缝之间的茶……这就是根据地形、地貌进行的命名。

第四种是根据茶叶的品质特征进行的命名。茶叶的品质特征分为两大类：一是它的外形，二是它的内质。

根据外形的命名，比如饼茶、砖茶、沱茶，这是大范围的命名。如果细究茶叶的外形，还可以把它命名为条形茶、卷曲型的茶等，像铁观音是卷曲形的茶叶，碧螺春的"螺"是一种螺旋状的茶叶，雀舌、珠茶、眉茶的茶叶类似眉毛等，这些都是根据茶叶的外形进行命名的。

另外是根据茶叶的内质进行的命名。茶叶的内质，我们可以把它分为三个方面：一个是根据香气进行的命名，比如说枣香砖、昆明十里香、花香茶、果香茶、兰香茶等；还有是根据茶叶汤色进行的命名，比如六大茶类中的绿茶、红茶、黄茶、黑茶等；还有一些我们经常在绿茶当中看见用"绿""春"这两个字来命名的茶叶，它表达绿茶的一个汤色特点；还有根据茶叶的滋味进行的命名，比如说历史上的"甘露""苦口师"等，这些就是强调了滋味特点的命名。

根据外形和内质的两种命名，我们都把它归到第四种命名方法上，就是根据茶叶的品质特征进行的命名。

第五种是"寓意型"的命名。寓意型的命名，比如说历史上把茶叶称为"不夜侯"，清代中国出口茶叶，又把它称之为"离乡草"，我们现在的"中国红"、我们普洱茶当中的"天趣""醴泉""臻冠""上世纪"等，这些都是对于茶的一种美好的祝愿……

中国茶叶的命名，大概就是上述的这五种方法。如果把这五种方法掌握了，面对浩如烟海的中国茶叶，你就找到了一把钥匙，和茶友们进行的交流也就是有效的、快乐的！

思考题
我国茶叶命名有哪几种方法？

# 混乱的喝茶感受描述

今天想与大家交流的话题是"喝茶感受的描述问题"。

喝茶感受的描述，是每一个人喝茶以后的体悟的一种表达方式。

对于消费者来讲，没有规定，只要你快快乐乐地把茶喝起来，不管什么样的感受，只要它是真实的，是你自己身体的体悟，就都是没有错的。我们对消费者在这一块上来说没有要求，千人千味。但是，对于从事茶叶工作的，尤其是从事茶叶销售工作的人员，他在做的是茶的传播、茶文化的传播、茶的推广，直接跟经济利益挂钩，因此对这部分人来讲，对喝茶的感受的表达，是应该有要求的。

曾经遇到一个诗人，他和我说：有一次，他喝一款普洱茶，喝了茶以后，（他说）那个茶不和他"对话"，我不明白"这款茶不跟他对话（他想表达）的意思是什么"？我仔细琢磨，（明白了）他所说的不和他"对话"，是指这个茶很平滞、很呆板、没有动静，怎么去感受它，都好像都没能找到感觉……原来，他所说的是茶的平淡、没有起伏、没有刺激性、没有收敛性……我知道如何去和他交流了。因为他是诗人，是消费者，不是业内人，因此对他（交流的方式）没有要求，那天交流得很愉快。

我在腾讯上看到一个视频，有一个茶艺师录制了一段视频放到了腾讯上面（请注意这是一个茶艺师录制的视频），她所做的工作就是带有媒体推广、传播性质的工作，在做一种茶文化的推广。那么，对于茶艺师来说，对她就要有要求了。

　　这位茶艺师在她录制的这个视频里面，大谈茶叶的"水路"，喝茶对水路的感觉。首先，她对这个水路的定义是"茶汤下咽过程的感受"，这个来定义水路，没有太多的错误。港澳台的朋友在交流的时候，我经常听到他们对水路的描述，基本上也是这个意思。而这位茶艺师在给茶汤的"水路"做完定义以后，紧接着描述的是茶汤的颜色、茶汤的亮度，这跟下咽有什么关系呢？接着她又说到了水路的宽、窄、粗、细……一种感受，用"宽"和"窄"，用"粗"和"细"来进行表达，准确吗？消费者怎么能知道你究竟要表达什么？既然是下咽过程的感觉，要么是下咽得很舒服的，要么就是下咽得不舒服的；如果是下咽得舒服的，就是"顺""滑""甜"，下咽以后喉咙有那种美好感觉，你直接用这些词语（"顺""滑""甜"）表达出来不是挺好吗？如果是不舒服的感觉，可能是"刺""挂"，就是说有点儿"哽噎""刺喉"……你直接用这些词（"刺""挂""哽噎"）表达不是挺好、挺准确的吗？大谈阔论地讲水路，我觉得既不专业，也不知道用心是什么？

　　对于（这一类）似是而非的茶文化的传播，我们是反对的。今天提出来"喝茶感受的表达和描述"这个话题，不是要在今天就要把它解决掉，而是把这个话题提出来以后，征集大家的意见，

（请）把你所遇到的各种问题表达出来，反映到我们平台上，我们今后慢慢地交流……我们需要通过各种活动，各种交流，带给大家对茶的科学的认识。

思考题
如何准确地描述喝茶感受？

# 茶与月亮、茶和中秋的故事

　　这几天，我越来越感觉到中秋节步伐的临近。身边的许多茶店、茶庄，都在积极准备中秋的礼品。中秋节是中华民族的重要节日，每当中秋来临的时候，中华民族的每个人，都会用自己的方式表达出对亲人的思念，对亲人的感恩。

　　今天和大家聊一聊茶叶和月亮、茶叶和中秋的故事。

　　中国人爱茶，把茶制成一定的形状，始于三国时期。在《广雅》当中有这么一段记载，说："荆巴间采叶作饼，饼成以米膏出。"说的是荆巴地区把茶叶采摘下来以后，制成了饼茶（这也是中国最早的制茶形状的出现）。后来，善于联想的中华民族，把饼茶和天上的月亮进行了联想，出现了许多富有诗情画意的茶饼的名称，比如"月团""小江月"等。

　　卢仝《走笔谢孟谏议寄新茶诗》（也叫《玉川茶歌》《七碗茶诗》），在这首诗里卢仝有这么一句话："开缄宛见谏议面，手阅月团三百片。"（诗中）"月团"就是饼茶。这首诗说的是孟谏议给卢仝寄了三百片饼茶。

　　到了宋代，有一个叫王禹偁的人，他写了一首《恩赐龙凤茶》的诗，这首诗里面有一句大家都非常熟悉的话，就是"香于九畹芳兰气，圆如三秋皓月轮"，他再次把饼茶类比为"三秋皓月"。

更绝的是苏东坡，他在《惠山谒钱道人烹小龙团登绝顶望太湖》这首诗里面，有这么一句话："独携天上小团月，来试人间第二泉"，说的是他怀揣"小月团"（就是饼茶）来到了惠山泉边，准备用"天下第二泉"的"惠山泉"冲泡小月团。苏东坡构建的（品茶的）意境，天人合一、人月共舞……

在中秋的时节，给亲人、朋友寄送一点茶叶，还表达了一种感恩之心。中国的茶德茶道当中，有一种精神就是"舍得"，就是"付出"。纵观茶叶形成的过程，不难发现：是大山孕育了茶树，是茶树孕育了茶青，是茶青经受了高温煎熬、挤揉出了茶汁，再经过高温沸水的冲泡，得到了茶汤……人们饮用茶汤以后，得到了康乐。茶一路走来的过程，就是一个不断地付出的过程……犹如我们的父母对我们的付出、对我们的呵护；犹如我们的朋友对我们的帮助、对我们的关爱……

因此，我想提醒朋友们，在中秋节来临的时候，当你给亲人们寄去月饼的时候，别忘了给他们寄去一点茶叶，寄去一个象征着团圆、象征着感恩的饼茶……

思考题
1. 我国把茶制造成一定形状始于什么时期？
2. "香于九畹芳兰气，圆如三秋皓月轮"是谁的诗句？出自哪里？

# 茶叶分类学是习茶的一把钥匙

　　在前面的节目里，我们聊到了茶叶命名的方式、方法。一些朋友给我发信息说，虽然了解了茶叶命名的方式、方法，但是面对一个茶的时候，还是不能准确地把握这个茶的类型，"知其名而不知其型"。

　　朋友们的问题，已经涉及了茶叶分类学。茶叶分类学，对于茶叶界来说是一个老话题、新课题：说它是老话题，是因为历朝历代的人们都会用自己的方式表达、记录他们所接触到的茶叶，这就增加了史料中中国茶叶类型的多样性，也增加了我们认识中国茶的难度；说它是新课题，作为一门学科，茶叶分类学，兴起于 20 世纪 50 年代末、60 年代初，到现在也就几十年的时间。

　　朋友们爱茶，知道了茶叶怎么去命名，怎么去给茶叶取个名字，固然有一些情趣，但是如果在此基础上你还能够了解一些茶叶分类学的知识，对你认识茶叶是大有帮助的。因为，茶叶分类学的工作，实际上是要把纷繁复杂的茶叶进行一种整理，进行一种归类，把它们当中具有相同的制茶原理、相似的制茶工艺的茶归为一类，成为一个类别。那么你一旦认识了这种制茶原理，知道了相似的这些制茶工艺，实际上你就认识了一个大的类型，你一开就开了一大片，你一悟就悟出一大片。因此它对你认识茶、了解茶是大有裨益的。

现在茶叶分类中，把中国茶叶分成了绿茶、黄茶、白茶、青茶、红茶和黑茶六大类型。以绿茶为例，所有绿茶的制茶原理，是利用高温去钝化、破坏（鲜叶中的蛋白酶）酶促氧化作用，使多酚氧化酶的活性遭受破坏，保留了叶片的绿色，形成了绿汤、绿叶的绿茶品质特点；再如红茶，它是一种发酵类的茶，它是利用适当的温度和湿度，促使多酚氧化酶的活性活跃起来，使绿色的叶片变成红色，从而形成红汤、红叶的红茶品质特点；再如黑茶，所有的黑茶都是通过微生物的作用，使微生物与茶叶里面的物质发生反应，促使叶底是褐色的、茶汤是褐色的（这种）品质特征的出现，于是我们把它叫作黑茶……

当你知道了这种茶叶分类的方法，犹如找到了一把钥匙，你对茶叶的认识会来得很快，进步会非常地快，（那）你认识茶叶就有了一个通道，找到了一个途径。

至于六大茶类的每一个茶类的品质特征，怎么去识别它？怎么去知道每个茶的好和坏？我们今后的节目当中会继续与大家分享。

思考题
1. 茶叶分类学兴起于什么时候？
2. 茶叶是如何进行分类的？
3. 我国有哪些基本茶类？

# 茶叶分类之红茶

我们接上回茶叶分类，今天与大家聊红茶。

红茶是目前世界上销量最大的一类茶，全世界茶叶贸易中95%都是红茶，所以红茶是一个统治性的茶类。

红茶在分类上，属于"全发酵"的茶。所谓的全发酵，就是它的叶子一定是由绿色全部转为红色，里面不应该发现有带绿色的、带黄色的叶底。

红茶的加工，它的原理是依托多酚氧化酶的自动氧化来实现的。我们把它称为"发酵"，但是这里面的"发酵"，不是工业意义上的发酵，它实际上是多酚氧化酶的自动氧化。因此，学术上把这个作用称为"渥红"，大家习惯称为"发酵"。在很多书籍里，"发酵"这个词在红茶上是打着引号的。

红茶（它）是通过鲜叶、萎凋、揉捻、渥红（发酵）、干燥五个工序加工出来的茶。当鲜叶采摘下来后，摊晾在（特定）地方，长时间的摊晾，就是"萎凋"，让它走水、让它"萎"、让它"凋"，等到它变柔软、香气出来、手捏上去有点柔软的时候，萎凋就够了；然后，就开始揉，直接地揉（记住它没有杀青，它直接就开始揉了），揉到把叶片里面的汁液挤出来并与空气接触，"发酵"开始了，也是氧化开始了。茶条揉出来以后，堆积起来，进行"渥红"，即"发酵"；等到全部转成了黄铜色的时候，发酵（程度）就够了；然后，烘干（干燥）即成。红茶就是通过这样的五个步骤加工出来的。

全世界的红茶，大概分为三个类型：第一类叫"工夫红茶"，所谓工夫红茶就是成"条形"的红茶，所以朋友们见到的成条状的红茶都是工夫红茶；第二类是"分级红茶"，是有意识地把鲜叶通过切碎、通过撕裂的方式把它制造成像白砂糖一样的、颗粒状的茶，这种茶叫作分级红茶，常常用在袋泡茶里面；第三类叫"自然红碎茶"，所谓的自然红碎茶就是工夫红茶等条形的茶，在运输、仓储、加工当中产生的自然摩擦以后形成的碎茶，我们把它称之为"自然红碎茶"，它也是用来加工袋泡茶的好原料。红茶就分为工夫红茶、分级红茶、自然红碎茶三种。

朋友们在选择红茶的时候，掌握好一个方法：

红茶的香气以蜜香为好，在蜜香型的红茶里面，又以"锐"香是上品；所谓的"锐"，锐角的那个"锐"，是指香气很鲜灵、有穿透力，即我们说的"沁人心脾"的穿透感，那么"蜜香带锐"的红茶就是好红茶。

从颜色上看，所有的红茶，一定要有油光的感觉，我们叫"乌润"。乌就是黑，就是汁液多，润就是有光泽，又黑又亮的红茶是好红茶。

红茶怕什么呢？红茶怕"枯"，所谓的枯，就是没有乌、不油润，这就叫"枯"。

另外，红茶怕发酵不透。所谓发酵不透，就是你看到的芽头带"黄白（色）"，"工夫红茶显白毫"是一个毛病，是它怕的东西，要忌讳的。

在滋味上，红茶怕"酸"，现在市场上很多红茶带有酸味，这是因为长时间低温发酵的受"沤"，不是正常品质。因此出现酸味的红茶，也不是一个好红茶……

大家学会选择红茶以后，品饮红茶也像其他茶一样，既可以是清饮，也可以在里面加糖加奶,（或）加入其他的,作为调饮来喝。比如现在世界上风靡的泡沫红茶，还加了冰块……

总的来说，红茶是一款浪漫之茶，希望你能喜欢。

---

思考题
1. 目前世界上销量最大的茶类是哪种？
2. 全发酵的茶应该具备的特点有哪些？
3. 红茶初制加工有哪些主要工序？
4. 红茶有哪些基本类型？各有什么特点？
5. 怎样选购红茶？
6. 优质红茶最忌讳什么？

# 茶叶分类之青茶

我们今天聊青茶。

青茶是中国几大茶类中独具鲜明特点的茶叶品类，它是介于绿茶和红茶之间的一个半发酵茶。这里所说的半发酵的"半"，不是数理意义上的百分之五十，而是指绿茶的"不发酵"和红茶的"全发酵"之间的幅度。换句话说，青茶是一个发酵程度可以从百分之十到百分之九十的（这么）一个跨度很大的茶类；大家熟悉的冻顶乌龙、铁观音，外形是砂绿色的，汤色是杏黄明亮的，很像绿茶；大红袍、单枞、水仙、黄金桂，它们很像红茶，青茶是一个发酵程度可以很浅，也可以很深的、变化很大的茶类。

青茶代表性茶品很多，比如大家知道的大叶乌龙、武夷岩茶、水仙、肉桂、奇兰、单枞、色种、本山、毛蟹、梅占，还有黄金桂等，这些都是属于青茶类当中的代表性的茶品。

无论青茶类的茶品有多少，从分类学的角度来说，它们都有相同或相似的加工工艺，都是由鲜叶、萎凋、摇青、炒青、揉捻、烘焙六道工序加工而成；其中的萎凋、炒青和烘焙很像其他茶。

朋友们重点要掌握的是这样三个特点：

第一个是所有的青茶的鲜叶要求都是开面采。所谓的"开面采"，就是要等到新梢发育到一定的成熟度，等枝条顶端的顶芽已经形成驻芽以后才去采摘。于是朋友们在所有的青茶当中找不到芽头：铁观音没有芽头、冻顶乌龙没有芽头、单枞没有芽头、水仙里面没有芽头、黄金桂里面也没有芽头……这就是采摘带来的结果。

第二个是它的摇青。所有的半发酵的茶，等到它萎凋到一定的程度，摇青到一定的程度以后，都有一个杀青（工艺），前段（时间）是萎凋和摇青，摇完青以后进行杀青。青茶就是一个前端发酵的茶，我们也把它叫作"前发酵"的茶。它的发酵在哪儿完成呢？就是在摇青的时候：所谓的"摇青"，就是使萎凋叶在簸箕里面做圆周跳跃运动的同时，使叶的边缘发生碰撞、发生摩擦，形成破裂，汁液溢出以后的氧化，（那么）它是在这个过程当中完成的发酵。摇完青，达到品质要求以后，就进行杀青，就阻止了多酚氧化酶的进一步氧化，它是一个前端发酵的茶，这是第二大特点。

第三个特点是揉捻当中的些许差别。青茶类的茶从外形看分为两类：一是条形的茶和其他茶的揉捻没有多少差别，基本上都一样；二是（也是和其他茶类最大的区别）像铁观音这样的"蜷曲形"的茶，像一个半握的、拳头状的茶，通过"包揉"来完成的。包揉就是把杀青叶包成团块，进行团揉，形成的这种蜷曲状，这是它的第三个特点。在青茶类茶品中，形体上是蜷曲形的这种茶才使用包揉，其他条形茶没有太多的差别。

朋友们在选择青茶的时候，尽管青茶的花色品种很多，你在选择的时候，只需要盯着两个指标：一是它的香气。二是它的味道。其他的茶叶品质指标你可以忽略一点。为什么呢？因为青茶的采摘是开面采，开面采枝条已经成熟了，或者说达到了相当的成熟度，它没有芽头，就没有嫩度，因此你不能用嫩度这个指标去要求它；另外一个，青茶是一个半发酵的茶，发酵程度可以从百分之十到百分之九十，就必然出现外形的花杂和叶底的花杂，因此叶底也不作为要求，你也不用去评判。三是它的汤色，（它）可以是浅度发酵，也可以是深度发酵。浅色也是合理的，深红色也是合理的，汤色你别去要求它。你就只需要盯着香气和滋味，去选择你所想要的青茶，好的香气和好的味道，就是你的首选。

# 茶叶分类之白茶

我们今天聊白茶。

白茶是六大茶类中加工方法最简单、最古老，也是最讲究的一个茶类。说它加工方法简单，是因为白茶的加工，看上去没有太多的工艺、没有太多的人为参与；它是将茶树鲜叶的茶青采摘回来以后、静置在那儿自然而然直达干燥的一种全萎凋的加工方式，显得很简单。说它最古老，是这种加工方式一直可以追溯到采集经济时期人类用茶的早期形态。

在唐代樊绰写的《蛮书》里，记录了当时云南茶叶加工的方法，他说："茶出银生城界诸山，散收无采造法。"书里的"散收无采造法"，是不是说云南没有采摘制茶的具体方式方法？其实不是！"散收无采造法"恰恰是一种自然而然干燥茶叶的方法，是白茶的加工方法，说明魏晋时期的云南可能从事的是白茶的加工。

白茶也是一个非常讲究的茶类，它追求的是"银白似雪"的外形，要"银白似雪"，（那么）它就怕黄、怕红、怕黑、怕花青、怕颜色有杂疵，所以它是一个很讲究的茶类。

根据用料的不用，白茶又有银针、白毛猴、白牡丹、贡眉、寿眉（这样）五个类型。但凡是用芽头加工出来的，称之为"银针"；用瘦弱的一芽一叶、芽头比较瘦小的一芽一叶加工出来的我们叫

"白毛猴"；用一芽一叶或一芽二叶加工出来的形状像萎凋了的花朵称为白牡丹；等级比较低的原料，加工出来的叫"寿眉"。寿眉当中等级又稍微高一点的称为"贡眉"，所以白茶有五类。

白茶的加工大概有三种方法。

第一种方法是"先阴晾后晒干"。"先阴晾"就是将鲜叶茶青静置在室内或者是微弱的阳光下两到三天以后，再拿到阳光下暴晒，进行干燥的这种加工方法，这种方法在福建政和地区使用得比较多，也比较古老。云南茶叶中有一种叫"月光白"的茶，人们说它是采茶的少女顶着月亮采摘回来，又在月亮下把它晾干加工出来的茶叫作月光白，非常美好；其实月光白说的就是白茶的加工，用"先阴晾后晒干"的方式加工出来的茶。它不是普洱茶，因为普洱茶是晒青，月光白是白茶。

第二种方法就是"先暴晒后晾干"。先把鲜叶茶青放到太阳下，用"日光萎凋"的方式，使鲜叶萎凋到七八成干，然后再拿到室内来进行阴干加工的方法。一般像白牡丹都用这种加工方法，在福建的福鼎地区使用这种方法比较多。

还有一种加工方法就是贡眉、寿眉这一类原料等级比较低的白茶。它"先进行重萎凋，然后再进行杀青、揉捻干燥"；就是它的前段工艺是重萎凋工艺，后段工艺使用了晒青茶的方法；先把茶青萎凋到五至六成干，然后进行轻杀青、轻揉捻、再干燥；前段是重萎凋，后段有点像晒青，这是第三种方法。第三种加工出来的方法由于原料等级比较低，它的颜色是"铁灰色"的。

这几年，白茶受到了人们的重视，很多人也喜爱白茶。说其"一年是茶，三年是药，七年是宝"。(那么)朋友们在选择白茶的时候，我送大家一句话，叫作"祛五病，追蜜韵"。

"祛五病"指的是不要选择发红、发黄、有花青、发黑，颜色不整齐的、有杂疵的白茶，这些不是最好的白茶，这是"祛五病"。

"追蜜韵"就是有蜜香，要有蜂蜜的香。因为白茶使用的是全萎凋技术，"萎凋"这个词是发酵类茶叶的专用词，只要进行了萎凋，进行了轻微的发酵，它肯定就会出蜜香，如果这种蜜香能够深入茶汤，那么你选到的就是好白茶。

思考题
1. 白茶加工的最大工艺特点是什么？
2. 白茶是我国古老的加工茶类，最早能追溯到什么时期？
3. 白茶有哪些代表性类型？
4. 白茶有哪些加工方式？如何进行？
5. 白茶"五病"指的是什么？
6. 如何选购好品质的白茶？
7. 云南出产的"月光白"属于什么类型的茶？

# 茶叶分类之黄茶

我们今天聊黄茶。

黄茶是六大茶类中的不发酵茶，它以"黄汤黄叶，滋味甜醇"著称于世。

黄茶有三种，第一种称为"黄芽茶"，是以一个单芽为原料，加工出来的芽茶类的黄茶，比如大家熟悉的大名鼎鼎的君山银针、蒙顶黄芽、霍山黄芽这一类芽茶类的黄茶统称为黄芽茶。第二种叫作"黄小茶"。黄小茶就是每年的清明前后，使用一芽一叶为原料加工出来的黄茶，如沩山毛尖、鹿城毛尖、平阳黄汤、雅安黄茶。第三种叫作"黄大茶"。黄大茶的"大"是相对于黄小茶的"小"而言的，换句话说，黄大茶的用料比黄小茶等级低，它一般是以一芽二叶或一芽三叶为原料进行加工的，如安徽的金寨黄茶、湖北的英山黄茶、广东的大叶青黄茶和台湾黄茶，这些都是属于黄大茶。

黄茶的加工有五道工序：鲜叶、杀青、揉捻、闷黄、干燥。其中的鲜叶、杀青、揉捻、干燥，属于绿茶工序，换句话说，黄茶就是在绿茶的基础上，进行了"闷黄"形成的，只要绿茶增加一道闷黄的工序，就变成了黄茶。

朋友们认识黄茶，了解黄茶，只要突破了对"闷黄"工序的了解，你就找到了打开黄茶秘密的那把钥匙——

闷黄有两种加工形式：一种是湿坯闷黄；一种是干坯闷黄。

"湿坯闷黄"是将杀青以后的杀青叶，或揉捻以后的揉捻叶堆积起来，时间长达几个小时，甚至二十几个小时的长时间堆渥，使之变黄，这叫"湿坯闷黄"。

"干坯闷黄"是使干燥程度达到七八成干的茶坯，堆渥起来，时间在四十多个小时，甚至达到七十多个小时的长时间堆闷，形成的闷黄，我们叫"干坯闷黄"。

"闷黄"有三个作用：

第一个作用是使叶绿素大量地降解丢失。叶绿素有 a、b 两种，叶绿素 a 是蓝绿色的，叶绿素 b 是杏黄色的；通过堆渥，叶绿素大量丢失以后，使原来绿色的茶坯变成了黄色的茶条，黄色的茶条必然出现黄色的茶汤，这就是黄茶"黄汤黄叶"形成的原因，是叶绿素丢失的结果。

第二个作用是通过堆渥，使茶坯里面的淀粉降解为单糖，增加黄茶的糖分含量。

第三个作用是通过堆渥以后，使它里面的蛋白质降解，形成氨基酸，增加了黄茶的鲜爽度。

在中国茶类当中，除了黄芽茶、黄小茶和黄大茶外，我要尤其提醒朋友们注意的是云南的竹筒茶。

云南竹筒茶的加工也有两种方法：一种方法就是将揉捻叶塞进竹筒里；还有一种是将晒青毛茶晒到七八成干甚至九成干的毛茶，塞到竹筒里形成的竹筒茶。这两种加工方法都符合黄茶的"湿坯闷黄"和"干坯闷黄"的原理。因此,云南竹筒茶应该属于黄茶类。

再一个就是云南晒青毛茶的加工中,尤其是雨季的晒青毛茶的加工,由于日照不足,有的晒青茶,两三天都没晒干,甚至三四天都没晒干,它就会出现叶绿素的大量丢失,自觉不自觉地就把晒青茶应该有的杏黄的茶底变成了黄汤、黄叶,从而做成了"黄茶"。

因此,朋友们要特别注意,如果在雨季加工晒青毛茶,一定要采取措施,避免叶绿素的大量流失。不能将晒青毛茶做成了黄茶,如果做成了黄茶,这样的晒青茶就是不合格的晒青茶。

思考题

1. 黄茶最大的品质特征是什么? 有哪几种?
2. 黄茶初制主要由哪些工艺组成?
3. 黄茶加工中"闷黄"工艺有何作用?
4. "闷黄"工艺主要有几种方式? 怎么进行?
5. 云南传统的竹筒茶属于基本茶中的哪一类? 为什么?

# 茶叶分类之绿茶（一）

我们今天聊绿茶。

绿茶是六大茶类中的不发酵茶。绿茶的"绿"，既是绿茶的品质特征，也是绿茶的品质要求。好的绿茶，甚至提出了"三绿"的标准：干茶绿、茶汤绿、叶底绿。朋友们喜欢绿茶、选择绿茶，请按照"汤清叶绿、追新求鲜"的方向去选择。

在六大茶类分类中，绿茶一直占据着传统优势地位。中国茶叶上下几千年，是一个以绿茶为基础、以绿茶为中心的，对茶叶加工利用的不断完善、不断创新的历史。我们说"茶叶学到老，茶名记不了"，并不是说其他五类茶，说的就是绿茶。绿茶的加工，是通过杀青、揉捻、干燥三道工序完成的。因此，在绿茶分类中，也往往围绕着这三道核心工艺来进行分类。

第一种是根据不同的杀青方式，把绿茶分成了汤青绿茶、蒸青绿茶和炒青绿茶。

所谓的汤青绿茶，一是用滚烫的开水，用"煮沸"的方式进行的高温杀青加工出来的绿茶，这种方式在唐朝和唐朝以前用得比较多。现代工业中也有使用，比如遭遇停电的时候、遭遇没有机械条件的时候，就会用"汤青"的方法。

二是蒸青，就是用"蒸"的方式，利用高温蒸汽进行穿透，进行高温杀青、钝化多酚氧化酶的作用加工出来的绿茶。陆羽《茶经》所记载的就是唐代的蒸青绿茶的加工方式；现在的日本，我们国家的湖北、四川、浙江、云南都有大量的蒸青绿茶的生产，历史久远。

三是炒青绿茶，就是利用铁锅或者是专用的杀青机，以"锅壁传热"的方式，进行的高温杀青加工出来的绿茶，其运用范围非常的广泛。

随着现代科技的进步，也出现了远红外线杀青和汽干杀青几种方式，但是应用范围不是很广，可以忽略不计。

第二种是围绕着干燥的不同方式进行的分类，把绿茶分成了烘青绿茶、炒青绿茶和晒青绿茶。

烘青是烘干的，炒青是炒干的，晒青是晒干的。请朋友们注意一条：绿茶加工的干燥，不意味着是一次性完成的，它常常是通过两次甚至三次才能完成干燥。分类学所说的，以"不同的干燥进行归类"指的是最后的干燥方式。不管前端发生了什么，只以最后的干燥方式为依据来进行归类。比如大家熟悉的碧螺春，是一个"前炒后烘"的茶叶，先把茶坯按照"茶不离手、手不离锅、一锅到底"的方法加工到八成半干，为了避免芽毫的断碎，为了避免茸毛的过多脱落，不再往下炒了，就交由烘干……它最后是烘干的，所以碧螺春就是一个烘青类的茶。

大家知道的龙井茶，从杀青到辉锅，它一直是炒干的，龙井是一个"全炒青"的茶。珠茶也是一个全程炒干的茶，也属于全炒青。

在大家知道的长炒青和云南加工的很多蒸青绿茶中，它使用的是"先烘后炒"的方法，前段是烘、后段是炒，跟碧螺春是反着的。（那么）先把茶叶烘干到八成、八成半干的时候，再来进行炒干，用车色机、滚筒炒干机进行炒干，出现了长条形的"长炒青"和圆形的"圆炒青"两类。不管它是长的、长条形的，还是圆形的，我们都把它归为炒青茶。

以上两种方法（以不同的杀青方式和不同的干燥方式进行的分类）是比较常见的两种分类方法；还有一种就是根据揉捻（不同的揉捻方式）形成不同的形状进行的绿茶分类，这种分类比较繁杂。我们国家的绿茶，根据揉捻造型的不同，大概出现了十八种形体，比如扁形、条形、眉形、珠形、瓜片形、毛峰形、碧螺春形、蜷曲形、针形、尖形、雀舌形、碎茶形等，类型比较多，所以"以揉捻造型方式"进行分类，现在不被采信、不被推广，但是在我们介绍茶类的时候，还是需要进行了解。

中国人对绿茶加工技术的使用，在揉捻、造形方面充满着"中国智慧"和"中国想象"，它也是绿茶的一些特点和特征，关于这一方面，容许我们下期再说。

思考题
1. 绿茶共同的品质特点是什么？
2. 绿茶"三绿"的含义是什么？
3. 绿茶初制的三大工艺是什么？
4. 绿茶是如何进行分类的？

# 茶叶分类之绿茶（二）

我们接着上回继续聊绿茶。

我们说到绿茶的分类主要有两种方式：一是根据不同的杀青方式进行的分类，二是根据不同的干燥方式进行的分类。我们也聊到了绿茶的加工充满着中国智慧和中国想象，可以加工出十八种以上形体的绿茶……尽管现在的茶叶分类不太采用揉捻造型的方法进行分类，但是我还是想选择八种以上典型性的形体，与朋友们做一次分享，帮助你选择到你所喜爱的绿茶。

第一类是"芽茶类"的绿茶。就是采摘一个单芽经过杀青以后，没有太多的揉捻和造型，保持了芽头"自然而然"状态的绿茶。

第二类是"扁形体"的绿茶。大家知道的龙井、旗枪、雀舌、大方，还有云南的宝洪茶，这一类扁形体的绿茶，它的特点是扁平、挺直、光滑。

第三类是"针形"的绿茶。它像一根针，直而圆，芽尖秀丽，锋苗非常的完整，如南京雨花茶、黄山松针、九山云针、安化松针、阳羡雪芽，就是针形茶的代表。

第四类是"卷曲形"的绿茶。根据卷曲的程度不同，又可以分成四种：一是使用一个单芽或者是初展的一芽一叶，加工出来的、毛茸茸的绿茶，如碧螺春、敬亭雪螺、都匀毛尖等卷曲形的茶；

二是随着揉捻程度的加深，压力的加大，形成的类似拳头状的、结成团块的绿茶，如碧玉簪、蝌蚪绿这一类的绿茶；三是随着卷曲程度进一步加深，揉捻用力进一步地加深形成的颗粒状的绿茶，像珠茶，比如平水珠茶、绍兴珠茶，这一类紧结程度非常高的卷曲形的茶；四是原料等级比较低的炒青茶中的圆炒青、云南元阳云雾茶、梁河磨锅茶……

第五类是"条"茶。条茶是最常见的形体，根据条形，我们又把它分成三种：一是成条状，带芽毫，锋苗比较好的，我们把它称为"毛峰"茶。二是直的条形，叶条比较多，芽毫比较少，比如"长炒青"。三是半弯曲的，类似一个月牙形的、眉毛状的，像现在的"眉茶"类，炒青茶当中的眉茶。

第六类是"尖"茶。最有代表性的莫过于太平猴魁。朋友们知道太平猴魁是采摘一芽二叶或者一芽三叶加工出来的绿茶，讲究的是芽和叶尖"等长齐长"。加工出来以后，它的形体"挺直有峰、自然舒展、状如兰花"，这一类的茶，我们称之为尖茶。

第七类是"片"茶，比如六安瓜片，它通过一个"摘蕊除叶"的工艺分别进行加工：第一叶分别加工，第二叶分别加工，第三叶分别加工……加工出来的类似于"自然状态"的叶片，我们把它称之为片茶。朋友们记住，其他茶类当中挑选出来的黄片，不属于片茶类。因为片茶类是有意识的设计行为，它是一种故意的行为，而挑拣出来的黄片是次品，它不属于片茶类的茶，它们是两回事儿。

第八类是特种形体的绿茶，比如"龙须茶"，就是通过杀青、揉捻以后，将茶条理顺，一束一束地捆扎，用线捆扎起来，形成像毛笔头一样的茶，它叫龙须茶；还有"菊花茶"，也是通过捆扎以后，压成像一朵花一样的茶；还有普洱茶加工当中的、老百姓把它一束一束捆扎起来的叫作"把把茶"的这一类的茶，就是特种形体加工的绿茶。

朋友们在选择这些绿茶的时候，你就记住以下三个诀窍：

第一，形体要整齐划一。所谓的整齐划一，就是要圆都圆、要直都直、要扁都扁、要弯都弯，这当中不要掺杂别的形体，比如扁当中带圆、直当中带弯、卷曲当中带直……都是属于不理想的绿茶。

第二，所有的绿茶都追绿，要求"三绿"，如果没有出现"绿汤绿叶"，就不是好绿茶。

第三，香高味甜。香气要高、滋味要鲜爽、要甜醇。

同时到达这三个指标的绿茶，就是好绿茶，你所选到的就是顶级的绿茶。

---

思考题
1. 绿茶形态众多，能否各列举出五种以上的代表性形态？
2. 扁形体绿茶中，最具代表性的名茶有哪些？
3. 卷曲形绿茶中，最具代表性的名茶有哪些？
4. 选择优质绿茶有哪些诀窍？

# 茶叶分类之黑茶

我们今天开始聊黑茶。

黑茶是六大茶类分类中的"后发酵茶",在中国茶叶几千年的历史中,如果说绿茶是滋生了中国茶文化的茶,那么黑茶就是"定国安邦"之茶,它为中华民族的团结统一作出了重大贡献。

从唐、到宋、到明、到清,在漫漫丝绸古路上,黑茶一直是销往青海、甘肃、内蒙古、西藏、新疆的主要茶类,我们把它归为边销茶。朋友们经常听到的茶马古道上的"以茶换马""以茶定边"的故事,其实讲的就是黑茶的故事。 在边疆少数民族心目中, "外形粗大、色泽乌黑、汤色红褐明亮"的茶品,就是他们心目中的上品黑茶。

黑茶的加工主要由鲜叶、杀青、揉捻、渥堆、干燥五大工序完成。为了满足少数民族"煮茶而饮"的消费习惯,要解决一个"耐煮性"的问题,所以黑茶的用料常常等级比较偏低,它比其他的茶类,等级是偏低的,这也就带来了加工方式的截然不同。比如杀青不是一次性锅炒杀青,或者一次性蒸汽杀青完成的,它的热蒸汽不容易穿透茶梗钝化多酚氧化酶,于是就出现了"交叉杀青"。这是因为鲜叶原料等级比较低,果胶含量比较少,揉捻不容易成型,于是采用了重压、重揉、长时间的揉捻,甚至在揉捻的过程中还补一补温度，出现了揉捻和杀青交叉进行的情况。再如干燥，也是因为原料等级比较低，含梗量比较高，不容易干燥，采用了长时间干燥的方式。

除此之外，黑茶加工最大的特点是"渥堆"。"渥堆"顾名思义就是把茶堆积起来，进行长时间的渥、闷。这一点和黄茶的"闷黄"极为相似，它们有一个相同的地方，都是利用了"湿热作用"，完成了茶的一些内含物质的转化。不同的是黑茶的程度更重、数量更大、时间更长；由于长时间的堆和渥，吸引了微生物的参与……因此黑茶是一个在微生物参与下的、真正意义上的发酵性的茶。

黑茶主要有四大产区和四个代表性的茶类：

第一，是"老青茶"，产于湖北的羊楼洞地区，我们把它叫作"洞茶"。朋友们看到的一个砖形茶上面压有像四川的"川"字形的那个砖茶就是老青茶，它产于湖北。

第二，是湖南的"安化黑茶"。安化黑茶，目前不仅仅局限于安化地区，湖南的益阳、桃江、宁乡、沅江等地区都有生产，它主要有篓砖、茯砖、千两茶、天尖、贡尖、生尖这样一些类型，我们习惯性地把湖南所产的黑茶，通通归入"安化黑茶"里面。

第三，是产于四川的"四川黑茶"。有两类，第一类叫作"南路边茶"，主产于雅安和天全一带，有四种：毛尖、芽细、康砖和金尖。第二类是"西路边茶"，主产于都江堰和重庆，有"方包"和"圆包"两种。"圆包"因为原料等级比较低，现在已经被淘汰了，所以西路边茶中到现在只保留了"方包"。

第四，是产于广西的"六堡茶"。六堡茶的生产目前发展到了二十多个县，像荔浦、金秀也有生产。

在这四种黑茶中，朋友们用心分析，会发现有三种茶是小叶种加工出来的黑茶，有一种茶是大叶种加工出来的黑茶。湖南、湖北、四川是小叶种加工的黑茶。两湖地区的茶主要销往西北的甘肃、青海和内蒙古；四川出产的销往西藏。广西是大叶种生产的黑茶，它主要销售到东南亚地区……因此，我们说黑茶是一个定国安邦之茶。

在说到黑茶的这些类型中，我们没有提到云南普洱茶中的"熟茶"，其原因是云南普洱熟茶是属于一个再加工性的茶类，它不属于基础茶的黑茶。关于云南普洱茶怎么利用了黑茶的技术和原理，加工成普洱熟茶，我们下期再与朋友们分享。

思考题
1. 黑茶初制加工的主要工艺有哪些？
2. 中国传统黑茶加工主要有哪四大产区？
3. 为什么说黑茶是定国安邦之茶？
4. 黄茶加工的"闷黄"与黑茶加工的"渥堆"有何异同？

# 茶叶分类之普洱茶

今天是亚和说茶的第十五期,在上一期的节目中,我们聊到了黑茶,列举了黑茶中的几个代表性的茶品。有的朋友沉不住气,给我发短信、微信留言:"徐老师,眼看六大茶类的分类就要介绍完了,你在聊到绿茶分类的时候没有提到普洱茶,在讲到黑茶的时候还是没有提普洱茶,那么普洱茶究竟是一个什么样的茶类?"

知道朋友们的着急,我非常理解这是对普洱茶的一种热爱,我也很想用三言两语回答朋友们的关注。

这么多年来,在很多场合中,我多次与朋友们交流过茶叶分类的话题。在一次次的无果而终、在一次次的无法统一中发现,因为朋友们对茶叶分类缺乏系统知识的认识和了解。今天总结我们从第七期到第十四期,与大家交流的茶叶分类的知识,一次性回答朋友们所关注的"普洱茶究竟属于什么茶类"的话题。

只要朋友们留意,就会发现我们所介绍的六大茶类,始终围绕着三个主要线索展开——

第一,茶树的鲜叶变成了什么?

第二,它使用的是什么样的加工方法加工出来的?

第三,这些加工方法的依据是什么?

我们的话题一直没有离开过"茶树的鲜叶变成了什么"这样一个最基本的命题。换句话说，我们一直给大家介绍的是毛茶加工的分类……六大茶类的分类是毛茶的分类、是基本茶的分类，我们反复强调"基本茶"分类和"毛茶"分类，就是想让朋友们建立起一个基本茶的概念。有了这个概念以后，我们就可以进一步地去思考、去发现，这些基本茶是还可以再加工、再利用的。

　　于是，茶的分类学就延伸了。包含了两大领域：一是基本茶的分类；另外一个是再加工茶的分类。

　　朋友们想一想：六大茶类这些基本茶，如果进行再加工的话，就会出现精制茶、紧压茶、萃取茶、保健茶、添香茶、果味茶或其他含茶饮料……

　　比如：①不同茶类的基本茶，都可以进一步地把它紧压出来，压成饼茶、砖茶和沱茶；因此，饼茶、砖茶、沱茶不是普洱茶的专利。白茶可以压紧压茶，红茶也可以压紧压茶，黄茶也可以做成竹筒茶，也是一种紧压。②如果对这些基本茶进行添香，那么它们都可以做出茉莉花茶、袋袋花茶、栀子花茶、菊花茶、玫瑰茶等，所以花茶也不是绿茶的专利，六大茶类都可使用。③再如对六大茶类进行萃取，那么我们就可以得到速溶茶、高浓缩的茶粉等，所以六大茶类都可以进行深加工……

　　这样一来，朋友们就不难发现，原来我们通常所说到的茶叶分类，讲的是"基本茶的分类"，没去思考再加工。

　　因此，"云南普洱茶中的熟茶，是一个以晒青毛茶为原料的再加工茶"；普洱茶的饼、砖、沱也是属于再加工茶。国家有关部门，把普洱茶定义为："以云南大叶种晒青毛茶为原料加工出来的成品或半成品……"这个定义是很准确的。我们也因此看到，普洱茶的加工利用，是可以进一步地发展、进一步地深入的。

还想提醒大家，茶叶分类学是一个学术问题，它不存在贬低或拔高某一个茶类，而是实事求是地去回答"茶树的鲜叶变成了什么"。因此，如果带着一种感性认识，不属于学术态度，这是需要避免的。

衷心希望朋友们厘清思路，选准茶类，避免各种各样的被忽悠，让茶带给你健康、带给你快乐。

思考题
1. 六大茶类属基本茶类，它在分类时始终关注的三大线索是什么？
2. 为什么普洱熟茶不属于六大茶类分类研究的范围？
3. 为何饼茶、砖茶、沱茶、花茶、速溶茶不在六大茶类分类中出现？
4. 茶叶分类学研究的两大领域是什么？

# 回答茶友的问题

今天，我集中回答朋友们在听了《亚和说茶》前十五期的栏目以后所提出来的一些问题。由于提问题的朋友类型比较多，有喝茶的朋友、有存茶的朋友、有从事茶叶经营的朋友，也有从事茶叶加工生产的朋友。朋友们的问题，我会在今后的栏目当中，逐渐地、分门别类地给大家作答复。希望这个栏目有朋友们的参与，请朋友们把更多的问题提出来，我们一起交流。

首先，我要回答茶友晓邑的问题。他的问题是：黑茶中有星星点点的金黄色物体，是不是茶叶受到黄曲霉的污染？如何识别金花菌和黄曲霉？

茶友晓邑地问题具有普遍性，也时常听朋友们问我这个问题。

我很明确地告诉朋友们，黑茶中长有金花菌的，是好茶。在20世纪60—80年代的《茶叶审评学》这本教科书中，有标准的，不用担心。但是，朋友们必须注意金花菌分布的特点：第一，它是黄色的。第二，它是沙粒状的。第三，它的分布是均匀的。也就是说，它呈"星星点点、状如散沙"，分布非常地均匀，这是好茶、优质茶的表现。

但是，如果朋友们看到的茶是呈"黄色的斑块"，那么就不是金花菌，它就可能是黄曲霉了，这就是区别的最关键的一点。

带有黄曲霉的茶，喝下去以后，喉咙上是有刺痛感的，不舒服，我们通俗说"锁喉"，建议朋友不要饮用。

另外，还要告诉大家：金花菌，它的学名叫"冠凸散囊菌"，也叫"冠状散囊菌"，它属于一种厌氧菌，它要在氧气比较稀少的环境下，才能滋生出来。那什么样的茶、哪些茶类加工环境中的氧气比较少呢？

黑茶有一个"渥堆"的加工过程，由于大面积、大体量的渥堆，堆心当中是缺少氧气的，相对来说它是一个缺氧的环境，所以黑茶当中会有金花菌的产生。另外，在云南普洱茶当中，饼茶、砖茶、柱茶（茶柱），特别是体量比较大的饼、砖、沱、柱茶的中心氧气少，是一个厌氧的环境，容易滋生出金花菌来……只要看到的是分布均匀的（金花菌），这种茶，都是好茶，朋友们都可以饮用。

茶友小渔提出这样一个问题："为了提高晒青茶的甜度和香度，在加工的时候是不是会有意识地闷一下？"

小渔的问题，讲的是茶叶加工，他是在听了六大茶类分类当中的"黄茶加工"的时候提出来的。

我想告诉小渔茶友和其他茶友们："闷"，是一种工序（艺），它起到借助"湿热作用"来消除茶叶苦味或涩味的目的，可以增加茶叶的甜度和醇度。但是，它对"鲜爽度"会不会提高呢？就要看"闷"的程度。如果你长时间的"闷"，可能就会引来糟泅，糟泅肯定就牺牲了鲜爽度，而且是个次品茶。所以，这个"闷"是有程度的，是受一定程度限制的。

晒青毛茶的加工当中，如果遇到了苦味比较重、涩味比较重的茶，可以（在揉捻完成以后）进行适当的"闷"，把它（揉捻叶）一垅一垅地堆积起来，高度在30厘米左右，半个小时左右翻动一次，通过3~4次的翻动，就可以利用"温热作用"有效地降低茶的苦味和涩味。绿茶加工当中也可以使用，在20世纪80年代，临沧市加工蒸青绿茶的时候，汤仁良老师傅就借用了"闷"的工艺，对揉捻茶坯进行适当的"堆闷"，去掉茶的苦涩味，从而增加茶的甜醇度，这些经验是可以交叉使用的。

有一位叫文昌的茶友提出这么一个问题，他说："红茶的后期烘干应该怎么做？"这个问题有些笼统，我想把它分成三种情况：

第一种情况，如果你所买到的红茶是属于发酵不足，带有一点我们说的"功夫红茶显白毫、颜色泛黄"的这一类红茶，最好不要用高温干燥，大概在40~50℃就可以了；要激活多酚氧化酶的活性，让它完成"后发酵"，这个是对于发酵不足的成品红茶，可以采取这样的补救措施。

第二种情况，发酵程度是足够，目的是"提香"，就是要让香气挥发出来，提高茶的香气。那么，这种烘烤（再干燥），可以在80~90℃这样一个温度范围内，进行长时间的烘焙。这个长时间，就是2~4小时；时间可以长一点，但是红茶怕"火攻"，时间太长了可能带"火味"，带火味的红茶不是好茶。所以我建议的时间是2~4小时，温度控制在80~90℃。

第三种情况，纯粹以干燥为目的。如果茶叶回潮，没有"提香"的任务，没有追加"后发酵"的任务，那么你就可以在50~60℃的温度下，把它补干就可以了。

这就是"关于红茶后期干燥怎么做"的回答。

朋友们的这些提问很好，虽然我回答的是茶友晓邕、小渔和文昌的问题，我相信，会有更多的朋友感兴趣。希望朋友们把你所想要了解的、想要询问的问题提出来，我们一起互动。

思考题
1. 金花菌在茶上的分布有什么特点？
2. 茶叶初制加工中，如何使用"堆闷"的方法减轻苦涩味？
3. 发酵程度不足的红茶如何通过再干燥的方法进行补救？
4. 红茶如何再提香？提香时如何避免出现"火攻味"？

# 如何选择一款优质茶

　　通过前几期的栏目，我给茶友们介绍了茶叶命名、茶叶分类和六大茶类的基础知识，希望能够让大家对茶的认识有一些帮助。今天，我想和朋友们一起，运用我们所了解和掌握到的茶叶知识，来解决"如何选择一款优质茶品？"的问题，权当是对我们前段时期的栏目做一次小结。

　　如何选择一款优质的茶？我有十六个字的经验与朋友们分享，这十六个字就是"有类可依，形质兼顾，安全卫生，来源清晰"。

　　第一，"有类可依"：就是朋友们在选择一款茶的时候，这款茶是可以归类的；就茶类而言，如果是绿茶，肯定是绿汤绿叶；如果是红茶，肯定是红汤红叶；如果是黄茶，肯定是黄汤黄叶；如果在绿茶当中发现了红叶、红底，在红茶当中发现了绿叶，或黄茶当中发现了青绿色的茶底；这些茶都是有瑕疵的茶，朋友们选择的时候就要注意。因此，你在选择的时候，首先是要知道你在选什么？选哪一类的茶？然后，再用这类茶的标准去要求它，你就能够选择到好的茶叶，这是就茶的类型而言。

　　再如形状，如果你选择的是条形茶，那么就不该有弯条和团块；如果你选择的是扁形茶，就不该有圆条；如果选择的是卷曲形的，或者是弯曲形的茶，那么它里面就不该有直条。因此，一定是类型很清晰的，越清晰就越好，这是第一点。

第二，"形质兼顾"："形"指茶的外形，"质"指它的内质，换句话说就是要"内外兼修"，内外兼修讲的是一个优质问题；优质的概念在每一个等级的茶当中都是存在和可以比较的。

首先，大家知道，茶叶由于采摘的标准不同，有的用一个单芽来加工，有的采一芽一叶来加工，有的用一芽二叶来加工，有的用一芽三叶来加工……那么，一个单芽和一芽三叶或者一芽一叶和一芽三叶，由于原料不同是没有可比性的，是无法比较的；因此，优质对每一个等级的茶都是存在的，它是贯穿始终的。朋友们在选茶的时候，如果是芽茶类，就要用芽茶类的标准去要求它，一芽一叶的就用一芽一叶的风格和标准要求它，一芽二叶的、一芽三叶的就用相应的不同等级的标准来要求它；因用料不同必然出现不同的外形，这是从形体上看。

其次，是内质：优质的茶，肯定是无污染的，比如说它不该出现烟、焦、馊、酸等这些通病；有了这些毛病的茶，肯定就不是优质的茶；所以朋友们只要把外形和内质兼顾起来，你就能够选择到一款理想的产品。

第三，"安全卫生"：这有两层含义：一是安全；就是要防止污染，比如说微生物的污染、杆菌的污染，还要防止重金属，也要杜绝农残。食品安全的问题，已经是我们国家高度重视的问题，也是我们每一个消费者忧心忡忡的问题。当大家解决了感官审评，选择到优质茶的时候，在此基础上，你要尽可能地向供应商或者生产单位索要检测报告，因为你的口感，只解决了感官的感受，而没有解决安全性。因此，一定要注意食品安全检测报告的索取。二是卫生；这个问题好理解，尽量地不能含有非茶类的夹杂物，比如说金属类的、其他杂木类的，或者是其他异物的介入……这是要杜绝的，要确保安全卫生。

第四，来源清晰：茶品来源不属于选择茶叶的技术性问题，我们面对电商的崛起、面对消费生产单位变得众多、单元变小的种种格局的时候，选择产品质量可追溯的企业，更有利于我们对产品质量的把控。建议朋友们尽量选择那些产品责任可追溯的产品去购买；这样，你的消费才有保障，你的权益才有保障。

因此，"有类可依，形质兼顾，安全卫生，来源清晰"就是选择一款优质茶的主要方法和保障。至于说这些优质茶，它是怎么构成优质的？尤其是什么样的外形叫优质？什么样的内质叫优质？我们会在以后的栏目当中，根据不同的茶类逐一地与朋友一起探讨、分享。

思考题
消费者在选购茶叶的时候应注意哪些问题？

# 茶树形态特征与茶叶品质

『根深叶茂、本固枝荣』，一棵植物长得是不是繁茂，取决于根系生长发育是否良好。

# 茶树根系与茶叶品质

从今天开始，我想与朋友们一起分享茶树形态学特征的有关知识。我们介绍茶树形态学特征的有关知识，并不是想把朋友们引导去种茶，而是想帮助朋友们更加完整地、更加系统地认识茶叶；也想帮助朋友们在茶区旅游的时候，当你走进古茶山、走进古茶园的时候，从感性到理性的认识上有一个大的提升。

和绝大多数植物一样，茶树是由根、茎、叶、花、果实和种子六大器官组成的，这些器官相互连接，互为依存，共同构成茶树的生命整体。

朋友们知道，"根深叶茂、本固枝荣"，植物长得是不是繁茂，取决于根系生长发育是否良好；也是因为这句话，现在市场上有很多人都在说古树茶好喝，其中的原因就是"树有多高、根有多深"，其实这句话是错误的。为什么呢？

茶树的根是由主根、侧根、细根和根毛组成的。

主根最早来源于种子发芽以后胚根垂直向下生长、不断增粗、加深以后形成了主根；从主根上长出来的粗度接近于主根的这部分，我们称之为一级侧根；从一级侧根上长出来的叫二级侧根，二级侧根长出来的叫三级侧根……以此类推，所以茶树的侧根是有层次结构的，它们共同构成了庞大的根群；从主根和侧根上长出来的细小的根，我们统称为细根，也叫吸收根；从吸收根上、侧根上和主根上长出来的粗度比细根还要细小、短小的这部分，我们称之为根毛，它们共同构成了茶树的根群。

茶树的根系分布有两个特点：一是垂直分布，二是水平分布。

从垂直分布上看，茶树的根群主要集中在两米以内的土层中，两米以下的土层里很少有根系的分布。其原因是随着土层的加深，土壤温度在下降，土壤内的空气在减少，而土壤内的水分在增加，由于这样的环境无法满足根系的生长，所以两米以下的土层里很少有根系的分布。一些高大的古茶树，它的根系要比矮小的茶树深一点，但是也很难超过3米。我们在大量的调查研究中，没有发现超过3.5米以上的根系，因此"树有多高、根有多深"这话是错误的。

从水平分布上看，茶树根系的分布，与地上面的树冠有对应关系，就是树冠有多宽广，根系也就有多宽广。根系的边缘几乎可以到达树冠的垂直面。也就是说，树冠垂直面以外，就很少有根系分布了。

除此之外，我想重点给朋友们介绍的是茶树吸收根分布的规律。

茶树的吸收根是茶树吸收营养的主要器官，它的分布主要集中在40~80厘米的土层中。在40~60厘米的土层中，吸收根的分布大约占了总量的60%以上；表层土壤（就是20厘米内的表层土壤）当中，也有吸收根的分布，大约占总量的20%；80厘米以下的土层当中，很少有吸收根的分布。所以80厘米以内的这个土层的营养条件、土壤环境，对茶树生长发育的影响是至关重要的。我们平时讲的茶树栽培，栽培的"培"，主要就是要在这个土层当中做文章，在这个土层当中来改善和满足茶树的生理要求。根系长得好，茶树也就长得好。

茶树根系与茶叶品质的关系，是对茶叶的鲜爽度的影响。决定茶叶品质鲜爽度的指标，是氨基酸，茶叶中氨基酸的主要成分是茶氨酸；茶氨酸不在茶树的地上部分合成，也就是说它不在树冠上合成，而是在茶树的根系内合成的；因此，根系长得越好，茶氨酸合成得越多，茶叶的品质越好，这就是茶叶根系与茶叶品质的关系。

大家知道，根系有支撑、固定树体的作用，有吸收营养、运输营养、合成营养，储存营养的作用。因此，大家了解了茶树根系的形态学特征以后，你就能够理解种茶的时候为什么要开挖种植沟，为什么平时要加强茶园土壤管理了，它不单是满足茶树的生存，也是获得优质茶叶的重要保障。

思考题
1. 茶树是由哪六大器官组成的？
2. 茶树根系有哪些类型？各自的生理功能是什么？
3. 茶树根系的垂直分布和水平分布各有什么特点？
4. 为什么说"树有多高，根有多深"是错误的？
5. 茶树吸收根分布有哪些规律？
6. 影响茶叶鲜爽度的氨基酸在茶树的哪个部位合成？
7. 茶树根系的生理作用是什么？

# 茶树茎的形态与茶叶品质

我们今天聊茶树的"茎"。

茎是茶树体地上部分连接各器官的重要部位，它由主干、主轴、分枝和当年新生枝梢四大部分构成。

主干就是茶树体地上部分（根茎以上）分枝以下的部分，称之为主干。主干的延长线，上面着生一些分枝的这部分，我们称之为主轴，它像一个"轴"一样，上面围绕着分枝。从主轴上分枝出来的，我们称之为一级分枝，从一级分枝上长出来的称二级分枝，二级分枝上长出来的称三级分枝……以此类推，直达采摘的采摘面。因此，分枝是由一级分枝一直可以达到几十级的一个共同的统称。

在分枝当中，朋友们要注意有两种类型：一种类型是早期分枝，它们逐渐增粗增大以后，形成了树体的骨干，我们把这部分粗大的分枝称之为"骨架枝"。在骨架枝上长出来、粗度在0.8~1厘米的这一部分，我们称之为"生产枝"，它是产量的来源。因此，我们看到一棵古茶树的时候、我们看到一棵完整的茶树的时候，就要留意它有没有骨架枝？有没有生产枝？我们现在看到的很多古茶树，骨架枝比较突出，而生产枝条比较少，这样产量就会低；产量要大，必须生产枝条要多，生产性枝条要多！所以，现在的古茶树保护和古茶树利用，就是要在保障现有的骨架基础上，恢复和培养生产枝，设法让茶树大量长出0.8~1厘米的枝条，这样才会形成产量。

根据茶树的分枝习性，又可以把茶树分为乔木型、灌木型和半乔木型茶树三个类型。

乔木型的茶树就是有明显的主轴和主干的，一眼看上去有主轴和主干的叫乔木；看不到主轴主干的，那就是灌木；介于二者之间的为半乔木型茶树。朋友们看到的云南普洱茶产区中很多台地茶，它的种性是乔木型茶树，只要不采摘，它就会往上长。因此，很多朋友说："云南普洱茶当中的台地茶是灌木茶……"这一类的说法是不准确的。只要你不采，它就能长高，它依然是乔木型的种性。

除此之外，每一个分枝之间，都有一个角度，我们称之为"分枝角度"。根据分枝角度大小不同，又可以把茶树分为三类：一类叫作"直立型"的茶树，它垂直地向上生长，分枝的角度小了以后，紧束地在一起，形成一个紧簇状的往上长，这一类的茶树我们称之为"一炷香"茶树；还有一种是分枝角度比较大，形成了广阔开张披张的树型，凤庆香竹箐的那棵茶树，就是典型的"披张型"的茶树……介于二者之间的，就称为"半披张茶树"，或者叫"半开展茶树"。

朋友们了解茶树的茎，主要把握四个知识点：

第一，茎是着生茶树叶片的部位，叶片和叶片之间的这个距离，称之为"节间"；节间的长短随品种的不同而不同，有的品种节间短，像铁观音的品种，节间就很短；云南大叶种的节间就比较长，这是种性带来的，和品质没有多少关系，这是一个知识点。

第二，是茎的持嫩性，所谓"持嫩性"，是茎保持嫩度的时间长短，像凤庆大叶种，它的持嫩性是比较高的，采回来的同级鲜叶，凤庆的茶条就可以揉得很紧，因为它的叶片柔软，持嫩性高，容易揉捻出"紧秀"的茶条；而持嫩性差的、低海拔、热区的茶，它的持嫩性低，木质化程度快，比较硬脆，所以不容易把它揉紧，条索就粗大，松泡；这些都是持嫩性不同带来的。通常，我们认为持嫩性高的是优良的品种。

第三，是茎的颜色变化。早期的茎，是由青绿色逐渐转向浅黄色、红棕色，最后转变成灰白色；随着时间的延长，这些浅灰色、灰白色的枝条，逐渐转向暗灰色……朋友们看到的古茶树，它的主干、主轴、骨干枝，几乎都是暗灰色的。早期，我们称之为"茎"，长大以后称为"枝"，枝再生长成为"干"，它的颜色也在随之变化。

第四，就是茎的解剖学结构，了解这一部分、朋友们可以把解剖学结构的一些知识运用到普洱茶老茶的鉴别上。

从茎的横切面上看，它由表皮、皮层、中柱鞘、维管束、木质部和髓部六大部分构成。表皮、皮层起到保护的作用；其中的维管束和木质部主要是起到运输的作用；特别是木质部当中，它分为筛管和导管两类：筛管是运输地上面的光合产物的，导管是运输地下吸收上来的水分和无机盐的，它是一个运输器官；处在茎的最中心的这部分，我们称为"髓"部，髓部是储存有大量营养的部位，它的水分含量也比较高；朋友们看到过很多植物的枝干干了以后，中间都是空心的、空洞的，就是髓部的水分大量挥发以后形成的空洞。

因此，茎的髓部是否空洞，可以成为老茶鉴别的依据。朋友们想一想，采摘的茶，它通常是采一芽一叶、一芽二叶的，这个时候的茎是很嫩的，茎的髓部的含水量是很高的。如果是老茶，髓的水分挥发是比较彻底的部位，"髓"肯定是空洞的，尤其是时间比较长的老茶，梗的空洞现象更是比较明显。

因此，我们可以把茶叶当中梗是否出现（髓部）空洞这个现象，作为鉴别老茶的重要依据！

思考题

1. 茶树的茎有哪些类型？
2. 乔木型茶树、灌木型茶树是根据茶树什么特性划分的？如何区别？
3. 根据茶树分枝角度的大小，茶树的树姿可以分为几种类型？
4. 茶树茎的持嫩性与茶的条索之间有何关联关系？
5. 为什么茶叶的节间长短不能成为鉴别品质优劣的依据？
6. 为什么茶叶中茎梗空洞现象是老茶鉴别的主要依据？
7. 古茶树古茶园保护中，为什么要复壮骨干枝和增加生产枝？

# 茶树芽的形态与茶叶品质

今天我们聊茶树的芽。

说到一般的植物，我们通常讲的是根、茎、叶、花、果，很少单独说芽；但是茶树不同，自唐汉以来，人们爱茶，对芽的喜爱甚至超过了叶，特别是随着贡茶制度的兴起，芽茶的比重越来越大。自唐到宋、到元、到明、到清，直到现在，随着精细农业的兴起，芽茶的比重越来越大。喜爱茶叶的朋友们、学习茶叶的朋友们，茶芽是一个避不开的话题。

首先，我们从形态学的角度来看，茶树的芽有四种分类的方法：

第一种是按照性质来划分，可以把茶树的芽分为"营养芽"和"花芽"两类。营养芽就是后来生长出茎、芽、叶等营养器官的芽；花芽就是发育成为茶花、茶果，最后成为种子的芽。

第二种是根据茶芽着生的部位来进行的划分，把茶芽分成"定芽"和"不定芽"两种。定芽就是位置固定的芽，不定芽就是没有确切位置的芽；定芽又有两类，一个是顶芽，一个是侧芽；顶芽就是长在一个枝条最上端、最顶端的那个芽；侧芽是位于枝条两侧的芽，它处在叶片叶柄部位，与叶柄和茎相连；顶芽的形体大过侧芽，它比较肥壮。这是第二种分类。

第三种是根据茶树的芽是否处在生长状态进行的分类，把茶树的芽分为"生长芽"和"休眠芽"两类。生长芽就是处在生长状态的芽的统称；休眠芽就是处在休眠状态的芽的统称，比如越冬芽和茶季之间的休眠芽。如春茶结束以后、夏茶开始之前有一段时间不生长，夏茶结束以后、秋茶开始之前有一段时间不生长，这些不生长期间的芽，就统统称为"休眠芽"。枝条生长到一定程度的时候，顶端的芽就不生长了，慢慢地停下来，这一类的芽，我们把它叫作"驻芽"，驻芽也是一种休眠芽。

第四是按照茶树芽形成的时间进行的分类。把茶树的芽分为"冬芽"和"夏芽"两类。冬芽，就是每年的秋冬季形成，春夏季生长的芽上面的鳞片比较多，有三到五枚鳞片，所以冬芽的形体比较大；夏芽就是每年的春夏季形成，夏秋季发育的芽。它上边的鳞片比较少，通常着生一到两枚，甚至有些是没有鳞片的。这是按照时间进行的划分。

茶芽的分类，就有这么四种。

朋友们在掌握了茶芽分类的基础上，就可以根据这些分类和这些不同的类型的芽的特点，来回答我们现实当中遇到的一些问题。比如早春茶芽头为什么会肥大？就是因为：第一，春茶几乎是由冬芽构成的，冬芽的鳞片多，茶芽肥大；第二，早春茶几乎是由顶芽构成的，它的形体大；第三，春天没有花果的生长，所有的营养相对集中地向上供应，导致了春茶的条索肥壮、形体重实。

运用这些知识，朋友们也就能够回答为什么秋茶的芽头瘦小，而且身骨比较轻。这是因为秋茶是由夏芽构成的，夏芽由于上边着生的鳞片少，形体不如冬芽肥大，秋茶的芽头势必是瘦小的。再加上秋天由于水分充足，树体各个枝条都在萌发，营养分散，导致了它的营养少，身骨轻，内含物少；也由于秋天是花果生长的繁茂季节，大量的花果消耗了营养，使得秋茶整体上看上去芽头是瘦小的，身骨是轻飘的。

从解剖学上看，如果我们把一个茶芽纵切开来，它主要是由鳞片、生长锥、叶原基和叶芽原基四部分组成。

鳞片就是覆在一个茶芽最外边的这部分，我们称为鳞片（以后我们在讲到叶片结构的时候也会讲到鳞片，今天先提一提）。

生长锥呈锥形，它有强烈的分生能力，有分裂能力；它不断地分裂发育以后，就不断地拉长，从而形成一个枝条。

在生长锥的两侧，长着叶原基，最后这个叶原基发育以后，就形成了叶片；在生长锥最下侧，还能看到表皮、皮层、形成层、导管和髓；这些部位发育以后，就形成了后来的枝条。

因此，一棵茶树的生长、长高、不断地伸长、不断地开展，实际上是一个一个芽的生长锥不断分化、分裂的结果，形成了庞大的树冠。可以说，茶树要长好，茶芽的发育必须要好。

思考题
1. 茶树形态学中芽有几种分类方式？
2. 茶树的花果是由什么器官分化形成的？
3. 茶树营养芽发育成了哪些器官？它能分化发育成花和果吗？
4. 为什么早春茶的芽头总是肥大的？
5. 秋茶芽头瘦弱的原因是什么？
6. 茶树的芽由哪些部分构成？
7. 一棵茶树的长高长大是依靠哪个核心器官分化发育实现的？

# 茶树叶片形态与茶叶品质（一）

我们今天聊茶树的叶片。

茶树是采叶植物，我们获得的茶叶产量当中有 90% 以上的生物产量来源于叶片，只有不到 10% 的产量来源于芽和嫩茎。茶树体的光合作用、呼吸作用、蒸腾作用以及气体交换作用都是在茶树叶片内完成的。茶叶界有一句至理名言叫作"看茶制茶，看茶做茶"，这个"看"，说的就是对茶树叶片的形态特征的研究和利用，根据茶树叶片的形态特征来合理地确定加工方法和加工方式。爱茶学茶的朋友，有必要了解茶树叶片的形态特征，了解茶树叶片形态特征是你学茶的不二法门。

因此，我用三期左右的时间，从叶片的类型及其形态特征以及叶形、叶色、叶尖、叶面、叶缘、锯齿、叶质、叶脉和叶片大小十个方面与朋友们分享茶树叶片的有关知识。

我们先说茶树叶片的类型及其特征。

茶树叶片的类型有三种，就是鳞片、鱼叶和真叶。

朋友们知道，叶片是由叶芽原基发育而来的。我们在讲到芽的解剖学结构的时候，说到一个芽纵切开来看，它的最外面覆盖着像覆瓦状一样的三到五枚的鳞片，夏芽上覆盖着一到两枚的鳞片，冬芽发育以后成为了春茶，夏芽发育以后形成了夏秋茶；鳞片没有叶柄，状如鱼鳞，形体比较小，只有一个小指头指甲盖那么大小；颜色是棕褐色的，叶质比较硬脆，不容易揉捻成条，在早春的毛茶当中，往往能看到散落在毛茶中的鳞片。爱茶的朋友，可以视"有无鳞片"为早春茶识别的形态学依据。

再说"鱼叶"。鱼叶是茶树体的功能先行叶，它生长速度比较快，能够迅速地获得叶面积进行光合作用，我们把这种功能称为"功能先行"。在古茶树和树体机能比较衰老的茶树上，鱼叶的比例是比较大的，这是生物进化以后的自我调节、自我保护的能力。生产上提倡的"留鱼叶采摘"是至关重要的，它对恢复树体的机能有着重要的作用。

鱼叶的形态特征：它的叶柄扁平，叶缘全圆或者是前端锯齿（就是说叶的边缘没有锯齿或者有锯齿也只是在叶的前端），叶尖是钝尖形的，叶质比较厚，蜡质层比较厚，这就是鱼叶的形态特征。

第三，就是"真叶"。我们常说的叶片，指的就是真叶。所以，我们接下来要讲的茶树叶片的形态特征，是以真叶为例的。

从叶形上看，茶树的真叶有四种叶形：披针形、长椭圆形、椭圆形和卵圆形四种。

我们把叶片的长度除以叶片的宽度，比值在 3 以上的称之为披针形的茶树，也称为柳叶形的茶；把长宽比在 2.5~3 的称为长椭圆的茶，像云南大叶种当中的冰岛长叶茶，就是典型的长椭圆形的茶树；把长宽比值在 2~2.5 的，称之为椭圆形的叶形；把比值在 2.0 以下的称之为卵圆形的叶形。茶树的叶形，就有这么四种。

　　再看看茶树真叶的颜色，有淡绿色、绿色、浓绿色、黄绿色和紫绿色五类。

　　朋友们想一想，如果你要加工绿茶，肯定会选择幼嫩的叶，色是绿色的和浓绿色的叶色，加工出绿茶就容易得多；黄色和淡黄色的这些叶色，比较适合加工红茶。

　　朋友们再想，从叶形上看，披针形的、长椭圆形的叶形，肯定适合做条茶；而椭圆形的叶形，比较适合加工铁观音一类的卷曲形的茶；像卵圆形的叶片，比较适合加工龙井和雀舌这一类扁、短的茶。

　　茶树叶片影响到加工方向的这种特性，我们称之为茶树的"适制性"。

　　所以，"看茶制茶"的"看"，就是要去了解每个茶树品种适合加工什么样的茶。你找到了这个方法，分析准了，就能够起到事半功倍的作用。

# 茶树叶片形态与茶叶品质（二）

　　我们接上回继续聊茶树叶片的形态特征。

　　这些年以来，我常常陪朋友们走茶山，发现很多朋友走进古茶山、古茶园的时候，都会很习惯地去采摘一个叶片进行观察，但是又不太知道从哪些方面进行观察。今天，我先从五个方面来与朋友们一起学习观察茶树叶片。

　　首先，看看茶树叶片的正面，我们称"叶面"。茶树的叶面有三种情况：第一种是叶面是平展的、平滑的，称之为平滑型叶面；第二种是隆起型叶形，它的叶表面是隆起的、凸凹不平的，称之为隆起型叶面；第三种是微隆的，叶面不光滑，有突起，但是不明显。其中，隆起型的叶片，由于它隆起，凸凹不平，叶的表面积就加大了，它的光合作用的总面积就超过了平滑型的叶片，我们把隆起型的叶片称为"优良茶树品种的表现"，这是看叶面。

　　其次，朋友们可以看叶尖。茶树的叶尖有四个类型，就是渐尖型、急尖型、钝尖型和凹尖型。所谓渐尖型，就是茶树叶片的叶尖是逐渐往外突出的，称之为渐尖型的叶片；第二种是茶树叶尖突然就往前突出，我们叫急尖型，也称骤尖型的叶片；第三种就是有叶尖，但是叶尖不突出，这一类的叶片称之为钝尖形的叶片；第四种就是叶尖不但没往外凸出，反而是往内收缩的，像芭蕉叶一样的，这一类的叶片称为凹尖型的叶片。

朋友们还可以进一步观察茶树叶片的边缘，就会发现，这个边缘有锯齿。茶树叶片的锯齿通常有15~32对，由于品种的不同，会有一些波动。在锯齿的最顶端会发现有一个红色的小点，这是腺细胞脱落以后留下来的痕迹。通常把这个红色的小点作为鉴定真假茶叶的主要依据。这一点请朋友们务必记住，只要是茶科植物，肯定能够在锯齿的顶端看到这个红色的小点。

除此之外，还要看叶缘。叶缘的形态有两种：一种是平展型的，就是叶的边缘没有变化，是平直的、伸开的，我们称平展型的叶型；它的边缘也有呈曲线状、波浪状的，称为波浪形的叶缘；波浪形的叶缘，它通常和隆起型的叶片结合成一个整体。所以叶面隆起，呈波浪形的，就是优良品种的表现。

与此同时，一个叶片拿在手上，你能够感觉到叶片的厚、薄、柔软、硬脆，叶片的厚、薄、柔软、硬脆这些特性，我们把它统称为叶质。云南大叶种的叶片比较厚，通常能够达到0.3~0.4毫米，小叶种茶树，厚度基本上波动在0.16~0.22毫米。

朋友们想一想，当你了解这些形态特征以后，将这些知识运用到茶上面，会发现什么呢？

你会发现那些渐尖型、急尖型的叶型比较适合做"针形茶"；由于叶尖揉捻成条以后，叶尖就像一根针的针尖，渐渐过渡出来的，非常的漂亮，适合加工锋苗秀丽的针形茶。而钝尖形的叶片，比较适合加工团块状的、蜷曲型的，像铁观音、珠茶这一类的茶。凹尖型的茶就比较适合用来加工龙井、雀舌这样的茶，它和芽搭配起来非常的协调，外形非常漂亮。

再从叶质上来看，凡属于叶片比较薄而又比较柔软的，揉捻成条以后它肯定揉出一个紧秀的茶条；那些叶片比较厚，又不是很柔软的，它揉出来的茶条，一是不耐揉，二是揉出来的茶条是松泡的。云南大叶种处于温凉地区，如凤庆和高海拔地区的茶，它的叶片比较柔软又比较厚，能够揉捻出那种紧秀、肥大的茶条，这是优良品种的表现。因此，茶条的松紧度、粗细度是跟叶质有密切关系的。

现在市场上很多朋友认识普洱茶，看到条形紧细一点的茶，就说它是台地茶、灌木茶，这种说法是不准确的，甚至是错误的，是臆想的。朋友们了解了茶树叶片形态特征的叶质和叶尖的这些知识以后，你就能够科学地去判别普洱茶，而不会养成见着外形就断定茶叶好坏的错误习惯。

思考题

1. 茶树叶片的叶面有哪些类型？
2. 优良茶树品种的叶面和叶缘有哪些特点？
3. 如何根据茶树的叶尖类型判断适合加工的茶类？
4. 如何根据茶树的叶缘特征鉴别真假茶叶？
5. 茶树的叶质有哪些类型？它们与茶的外形条索有怎样的联系？

# 茶树叶片形态与茶叶品质（三）

我们今天从茶树叶片的叶脉和叶片大小两个方面继续聊茶树叶片的形态学特征。

先看看叶脉。

茶树叶片的叶脉有四种，就是主脉、侧脉、支脉和细脉。主脉就是从叶柄直达叶尖的这一棵脉；从主脉上长出来的脉称为侧脉；从侧脉上分生出来的叫支脉；从支脉上长出来的叫细脉。它们共同构成闭合状的网状脉。茶树叶片的叶脉，起到储存营养、运输营养和支撑叶片伸展的作用，所以叶脉又叫叶片的筋和骨。

关于叶脉，有三个知识点需要提醒朋友们留意：

第一，叶脉对数的多少是茶树品种分类的主要依据。我们通常把叶脉在 10 对以上的称为"特大叶种"；叶脉在 8~10 对的称为"大叶种"；6~8 对的称为"中叶种"；少于 6 对的称为"小叶种"。

第二，茶树叶片的侧脉，当它向叶缘延展到 2/3 处就向上弯曲，与下一级侧脉相连，共同构成了闭合状的网状脉的这个特性，是鉴别真假茶树的主要依据。真假茶树鉴别就有了"侧脉伸展到 2/3 向上弯曲"以及"锯齿顶端有一个红色的腺细胞脱落以后留下的痕迹"两个依据。

第三，茶树的叶脉构成了成品茶的粗纤维的含量。大家知道，不同等级的茶叶对粗纤维的含量是有限制性的要求，粗纤维的来源，包含在成品茶中的茎和各种叶脉。红碎茶加工当中有一个俗语叫作"筋皮毛衣"，需要剔除，这个"筋皮毛衣"，就是揉碎了以后的叶脉。从这一点上来说，主张采摘幼嫩的新梢、采摘幼嫩的叶片进行加工，就是这个原因。

关于茶树叶片的大小。

叶片的大小，通常用叶面积来描述，分为大叶种、中叶种和小叶种。叶面积用叶长 × 叶宽 ×0.7 这样一个计算公式计算。叶长 × 叶宽 ×0.7 大于等于 60 平方厘米的称为"特大叶种"；40~60 平方厘米的称为"大叶种"；20~40 平方厘米的称为"中叶种"；小于 20 平方厘米的称为"小叶种"。

这几年，随着普洱茶的兴起，朋友们对普洱茶的研究也越来越深入。常常听到朋友们说台地茶是小叶茶，也常常听到古树茶是大叶茶等，有很多的评论。我想提醒朋友们注意三点：

第一，大叶种、中叶种、小叶种这样的结论，是要通过严格的叶面积计算或对叶片的侧脉对数的观察之后才能下结论。不能只看一个叶片就作出结论，要重复观察、多点取样，这样才有代表性，这种结论才能令人信服。

第二，毛茶条索的大小，取决于叶片面积的大小。朋友们想一下，叶片面积越大，肯定揉出来的茶条就粗大；而茶条的粗大，并不意味着品质就一定好，因为茶条的粗大与否，还有另外一个指标，就是"叶质"。如果叶质是薄的、柔软的，那么这种条形可能会比较紧，茶条的粗细它可能和叶质、叶面积大小两个指标有关，不能简单地只看到叶条，就判断品质的好坏。

第三，叶片的大小取决于它当时生长的环境条件。其中包含有个体生育的空间大小、营养和水分供应是否充足…这些外因条件也在左右着叶片大小的变动，不能够完全地从叶条上来辨别茶叶的品质。很多朋友在认识普洱茶的时候，通常会用条形大小来认识普洱茶，这是不够严谨、不够准确的，特别提醒朋友们注意。

所以，当我们完全地了解了茶树叶片的形态特征以后，朋友们就不难发现，认识一个茶、评价一个茶，是一个完整的科学体系。我们需要从加工工艺和茶树植物学形态特性两个方面，来完整地把握和认识茶，我们不能只见树木、不见森林地臆想、判断。

思考题

1. 茶树叶片的叶脉有哪些类型？它们的主要生理功能是什么？
2. 如何根据叶片的叶脉对数区分大、中、小叶种茶树？
3. 如何根据叶片的叶面积区分大、中、小叶种茶树？
4. 如何根据叶片侧脉生长特点鉴别真假茶叶？
5. 影响茶树叶片大小的因素有哪些？为什么不能仅凭茶条的粗细判别茶叶品质的优劣？
6. 红碎茶中的"筋皮毛衣"是怎么形成的？如何避免？

# 茶树叶片形态与茶叶品质（四）

我们用了三期的时间，与朋友们分享了茶树叶片的形态学特征及其与制茶的品质关系。今天我们接着聊茶树叶片的解剖学结构，以及它与茶叶品质和茶树生育的关系，帮助朋友们知其然，并知其所以然。

我们将茶树的叶片横切开来，会发现茶树的叶片其实是由上下表皮、叶肉和叶脉三大部分组成。

上表皮位于叶片的正上方，它是由一层长方形的细胞连接而成的，上面着生一层角质层，起到保护叶片的作用。不同的茶树品种，上表皮细胞的数量和细胞壁的厚薄是不一样的。通常情况下，小叶种茶树的细胞壁厚于大叶种，这也就是小叶种茶树的抗逆性强于大叶种的主要原因；也就是小叶种茶树耐高温、耐干旱、耐强光照（耐寒冷）的能力要超过大叶种，这也是大叶种茶树无法在江南茶区和江北茶区生育的重要原因。茶树叶片上表皮上覆盖着角质层，随着叶片的生长发育，角质层不断地增厚，嫩叶的蒸腾作用、水分消耗的能力比成熟叶片要强。

茶树叶片的下表皮是由一层长方形的细胞连接而成，同样起到保护叶片的作用。在下表皮上有很多气孔，每个气孔都是由两个半月形的保卫细胞构成。空气中的水分和空气，就是从气孔中进入茶树体内的，茶树的蒸腾作用和气体交换作用，都是在气孔内完成的。不同的茶树品种，它的气孔的数量、疏密是不一样的。通常情况下，大叶种茶树的气孔稀而大，小叶种茶树密而小。有的下表皮细胞，细胞壁向外凸起，就形成了茸毛，朋友们看到的茶树叶背上的茸毛，它是下表皮细胞向外凸起形成的。在绒毛的基部有腺细胞，能分泌出芳香物质，这是茶树品种选育和高香茶叶加工需要关注的一个点。

我们再看看茶树叶片的叶肉。

茶树叶片的叶肉，其实是由栅状组织和海绵组织两大部分构成。栅状组织位于上表皮的下方，是由圆柱形的细胞连接而成，通常有1~3层，大叶种茶树有一层栅状组织，小叶种茶树有2~3层栅状组织。在栅状组织的圆形细胞中，分布着叶绿体，茶树叶片的光合作用的主要部位就集中在了栅状组织里面，栅状组织越发达，光合能力就越强。我们说隆起型的叶片，它的光合功能加大了，是优良品种的表现；就是因为它的栅状组织面积、总面积、总数量大的原因。在栅状组织下方，分布着不规则的、圆形的海绵组织，我们称它为海绵体；海绵体排列疏松，细胞之间的间隙比较大，里面的叶绿体比较少，主要起到储存光合产物和水分营养的作用，所以海绵体实际上是一个储存器官。与茶叶品质有关的比如茶多酚、糖分、淀粉等物质，都是储存在海绵体当中的。因此，海绵体越发达的，茶叶品质就越好。通常，大叶种茶树的海绵体比小叶种茶树的海绵体发育的多，这也是大叶种茶树内含物质远远高于小叶种的重要原因。

　　除此以外，在成熟的叶片里，我们还能在茶树叶片的叶肉中，看到草酸钙结晶体和硬化石细胞。硬化石细胞是研究茶树品种进化的重要依据。华南农学院的严学成教授曾经有过专著，这个问题我们不深入、不展开，感兴趣的朋友们可以进一步了解和学习。

　　最后，我们看看叶脉。

　　横切开叶片以后，会发现叶脉实际是由维管束组成的，而维管束又由木质部和韧皮部两部分组成。这种结构很像茎的结构，它主要起到运输的作用，将茶树叶片制造的光合产物和代谢以后的各种产物运输到茶树肢体当中，有的物质向根部运输，有的物质向叶片各个部位运输，叶脉是一个疏导组织。

　　总而言之，通过茶树叶片形态学和解剖学特征的介绍，朋友们可以达成这样一个共识：茶树的叶片，它既是茶树进行光合作用和合成有机营养的重要器官，也是我们的采收对象，由于千姿百态的外形和不同的内在的结构，就构成了千变万化的茶叶品质特征。因此，学习茶叶、了解茶叶，了解茶树的形态学特征和解剖学结构，是我们学习茶叶的不二法门。

---

思考题

1. 从茶树叶片的横切面观察，它由哪几部分构成？
2. 为什么小叶种茶树比大叶种茶树耐高温、干旱和抗严寒的能力强？
3. 茶叶的茸毛是怎样形成的？
4. 为什么大叶种茶树的内含物比中小叶种内含物多？
5. 叶脉是叶片的血管，它主要的生理功能是什么？

# 茶树花果形态与茶叶品质

我们今天聊茶树的花、果实和种子。

作为采叶植物的茶树，花、果实和种子，不是我们收获的主要对象，也不是爱好茶叶的朋友们关注的重点。我想提醒朋友们，作为一个完整生命整体的茶树，它生长发育的好坏，受制于三大关系：一是茶树体个体生长发育与周边群体生长发育之间的关系；二是茶树体地上部分的生长与地下部分的根系生长发育之间的关系；三是茶树体营养生长与生殖生长之间的关系。

所谓营养生长，指的就是茎、芽、叶的生长；所谓生殖生长，指的就是花、果实和种子的生长，是两种完全不同的代谢类型。

茶树的营养代谢，属于氮代谢；茶树的生殖生长属于碳代谢。氮代谢的产物产生了含氮类物质，比如氨基酸；碳代谢的产物，主要形成了糖分，比如糖和果胶。这两种不同的代谢方式，所形成的不同的代谢产物进入茶汤当中，就影响了茶汤的呈味物质的结构，从而形成不同的茶叶风味。于是，喜爱茶叶的朋友们，你还不得不了解茶树的花、果实和种子的有关知识。

茶树的花、果实和种子，是由茶树的花芽分化发育而来的。茶树的花芽着生在枝条的叶腋间，也就是侧芽的两侧，通常有2~5枚，以对生或丛生状出现，属于假总状花序。它大约于每年的 5 月下旬到 6 月中旬开始花芽分化，7—8 月开始现蕾，9 月后进入初花期，10—11 月进入盛花期，在盛花期中完成了开花、授粉、授精，11 月以后，以幼果的方式进入越冬；度过漫长的冬天以后，这些幼果在春天来临的时候，不断地生长发育，一直到 11 月发育成为一个完全成熟的种子。所以，每年的 5 月下旬一直到第二年的 11 月，茶树体上就看到了一个"带籽怀胎、花果不离"的现象。

朋友们分析这个现象和不同时期的特征，发现这样一个特点：在毛茶当中发现夹带着幼果，那么这个毛茶肯定是春茶；在毛茶当中发现了幼蕾，那么这个毛茶肯定是夏茶；在毛茶当中发现花瓣或果实，那么这个毛茶肯定是秋茶。因此，幼果、幼蕾、花瓣、果实的夹带，成为辨别春、夏、秋茶的主要依据。

还要提醒朋友们注意的另外一个关键知识点，就是不同的代谢类型形成不同的代谢产物，出现的不同汤感和风味。

想一想：青年茶树和幼年茶树，开花结果的数量少，树体代谢主要是以氮代谢为主，必然出现鲜爽度比较高的汤感和风味；而古茶树和老茶树，由于大量的花果的出现，它的代谢当中碳代谢旺盛，于是产生了大量的糖分、果胶这一类的代谢产物；进入茶汤以后，表现为甜、绵、滑。因此，不同代谢产物在滋味和风格上的表现成为辨别小茶树、古茶树、老茶树风味的重要依据。这种辨别需要建立在朋友们长期的对比和经验的积累中。

除此之外，就形态学而言，一朵完整的茶花，它由花柄、花萼、花冠、雄蕊、雌蕊五大部分构成。其中，茶树的花冠（俗称"花瓣"），通常有5~9枚，呈白色，很少有粉红色。因此我们在茶树上看到茶树开的花是白色的茶花（偶尔也会出现粉红色的茶花）；在茶花的正中央，有一棵柱状的、顶端有分裂的组织，我们称它为雌蕊；在它的顶端有3~5列的分裂，称为柱头；柱头连接底部的部分，称为花柱；花柱连接的部位，称之为子房。花柱的分裂数和子房的形状，是茶树品种分类的主要依据，大家听说过的"五柱茶"和"五室茶"，就是根据雌蕊的形态学特点进行的命名。

再看看茶果。茶树的果属于塑果，它包裹着一层厚厚的果皮，形状有圆形（一个果粒的），两个果（粒）连在一起的是肾形，三个果的是三角形，四个果的是四边形，5个果实以上的是梅花状的果实。剥开果皮以后，就出现了种子，种子通常是圆形的。

从事农业生产的朋友，在进行种子繁殖的时候，请您选择大粒种。我们通常把种子直径在1.5厘米（以上）的称为大粒种；在1.2厘米左右的称为中粒种；小于1厘米的称为小粒种。选择大而饱满的茶种进行繁殖，那么"娘壮儿肥"，得到的茶苗就是健壮的，就能够为新茶园的建设打下良好的基础。

思考题
1. 影响茶树体生育的三大关系是什么？
2. 什么是营养生长？什么是生殖生长？
3. 营养生长旺盛的茶树，茶叶品质风味有何特点？
4. 生殖生长旺盛的茶树，茶叶品质风味有何特点？
5. 一朵完整的茶花由哪几部分构成？
6. 进行茶树种子繁殖时，为什么要选择大而饱满的茶籽？
7. 如何根据毛茶夹带的幼果、花蕾或花瓣、果实，判断春、夏、秋茶？为什么？

# 茶叶审评与茶树形态学知识

    我们用了八期的时间与朋友们分享了茶树形态学特征的有关知识，介绍了茶树生长发育与各个器官之间的关系，以及它们与茶叶品质之间的关系，澄清了市场上的一些错误的认识和说法，帮助朋友们初步建立了评价茶叶的完整体系。

    今天，我想对茶树形态学特征的知识进行一次小结，帮助朋友们把茶树形态学特征的知识运用到日常对茶叶的选择、品评和评价之中。

    朋友们知道，选择一个茶叶，通常是从外形、内质两大方面和八个指标去进行。

    外形有四个指标，就是嫩度、条索、色泽和匀整度。

    评价一个茶的嫩度，通常是观察这个茶的含芽量、嫩叶的含量、梗的含量和黄片、朴片的含量。实际上是对茶的物理结构的一种分析，它所运用的知识是形态学的知识。评价茶叶的条索，通常是从松紧、壮瘦、轻重这三个方面进行。

    朋友们想一想，在相同揉捻时间、相同的揉捻力度的情况下，如果出现了松条，说明这个茶条的叶质硬脆，果胶含量少。如果出现的是紧细的茶条，那么它的叶质柔软、果胶含量高。从"壮瘦"上来想：凡属于"壮"的，可能就跟叶面积较大有关；凡属于"瘦"

的，可能就是叶面积小的。

茶叶身骨的轻重也是一个道理，"轻"就是叶面积小、内含物质少；"重"就是叶面积大，内含物质多。内含物质的多少取决于叶片海绵体的发达程度，这些知识也是形态学知识的运用。

再看色泽。评价茶叶外形的色泽，通常是观察这个茶的条索颜色的深浅，是润的还是枯的？是鲜活的还是暗的？色泽的指标与叶片的颜色息息相关，凡属于叶色深的，外形的色泽也就相应是深色的，揉捻出的茶条可能是润的，看上去是鲜活的；如果叶绿素含量低，例如黄色的叶片，你想让它绿都难。黄色的叶片揉捻以后，它透光性比较强，颜色看上去少了一些"润"和"乌"；如果用黄色的叶片进行发酵、加工的茶叶，甚至会有枯色的感觉；在深秋的茶叶当中（如霜降以后的茶叶，秋尾茶），叶色泛黄，其颜色往往枯，这也是形态学知识的运用。

我们说到茶叶的"整碎"的"整"，是指茶条的完整度，是它保持茎叶的自然状态的能力。要保持一个茶条一芽一叶或者一芽二叶紧紧相连，不撕碎、不撕裂，那么它的持嫩性就要强、柔韧性要好。朋友们想一想，凡属持嫩性差的芽叶，你一揉一挤一压，它就破裂了，它就断裂了，它就撕开了……完整度就不具备了。从外形上看，这也是形态学特征在左右着制茶品质。

从内质上看，通常是从香气、汤色、滋味和叶底四个方面去评价茶叶。

茶的香气：无论六大茶类中的哪个茶（我们姑且不考虑这个茶类的特点），它们有一个共性，就是"鲜爽度"。鲜爽度这个指标，实际上与根系的生长发育密切相关；汤色跟叶色息息相关……不同茶类的汤色的转变，其实是叶绿素丢失和转化的方向性问题。

茶的滋味，除甘、甜等这些指标外，更多地是从浓、淡两个方面来评价。凡属于浓的茶，肯定是它的叶片的海绵体发达，储存的物质多（我们讲过大叶种的海绵体比小叶种的海绵体发达，凡属喝到的是大叶种，它的味道就要重于小叶种），当然与揉捻有关，但从形态学上来看，就是一个规律。

从叶底上来看：朋友们泡开茶叶以后，观察叶底，能够看到最初的农艺形态，因为叶底是任何茶叶"原形毕露"的地方。我们观察叶底，可以看到和追溯到早期的农艺形态。对叶底的仔细的分析判断，运用的就是形态学特征的有关知识，可以判断出它的采摘标准、它的加工方法……

所以，朋友们学习茶、喜爱茶，对形态学特征在茶叶评价中的运用尤其要重视。衷心希望朋友们把这些知识运用到我们的生活当中，享受到生活的美好。

思考题
1. 茶树形态学影响茶叶外形特征主要体现在哪些方面？
2. 影响茶叶内质的茶树形态学因素有哪些？

# 茶树一生的故事（一）

从今天开始，我想与朋友们聊一聊茶树生长发育的故事，也就是关于茶树一生的故事。让我们一起去探讨不同树龄、不同阶段、不同时期的茶树生长发育的规律，以及它们与茶叶品质之间的关系，从而回答小茶树、老茶树、古茶树究竟有什么不同，它们的品质特点究竟有什么差异。

随着云南普洱茶的兴起，近十年以来，古茶树成为人们关注的焦点，老茶树成为人们追逐的对象，而大量种植的茶园和树龄偏小的小茶树受到了冷落。这些观点、取向、判断，究竟有没有道理？究竟有没有科学的依据？

朋友们分析发现：我们所说的小茶树、老茶树、古茶树，实际上说的是茶树生长发育的时间概念；说的是不同形状、不同时态下的茶树的状态；它所表达的是茶树从小到大、到衰老、直到死亡的时间过程；这个过程，称之为茶树的一生。茶树的一生，在科学上称之为"茶树生长发育的总周期"。

茶树和人一样，它的一生必须是一年一年地度过，也得一天一天地度过。请朋友们给我一点时间，让我们去了解茶树的一年是怎么度过的？一生又是怎么度过的？

今天重点要回答的是茶树的一生。

在茶树的总发育周期中，可以把它分为四个阶段：种子阶段、幼年阶段、成年阶段和衰老阶段。

种子阶段指的是茶树开花、授粉、受精以后，生命体形成；然后以幼果的方式越冬，直到第二年完全发育成熟为一个种子，这个过程大约历时一年半。由于它不是我们的采摘对象，也不是爱茶的朋友们关注的重点，我们只是提醒从事农业种植的朋友们选择大而饱满的、直径在1.5厘米以上的种子去进行种子繁殖，为新茶园建设打下基础。

第二个阶段是幼年阶段。所谓幼年阶段，就是种子播种以后，从种子萌发一直到开花、结果的这个阶段，称之为幼年阶段。它其中又分为了三个时期：第一个时期称之为胚苗期，第二个是幼苗期，第三个是幼年期。

第一个时期是胚苗期，就是种子萌发，胚芽向上生长形成了幼苗，胚根向下生长形成了根系的时期。这个时候，它没有其他的营养来源，不会光合作用，所有的营养来源都靠子叶供给，因此它的营养是非常单纯的"单纯营养"，这是胚苗期。

第二个时期是幼苗期。幼苗是胚芽不断地向上生长以后，鳞片、鱼叶、真叶相继展开，逐渐开始了光合作用，根系不断地向下生长，主根向下往下扎，形成了侧根，侧根在很细的时候也是吸收根；这个时候，上面有光合作用，下面有吸收作用，逐渐形成了一个生命的初步的功能。但是，这个时候它不开花、不结果，没有生殖代谢。如果把苗圃里面的所有的茶苗上的一芽一叶，或一芽二叶采摘下来加工成为茶叶，必定是鲜爽的；除鲜爽度外，其他特征是不明显的，这是幼苗茶园的品质特征。这一点，贵州茶科所最有经验。

第三个时期是幼年期，是从第一次生长休止到第一次开花、结实的这个时期。这个时期非常关键，茶树不断地向上生长，主要是以主轴的生长为特征，然后在主轴上不断地分枝出来一级分枝、二级分枝、三级分枝，慢慢地形成了骨架，所以它的分枝方式就是从"单轴分枝"逐渐的向"合轴分枝"方式过渡；所谓的合轴分枝，就是不断地形成密集的树冠的过程。我们不考虑形态学，因为分枝和品质是没有直接关系的。如果拿8岁以前的茶树（注：茶树一般8年开花）上采摘下来的鲜叶加工成成品，它们就有一个共性的特点：由于没有花果的生育，于是品质也是相对单纯的，它的鲜爽度依然高，形成了小茶树的品质特征"鲜爽而不黏稠、不饱满"的一大特点。

由于含氮的鲜爽类物质当中含有苦味氨基酸，那么这个茶入口可能带苦，这就是小茶树的品质特征。因此，小茶树的品质特征，一定是鲜爽的，甚至入口就苦、苦味跑在前面的。微苦、鲜爽，而缺少黏滑感的风味，就是小茶树的品质特点。

思考题
1. 茶树的一生可以分为哪几个生命阶段？
2. 幼年阶段的茶树可以分为几个时期？各自的特点是什么？
3. 采用幼年茶树茶青加工的茶品，品质上有哪些突出的特点？

# 茶树一生的故事（二）

　　我们接着聊茶树生长发育总周期中不同时期的茶树的故事。

　　在上期的节目中，我们介绍了茶树的种子阶段、幼年阶段，以8岁以前的茶树为例，重点介绍了幼苗期、幼年期茶树的品质特征。

　　以8岁作为幼年茶树的时间节点，是因为绝大多数的茶树在自然生长情况下，第一次开花结实的时间大约是在8岁左右。当然，品种不同，会有早有晚，不包含无性系茶树的品种；无性系扦插苗繁殖的后代，它的枝条、它的基因来源于成年茶树，不属于自然生长状态，属于个案。对于幼年茶树我还想重点提醒朋友们留意以下知识点：

　　第一，是"离心生长"。所谓离心生长，是指茶树种子开始萌发以后，向上形成了树冠，向下形成了根系，它逐渐地远离圆心（即种子萌发点），这种生长称为离心生长。茶树一旦萌发，它将来的生长就是离心生长。

　　第二，是"双重营养"。所谓双重营养，是相对于单纯营养而言的。茶树向上生长以后，形成了叶片、茎叶；向下生长形成了根系，它的营养有两个来源，既有地上部分的叶片的光合作用，也有地下部分根系吸收上来的土壤营养。这种营养来源我们称之为双重营养。那么，朋友们就能知道，茶树幼苗期之后的营养来源是由早期的子叶营养（单纯营养）过渡到了后期的双重营养，直达它的一生。

第三，是"合轴分枝"。所谓合轴分枝，就是从早期的主轴上长出一级侧枝，再以一级侧枝为轴生长出二级侧枝，并以二级侧枝为轴长出三级侧枝，依次而下的这种分枝习性，称之为合轴分枝。与此对应的根系的生长，也有类似性，主根向下生长到一定时候，侧根开始形成，侧根上进一步长出更多的侧根，慢慢地形成庞大的根群；这种分枝习性叫作合轴分枝。可想而知，茶树品种的这种种性特点，对于从事茶树种植和栽培的朋友们来说，是至关重要的。这个期间，一定要抓住种性自身的特点，进行定型修剪，才能够在早期形成广阔开展的树型，将来的产量才有保障。

第四，是幼年茶树可塑性强，抗逆性差。如果不抓紧时间进行定型修剪，它会不断地往上生长，形成如一炷香一样的茶树，往上走而没有树冠幅度，此时的树型可塑性很强；抗逆性弱，幼苗和幼年茶树，主根不发达，入土比较浅，它耐干旱、耐高温、耐寒冷的能力弱，这个期间我们的茶园管理，重在对幼苗和早期茶树的保护及培养。

第五，是营养代谢类型。说到幼年期的茶树，是从第一次生长休止到第一次开花结实的时间；也就是说，一旦茶树第一次开花，第一次结果，它就离开了幼年期进入了下一个生长周期；那么，8岁以前的这个阶段，它所有的营养形式都是营养代谢，没有生殖代谢；形成了我们上期说到的幼年茶树品质特征当中的鲜爽度高的特点。

茶树渡过幼年阶段以后，进入生命的第三个阶段，我们称之为成年阶段。在成年阶段中，又可以把它细分为青年期和壮年期两个时期。

所谓青年期，是从第一次开花结实，到第一次出现结节枝（鸡爪枝）为止。壮年期是指茶树从（鸡爪枝）结节枝形成到根茎部位出现自然更新时期为止，这个时期称为壮年期。我们还可以进一步地把青年期、壮年期分为早、中、晚三个时期。比如说青年早期、青年中期和青壮年结合期。

青年早期的茶树，刚刚学会开花，这个时候树体上出现了两种代谢的方式，营养代谢和生殖代谢。因为，青年早期的茶树依然是营养代谢为主，生殖代谢为辅；所以青年早期茶树的品质特点也类似于幼年茶树，茶的滋味依然是鲜爽度比较高，黏滑度比较低的品质特点，它的鲜爽度总体来说不如幼年期的茶园。朋友们只要善加对比，就会发现它们当中的细微区别。这需要朋友们多加练习，好好把握。

度过青年期的茶树又是怎么生育的呢？容许我们下期再聊。

思考题
1. 什么是茶树的"离心生长"？
2. 什么是茶树的"双重营养"？
3. 什么是茶树的"合轴分枝"？
4. 幼年茶树有哪些生育特性？
5. 成年阶段的茶树可以分为哪两个生育期？

# 茶树一生的故事（三）

我们接着聊茶树的成年阶段。

成年阶段是茶树生育总周期中的重要时期，占据着茶树一生的重要时间。大家平时看到的茶园，绝大多数都是处于成年阶段的茶园；成年阶段的茶园是中国茶园的基础性茶园，也是主力军型的茶园。

前面聊到，茶树的成年阶段可以分为青年期和壮年期两个时期。

所谓青年期，指的是 8 岁以后第一次开花结实的茶树直到树冠基本定型这个时期的茶树，它的时间是 5~20 年。为什么会有这么大的时间跨度呢？

这是因为不同的种性形成的。如果是乔木型茶园，它的向上生长的能力和横向生长的能力都是比较强的，远远地优于灌木型茶树。很多自然生长的茶树，二十年左右的树龄树冠还不断地向上生长，不断地横向扩张，还没有达到成型。而灌木型茶树受到种性的限制，长高的能力弱，横向扩张的能力也弱，需要的时间很短，五年甚至不需要五年，就能够达到树冠的基本的成形。所以青年期茶树的持续时间的长短，变数很大。在栽培情况下，青年期茶树由于受到人工的采摘和修剪的不断刺激，这个期间它大约已经有了十二级左右的分枝。树的高度受到了限制，树冠基本形成。在栽培情况下，茶树的青年期来得很快，三年、五年，甚至还不需要这些时间，受制于早期树冠培养的程度。

青年期茶树的生育有四大特点：

第一，分枝和根系不断地纵深发展，从而形成广阔开展的、越来越密集的树姿、树形。根系也不断地纵深发展，很多吸收根不断地生长发育成为级次比较低的侧根，从而形成庞大的根群。

第二，青年期茶树的代谢，出现了营养代谢和生殖代谢两种代谢类型。但总的规律是营养代谢远远优于、大于生殖代谢；也就是说，它的茎叶的生长、繁茂程度远远地超过了花果的繁茂程度。

第三，青年期茶树的树姿、树高，受制于分枝习性和群落结构的影响。如果是分枝角度大的茶树，它会形成广阔开展的树形；分枝角度比较小的茶树品种，它一定会形成紧束型的茶树，有高度而没有宽度。

第四，群落结构影响和决定了树冠的树姿形态。如果是一棵独立生长的茶树，它的空间是宽裕的，可以任意地向四方八面随意地生长，几乎形成了一个广阔开展的、近圆形的冠面；而在人工栽培的情况下，由于受到种植方式的限制，如果是单行条植的，它一定会形成一个四边形的树姿；如果是双行种植的，它肯定形成三角形的树姿。所以茶树生长发育的姿态，受制于环境条件，受制于生态群落，受制于外因的干扰。

如果将青年期茶树的芽叶采摘下来以后，制成成品，它的品质特点是什么呢？

这时候，我们需要建立早、中、晚的概念。青年早期的茶树品质特征偏向于幼年茶树，它的鲜爽度大于它的黏稠度；到了青年晚期，由于花果数量在增加，黏稠度也随之增加，内质上体现一种"在鲜爽度引领下的具有一定的黏稠度和饱满度"的品质风格。

　　从外形上看：青年早期的茶树，它生育的空间依然比较大，树体内部的枝条密集的程度还有空间，还有余地，枝条比较粗壮，这种条件下所形成的茶条相应的比较粗大一些；而进入青年的晚期，采摘下来的茶树鲜叶，由于个体生育的空间已经不大了，枝条变细了，茶叶的条形也就相应地变小了。

　　我想再一次提醒喜爱普洱茶朋友们注意：影响茶条外形的因素很多，既有叶片面积的大小，也有叶质的柔软程度，也有果胶含量的多少，还有生育环境的干扰。大家看到的茶条相对细小的茶叶，不代表就一定是"台地茶"或品质差的茶；大家看到的茶条粗大的，也不代表着就一定是"古树茶"或品质优异的茶。你得综合、全面地联想和分析，得到的结论才是准确的，你的选择才可能是正确的。

思考题
1. 青年期茶树生育有哪些特点？
2. 采用青年期茶树的茶青加工出来的产品，具有怎样的品质特点？

# 茶树一生的故事（四）

我们接着聊茶树的壮年期。

壮年期是指茶树度过青年期以后，树冠基本定型，结节枝开始出现，直达第一次自然更新出现的这一时期，历时大约二十年以上。之所以说 20 年以上，是因为有两种情况：一是在自然生长情况下的茶树，如果环境条件良好，它可以是百年以上、甚至几百年；二是在栽培条件下，由于受到人工的采摘修剪的刺激，壮年期茶树持续时间通常是在 30~40 年。因此壮年期的持续时间的长短，跟茶树生长发育的环境条件密切相关；条件好的，这个时期持续时间长，条件差的持续时间短。朋友们看到的很多老茶树，甚至古茶树，就其生育特点来说，很多都是属于壮年期的茶树。

壮年期茶树的生长发育，有五大特点：

第一，树冠基本定型，顶端优势和中心优势逐渐消失。所谓"顶端优势"，是树体沿着主轴或枝条顶部不断地向上生长的这种优势。早期我们看到的树体都是不断地长高的，这种优势称之为"向顶优势"，它的向顶生长的能力很强。"中心优势"就是同一棵茶树，处在树冠的最中心的这部分，由于它靠近主干、主轴，获得的营养，特别是地上部分的营养都向主干集中，地下部分的水分和土壤营养，也是通过主干输送；营养条件充足，处在中心的这些枝条发育比较好，我们称为"中心优势"。进入壮年期以后的茶树，它的顶端优势和中心优势随着树冠的定型，这种优势逐渐地减弱。

第二，侧枝尤其是边缘四周的枝条，萌生新枝的能力逐渐增强，使树冠内部的枝条越来越密集。

第三，从代谢类型来看，它处于一个双丰收的时期；它的营养代谢和生殖代谢都处在一个并茂的时期，氮代谢和碳代谢都处于高水平。芽叶产量和花果的产量都是一生当中比较高的时期，我们又把这个时期的茶园称之为"双丰收茶园"。

第四，茶树进入壮年后期以后，随着树冠内部枝条的越来越密集，结节枝大量地出现。所谓"结节枝"，就是枝条生长过程中，由于不断地采摘和它上面不断地出现分枝，产生了结块，俗称"鸡爪枝"，形成了堵塞，就像人体血管的静脉曲张，由于营养堵塞不能向上运输，下部就产生了"结块"的枝条。处于中、下部的枝条，又比上部的枝条发育能力更强，出现了"向心生长"，它逐渐地又向根系方向靠近。我们讲过幼年茶树、青年茶树，它的生长特点是离心生长；而到了壮年后期，它出现了向心生长，逐渐地向主干、主轴靠近，最后在根茎部位出现了一些粗壮的新生枝条。向心生长的出现，是壮年后期的一大特点。

第五，进入壮年后期以后，它的碳代谢，花果生育的代谢能力逐渐地超过了它的氮代谢，花果开始繁茂，但芽叶的产量开始下降，这是壮年晚期茶树的特点。

　　因此，对于壮年期茶园，在农业生产上主要的任务就是要想方设法地延长壮年期的持续时间，采取轻修剪和深修剪交替进行的树冠刺激措施，从而获得一个比较长时间的高产和稳产。

　　如果从壮年期茶树的鲜叶采摘加工，依据毛茶外形来看，由于枝条密度不断地增大，同品种、同条件下的茶园，它的外形较早期生育相对来说是细弱的。这是个体空间限制，导致毛茶条索反而不如它的青年期和幼年期那么粗壮，当然这得看个体生育的空间条件。如果是一棵独立生长的古茶树，因为枝条不密集，它可能依然是比较壮实的外形，要视具体情况来进行分析判断。

　　就内质而言，由于它进入了一个双丰收时期，它的氮代谢和碳代谢、营养代谢和生殖代谢都是并茂的。这个时期的茶叶品质应该说是它一生当中，最丰富、最完整的，要鲜爽度有鲜爽度，也能满足内质的黏、甜、滑这些特点，进入了一个品质的最佳时期。这就是现实生产当中大家觉得老茶树、古茶树好喝的重要原因。

---

思考题

1. 什么是茶树生长的"顶端优势"？
2. 什么是茶树生育的"向心生长"？
3. 什么是茶树生育的"中心优势"？
4. 茶树体上的"结节枝"是如何形成的？
5. 壮年期茶树生育的五大特点是什么？
6. 采用壮年茶树的茶青加工出来的茶品，具有怎样的品质风格？

# 茶树一生的故事（五）

我们接着聊茶树衰老阶段的生育规律和品质特征。

衰老阶段是茶树生命体生命活动的最后时期，我们称为衰老期。它是指茶树从第一次自然更新出现到整株植株死亡为止的这一时期。这一时期的时间长短，取决于品种的种性、栽培水平的好坏，以及生态条件是否优良。大家平时看到的绝大多数的古茶树，大多是处在衰老阶段的茶树。

衰老期茶树的生长规律有五大特点：

第一，它们以根茎部位为中心，以向心生长为特点；树冠生长逐渐地向根系、根茎部位靠近，从而在树冠的下部形成一些新生的枝条。这些新生的枝条，我们把它称为根蘖枝，也就是在根茎部位生长出一些根蘖枝，从而形成新的树冠。这个时候，能够在茶树上同时看到下部有一个新生的树冠，上部有原有的树冠，这种现象我们叫作"两层楼"茶树，这就是自然更新的出现。

第二，茶树进入衰老期以后，它的骨干枝逐渐地衰老，有的甚至枯死，结节枝不断地增加，使得很多生产枝出现了干枯死亡；在生产枝的下部，不断地形成一些细弱的枝条。这个时候，我们在树体上能看到五种枝条：一是结节枝，又叫"鸡爪枝"；二是细弱枝；三是枯死枝；四是根蘖枝；五是徒长枝。所谓徒长枝，是在树体中下部出现一个突然长得很长的、生长能力很强的枝条，称它为徒长枝。徒长枝可能出现在树体的中部、下部，甚至是根茎部，部位不确定，它是由潜伏芽萌发而来的。

第三，衰老期茶树，它的光合能力、呼吸能力以及机体的整体的代谢能力，总的来说是走下坡路的。机能不断地衰退，出现了大量的空花、空果的现象，结实率下降，开的花和出现花蕾，也会有大量的落花落蕾的现象。因此，落花落蕾多、五种枝条的出现、"两层楼"茶树的出现，这些现象就是茶树衰老的特征。

第四，进入衰老期的茶树，在向心生长的刺激下，又重新带动和激发了新的离心生长。也就是说，下部树冠的形成是上部树冠衰老向心生长的结果。一旦下部树冠出现，形成了新的离心生长。这个时候，下部新生树冠的冠面机能，很接近于茶树的青年期或壮年的早期，具有旺盛的生命力。这些树冠不断地长高、长大，代替了原有的树冠；又随着这些代谢的不断地深入、时间的不断延长，再次出现新的向心生长，进而在根茎部位又出现了第二次自然更新。

一个茶树的生命整体，大约经过 2~4 轮的自然更新以后，必然逐渐地走向死亡，这是它的生命特点。

第五，就代谢而言，这个期间茶树体内的机能代谢比较复杂；营养代谢和生殖代谢都繁茂，甚至生殖代谢还超过营养代谢。由于向心生长的出现，很多果实已经脱落，最终它实际上的代谢后果会怎样，取决于不同的条件。

大家再想，由于树体下层树冠的出现，下层树冠是离心生长的，它的生理机能很靠近茶树的青年期和壮年期。下部树冠的代谢实际上是一个氮代谢为主的代谢。就整个树体而言，它的代谢是比较复杂的，得看哪一层的冠面生育繁盛。如果是上部树冠生育繁盛，那么它是碳代谢大于氮代谢；如果是下层树冠繁茂，它就是氮代谢大于碳代谢。

如果把衰老期茶树的芽叶采摘回来，加工出来的成品，它的品质特点就其外形而言，由于结节枝增加，细弱枝条增加，它的老化速度、木质化程度比较快。因此它的节间短，叶子薄，持嫩性下降，表现为茶叶外形茶条的短、实，采摘上也常常出现混采，会出现粗大不匀。

就内质而言，衰老期茶树加工的茶依然有较强的鲜爽度，但总体来说，它的香气已经在下降，不如青、壮年期。它的滋味由于老化速度变快，纤维的含量增加，茶汤的甜醇度增加，黏稠度下降，总体的浓强度甚至会出现下降的趋势。这也符合云南农大所做的试验，他们检测过很多古茶树，检测的结果是茶多酚和咖啡碱两个指标都有下降的趋势。这两个指标一下降，茶汤的浓强度肯定有所下降，当然这得具体情况具体分析。

总的来说，古茶树是我们的珍稀资源，是古代的农业遗产。我们一定要在妥善保护的基础上，以复壮为中心，善加利用，让这些珍稀资源为我们人类作出更大的贡献。

思考题
1. 衰老期茶树生育的五大特点是什么？
2. 为什么说"两层楼"茶树的出现是茶树衰老的表现？
3. 什么是茶树的"自然更新"？
4. 用衰老茶树的茶青加工的茶，品质上有哪些特点？

# 学会茶园结构和特性分析

  我们用了五期的时间，与朋友们分享了茶树一生的故事，介绍了不同生育阶段、不同生育时期茶树的生长规律、代谢特点和它们与茶叶品质之间的联系。有的朋友在微信上给我留言，说听到后来就有些发懵，有些混淆。我想利用这一期的时间，对茶树生长发育总周期进行一次总结，帮助朋友们更加清晰地、完整地了解茶树的一生，学会茶园结构和特性分析。

  首先，我想建议朋友们把茶树的一生视为像我们人一样的一生去看待。它从小到大，从幼年到青年、到成年、到壮年、到衰老死亡，这个过程肯定有不同时期的生理代谢特点，比如播种早期茶苗的营养靠子叶供给，就像我们人靠胚胎供给营养一样；到了它地上部分长出叶片、地下部分形成根系的时候，它的营养来源就有上面的光合营养和下面的根系吸收的营养，我们把它称为"双重营养"。它的树体从一开始的一个小苗，没有分枝，到最后形成庞大的树冠；地下面也如此，从主根到侧根的形成，不断地向横向生长的这种特点，我们把它叫作"合轴分枝"；与此同时，它不断地长高，地下面不断地长深，这些特点，我们把它叫作"离心生长"；到了晚年，离心生长就反过来了，又形成了"向心生长"……掌握这些特点以后，思路就清晰起来了。当你走进茶园的时候，看见不同类型的茶树，就能联想到不同时期的茶树，它生育的特点是不一样的。于是，面对采摘回来的茶叶，分析哪种茶园茶青比例结构大，加工出来的茶叶品质肯定就会出现相应的特点。

第二，提醒朋友们留意，我介绍茶树总周期的时候，通常是围绕着三个方面进行的：一是地上部分和地下部分的关系；二是营养生长和生殖生长之间的关系；三是个体和群体之间的关系。通常是围绕着这三个方面，与朋友们介绍不同时期茶树特点的。因此，建议大家，面对不同类型的茶园的时候，要学会从这三个方面去认识这个茶园、认识这棵茶树。

在这个基础上，你再逐项地突破、去理解，就容易多了，能更加地清晰起来。比如在理解地上部分和地下部分关系的时候，你可以从三个方面去理解：一是形态上的比例关系；二是时间上的交替关系；三是机理上的依存关系。形态上的比例关系，我们又把它叫作"根冠比"，就是树根和树冠的比例关系。这种比例关系有两方面：一个是指它的纵向，一个指它的横向。纵向就是树高和树根的关系，横向是指树幅和根幅之间的关系。青年期以前的茶树，它的根冠比通常是1：1.5，也就是说，树冠的生育速度、树高和树幅都会超过根深和根幅。进入青年期以后，地上面部分稳定了，这个时候冠面扩展的速度放慢，根系的生长发育得到了大量的营养补充，根幅的发达程度就补充上来了，它的根冠比就会形成1：1左右的相近似的关系。在根冠比的垂直方面，我们批评了"古茶树好喝是因为树有多高、根有多深"这个观点，再次提醒朋友们注意。

另外，是时间上的交替关系，怎么看待呢？

茶树生长发育并不是各个器官齐头并进的生育，相反地，它有一个生长中心区的问题。所谓生长中心，就是说如果地上面的树冠生长的时候，根系的生育速度会放慢；地上部分生长放慢的时候，地下部分的生育速度就会加快；时间上是交替的，上面不长了，这个时候是根系快长的时候。因此，茶园的中耕，要在茶季结束的这段时间去进行，把握住这段时间去进行中耕，就能帮助根系大量形成。至于机体上的相互依赖关系，这个好理解，我们不再展开说。

我在介绍不同时期茶树的品质特点的时候，常常是围绕着营养代谢和生殖代谢这两种代谢关系来进行介绍的。营养代谢的结果是形成大量的茎叶，生殖代谢的结果是形成大量的花果；青年期以前的茶树，它没有开花结果，就是营养代谢为主，氮代谢产物居多为主的，含氮物质多，它的鲜爽度就高。进入青年期以后，花果越来越多，碳代谢就旺盛起来，它的产物就是糖和淀粉，这一类的物质就多起来了，因此它形成了不同的汤感……这是围绕着营养代谢和生殖代谢来进行介绍的，这是第二个介绍方法。

第三，茶树个体和群体之间的关系。个体和群体之间的关系有两种情况：一种是单独的茶树，单独的个体，这个时候茶树生长发育，是自由的，没有受到限制的，它可以随性地按我们所介绍的各个时期的生育规律、生育特点去生长；另外一种情况是在群体情况下，它的生长空间受到了限制，枝条越繁茂，空间就越小，空间一变小，个体的形态也就变小，它形成的茶叶的外形也就跟着瘦小……

朋友们只要紧紧地围绕着刚才说的这三个方面去理解、去认识，就不难，也不容易混淆。

前段时间，网络上在争论小茶树、古茶树究竟有没有不同？也有不少的朋友询问我，我可以很肯定地回答大家，这种差异性是存在的，因为它的代谢不同、它生育的空间不同、环境不同，它必然会形成不同的品质特点。

思考题
1. 影响茶树生长发育的三大关系是什么？
2. 如何理解茶树个体生育时间上的交替关系？
3. 茶树生育的根冠比是如何变化的？
4. 幼龄茶树和古茶树生育究竟有何不同？为什么？

# 气候条件与茶树和茶的品质

在自然界中影响茶树生长发育的因素主要有：光、温、水、气、热、土、地形地貌和各种微生物。

# 茶树生育与光照的关系

从今天开始，与朋友们一起分享茶树生长发育与环境条件的关系。

茶树的生长发育需要一定的条件，凡是条件好的，它长得就好；凡是条件差的，它的生长发育就会受到抑制，甚至无法存活下去。我们所说的茶叶科学，实际上就是要去了解茶树自身对环境条件的要求，从而去满足这种要求，夺得高产优质。在自然界中影响茶树生长发育的因素主要有：光、温、水、气、热、土、地形地貌和各种微生物。我们将用几期的时间，与朋友们一一地分享。

**我们先看看光照对茶树的影响**

大家知道万物生长靠太阳，茶树也不例外，光照是茶树光合作用、呼吸作用和一切生命代谢的能量保障。在茶树系统发育过程中，形成了自身固有的对光照的严格要求，这些要求我们可以从光照强度、光照时间和太阳光谱三个方面去了解。

"光照强度"是指地球表面接受阳光照射的强度，它通常用"勒克斯"或"米烛光"两个单位来表示。茶树的生长，需要一定的光照，但不等于说光照越强越好，当茶树的光照强度超过一定的承受度，茶树的生长就会受到抑制，超过茶树自身需要的这个点，我们称之为茶树的"光饱和点"，通常在5000勒克斯左右；另一方面，如果光照强度无法满足茶树的需要，茶树也无法生长，这个最低的要求，我们称之为茶树的"光补偿点"，通常是1000勒克斯左右。也就是说，茶树是一种生长在1000~5000勒克斯的植物。

很多时候我们会在茶园当中看到一个现象：正午的时候，茶树的顶端很多幼嫩的茎叶会低着头，出现了萎、蔫的现象。这种现象是茶树的光照强度超过了茶树的光饱和点引起的，我们又称之为茶树的"午睡现象"，所以茶树是一种会睡午觉的植物。

所谓"光照时间"，指每天从日出到日落，日照的时数，我们通常用小时来表示。在长期的发育中，茶树形成了每天对光照时间的要求，通常是11小时15分钟以上，如果有六周连续出现日照时数达不到11小时15分钟，它就会出现休眠。

1989年，我在临沧市工作，沧源县上报那一年夏茶产量小，让我去看看。经过了解发现沧源是一个多雾的县，全年的雾罩时间达到176天以上。那一年又是一个多雨的年份，所以夏季"多雨无日照"，导致了当年沧源的夏茶减产，有的地区甚至绝收。这就是光照时间对茶树生育的知识在生产当中的影响。当然不同的品种、不同的条件下会有一些差异。

**我们再看看太阳光谱。"太阳光谱"是指太阳辐射的波长分布；通常有三种，就是紫外线、红外线和可见光**

我们把波长低于 390 纳米的光线称之为紫外线，波长超过 760 纳米的叫作红外线，人眼所能看到的就是 390~760 纳米的这一部分，称之为可见光。可见光又分成七种光谱，就是大家知道的赤、橙、黄、绿、青、蓝、紫。

茶树生长发育，叶片叶绿体吸收的主要是七种光谱当中的蓝光、紫光、红光和橙色光。其中蓝、紫光对茶树的生长发育没有多少帮助，而红光和橙色光是有利于茶树的生长发育的。

茶树的叶绿体是无法直接吸收紫外线的。紫外线对茶树生长发育的影响，主要是通过水分吸收的热量导致的影响。所以，树体温度的高低，是树体的水分吸收了空气中的紫外线，导致的树体温度的高低。

太阳光谱到达地面有两种方式：一种是直射光，一种是散射光。

"直射光"是太阳光毫无遮挡地直接照射到地面的情况，它对茶树的生长发育是不利的；另外一种是通过各种散射质点遮挡、形成的散射光，在云雾情况下，我们称之为漫射光。散射光和漫射光对茶树生长发育是有帮助的。尤其是在一定的云雾情况下，散射光有利于茶树形成含氮类的物质，比如氨基酸当中的谷氨酸、天门冬氨酸、精氨酸、丝氨酸等这一类的物质会增加，所以它对茶树的香气和鲜爽度是有帮助的。这也就是我们在农业生产当中种植遮阴树以遮蔽直射光，增加茶园的空气湿度，保蓄茶园生态，创造良好的漫射效应，以达到优质茶叶品质的原因。

农谚上所说的"高山云雾出好茶"，"明前茶叶是个宝"等，反映的都是漫射光对茶叶品质影响的认识，是我们宝贵的经验。

思考题
1. 自然界影响茶树生长发育的因素主要有哪些？
2. 茶树为什么会有"午睡"现象？
3. 太阳光谱中可见光有哪些类型？对茶树生育有利的是哪几种？
4. 散射光是如何影响茶叶的品质的？
5. 光照时间低于多少会引起茶树的休眠？
6. 紫外线是如何影响茶树生育的？

# 茶树生育与热量的关系

我们接着聊热量对茶树生长发育的影响。

热量是太阳辐射产生的热效应，通常用"卡"作计量单位。在农业生产当中，我们习惯用温度来描述它对茶树生长发育的影响。热量对茶树生长发育的影响有三种表述方式，就是茶树的三基点温度、茶树的受害温度和茶树生育的积温。

我们先看看茶树的三基点温度。所谓"三基点温度"就是指茶树生长发育遇到的三种最基本的温度情况，它包含最低温度、最高温度和最适宜温度。

所谓"最低温度"，是茶树生长发育对温度的最基本的要求，我们也把它叫作"起始发育温度"，对于大部分茶树来讲，这个温度就是10℃左右。在茶树分类当中，有一种早、中、晚品种的分类，所谓"早生种"就是早春气温低于10℃就可能萌发生长的茶树，我们称为早生种；早春气温回升到10℃开始萌发生长的叫"中生种"；早春气温回升到15℃以后才萌发生长的，我们称为"晚生种"。大家熟悉的昔归茶，是一个气温回升到15℃以后才会生长的茶树，昔归茶是一个晚生种的茶。

"最高温度"是茶树能够承受的那个最高的温度点，通常是日均温度在30℃左右的时候，这是茶树生育能够承受的最高温度。

"最适合温度"也叫最适宜温度，通常是在 20~25℃。朋友们想一想，从茶树开始萌发的 10℃到它最适宜的 20~ 25℃，从 10~25℃的这个区间，茶树的生长发育是随着温度的升高而加快的，在 20~25℃生长出来的茶叶也是品质最优的。

我们再看看热量对茶树影响的第二种表达方式，就是受害温度。

受害温度有两种，一种是高温、一种是低温。高温致使茶树的受害是超过了茶树能够承受的最高温度，就是我们说到的 30℃以上，30℃以上的温度对茶树来讲就是受害温度。通常是月平均温达到 30℃，极端到了 40℃的情况下，茶树就会受到热害，甚至是大面积的灼伤和大面积的焦枯。

热量致茶树受害的第二种表现是低温，有两种情况。一种我们称之为寒害，也叫冷害，是指 0℃以上、10℃以下的这个温区致使茶树受害的。0℃以下致使茶树受害的，我们叫作冻害。因为茶树体含有水分的部分，出现了组织结冰，以冻结的方式形成硬块，最后伤害到了茶树的机能。不同茶树品种受寒害或冻害的温度点是不一样的，像云南大叶种，它能承受的最低的温度就是零下 5℃，而一些中小叶种能承受到零下 10℃甚至零下 15℃的低温，因此种间差异是蛮大的。

热量对茶树生长发育影响的第三种表述方式是用积温来表达的。积温有两种表述，一是活动积温，二是有效积温。

所谓"活动积温"，是茶树生长发育以后，活动期内的所有温度的总和。比如每年的 2 月到 11 月，从开采到封园这一段时间的温度的总和，总相加的指数就叫活动积温。不同茶区的茶树活动积温是有差异的，我国茶区多数波动在 3000~5000℃，也就是低于 3000℃的茶区很少，高于 5000℃的茶区也不多。

我们云南大叶种地区，它的活动积温通常是 4500~6500℃。云南是一个非常好的茶区，开采期很长，从 2 月一直采到 11 月下旬。

关于热量对茶树生育的影响，也要提醒朋友们注意一个现象：现在大家说"高山云雾出好茶"，并不是越高越好，因为海拔越高，积温就不够了，有效生育期就缩短了。因此，海拔在 2300 米以上的地区，在规划学当中就把它列为不适宜地区。

积温的第二种表述方式是指有效积温。有效积温就是扣除茶树生长发育的起始温度以后的、有作用的那部分温度的总和。什么意思呢？比如说茶树是 10℃才开始萌发，那么 10℃以下就意味着这些温度是无用的。有效积温就是把有作用的温度相加在一起的温度的总和，称为"有效积温"。它是预测茶树开采期的重要指标。

我国茶区绝大部分茶园从芽体开展到一芽三叶的有效积温一般是在 120~130℃，朋友们可以通过听取气象预报，来了解茶树生育的情况。当你知道茶树哪天芽体开始展开，到一芽三叶，有效积温积累到 120℃以上的时候，其实就能推算出开采的时期。

当我们了解了这些规律以后，对指导生产是大有裨益的。比如我们做远程追溯、做专家的远程辅导、就开采期对茶叶生产当中所遇到的问题进行预测预判、应对生产中的各种情况都有帮助。

作为爱好茶叶的朋友，你掌握这些知识，尤其是三基点温度当中的最适宜温度，你坐在家里也能够大致地知道什么时候能产好茶。

---

思考题

1. 热量对茶树生长发育的影响主要表现在哪三方面？
2. 茶树的早生种、中生种、晚生种是如何划分的？
3. 什么是茶树生长发育的三基点温度？何为寒害？何为冻害？
4. "高山云雾出好茶"是指海拔越高越好吗？为什么？
5. 什么是茶树生育的有效积温？如何据此推算春茶的开采期？

# 茶树生育与水分的关系

我们今天聊茶树生长发育对水分的需求。

大家知道，茶树起源于我国西南地区的原始森林中，在长期的系统发育中，形成了喜阴喜湿的特点；在水分供应充足的情况下，茶树生长繁茂，生长速度快、节间长、叶片大、叶质软、持嫩性强，茶叶品质好。根据国内外的研究，茶树每生长一公斤鲜叶，大概消耗一吨多的水分。因此，茶树生长发育对水分的需求是蛮高的。可以说，茶树就是一株株站立在地面上的"抽水机"。

水分对茶树生长发育的影响体现在四个方面：

第一，它是茶树细胞原生质的主要组成成分。活的细胞原生质，通常含水量都在90%以上，一旦原生质脱水，细胞的胶质物就会凝固，从而阻断输导组织的运输，影响树体的生育。

第二，水分既是光合作用的原料，也是呼吸作用、蒸腾作用的重要参与者。蒸腾作用就是树体叶片不断丢失水分，向邻近的叶片、枝干、树干、主干，进而向土壤夺取水分的过程。这个过程所形成的强大的拉力，称为"蒸腾拉力"，所以我们也把茶树形象地称之为抽水机。

第三，茶树生长发育所需要的所有营养物质，不论是地上部分的光合产物，还是根系吸收到的土壤营养物，都必须要溶解在水里面，才能到达树体的各个部分。如果没有水分作为溶剂或介质，生命是无法持续下去的。

第四，水分对树体起到调节温度的作用，它能使树体保持一定的温度，而不至于过热或过冷，使树体以一定的姿态存活下来。

在自然界中，茶树获得水分有三条途径：一是依靠大自然的降水，二是从空气当中夺取水分，三是从土壤中夺取水分。

大自然当中的降水，我们又称之为降水量；所谓降水量，指的就是降落到地面的雨、雪等融化以后，积聚在地表面未经蒸发、蒸腾和流失的水分深度，通常用"毫米"来表示。由于降雪是出现在茶树的休眠期，对茶树生长发育有影响的降水，通常指的就是降雨。在所有的降雨形式中，小雨和中雨对茶树的生长发育是有帮助的；所谓小雨，是指日降雨量在 10 毫米以内的降雨；中雨是指日降雨量在 25 毫米以内的降雨；这两类降雨对茶树的生长是有帮助的；而大雨和暴雨对茶树的生长是不利的，大雨指的是日降雨量在 25~50 毫米的降雨；暴雨是日降雨量超过 50 毫米的降雨。在我国绝大部分茶区，年降雨量都波动在 1200~1800 毫米，其中以 1500 毫米左右的降雨量是最适合的降雨量。雨量过少或过多都不利于茶树的生长。

茶树获得水分的第二个途径是从空气当中夺取水分。空气中的含水量，通常使用空气湿度来表达。空气湿度在 80%~90% 的时候最有利于茶树的生长；当空气湿度低于 70%，就会出现不同程度的旱害；当空气湿度超过 90% 的时候，空气湿度饱和，出现大量的云雾，也不利于茶树的生长，容易滋生各种病害，比如霉病和其他寄生物（如苔藓、地衣），干扰茶树的生长。

茶树获得水分的第三个来源是从土壤当中夺取水分。土壤水分，我们又称之为土壤湿度或土壤含水量，也叫田间持水量。通常茶树需要的土壤含水量是在 70%~90%，特别是 0~40 厘米的这个土层当中的土壤含水量，更要适合茶树的生育需要；低于 70% 就出现了土壤干旱；高于 90%，由于土壤含水过多、空气减少，就会出现涝害。

虽然我们没有太多的能力去改变大自然的降雨，但是可以通过种植遮阴树，改善茶园生态，增加茶园土壤覆盖等有效手段，来创造一个有利于茶树生长的空气湿度、土壤湿度的环境，从而改善茶树生育的条件。

除此以外，还想提醒朋友们，水分在茶树体内的分布不是均衡的。通常，嫩梢的含水量波动在 75%~80%，老叶的含水量一般是 65%，枝干的含水量波动在 45%~50%，根系的含水量大约 50%。很多朋友会认为，一芽一叶的含水量是百分之百，其实这种认识是不对的，一芽一叶的含水量通常也只能达到 80%。

茶叶初制当中，所讲到的杀青和萎凋，要将含水量下降到 58%~61%，这个下降是指从嫩梢的 75%~80% 的这个含水量开始往下降。掌握这些知识，也有利于我们指导初制生产，更好地去理解红茶加工当中的"嫩叶重萎凋、老叶轻萎凋"等，从而加工出品质更加优异的茶叶。

思考题
1. 水分对茶树生长发育的影响体现在哪些方面？
2. 茶树利用大自然中的水分有哪些途径？
3. 空气湿度和土壤含水量低于多少后，茶树就会出现旱害？

# 茶树生育与土壤的关系（一）

我们今天聊土壤环境对茶树生长发育的影响。

大家知道，土壤是茶树一生扎根立足的场所，土是茶的家，农谚说"好土出好茶"。

早在 1200 多年前，陆羽《茶经》当中就描述了人们对土壤环境的认识。在《一之源》当中，他说："其地，上者生烂石、中者生砾壤、下者生黄土……"在他的眼里面，好的茶生长在乱石丛中；"中者生砾壤"就是颗粒比较小的、带有沙砾的土壤里；"下者生黄土"是认为黏的黄壤不太适合茶树的生长。陆羽说的对不对呢？我们从科学的角度来诠释茶树生长发育对土壤条件的要求。

我们说的土壤环境，主要包含了土壤的物理环境、化学环境和生物环境三个方面。

土壤的物理环境，主要是指土层厚度、土壤质地、土壤空气、土壤水分和土壤温度五大方面。土壤化学环境，主要是指土壤的吸收机能，酸碱度和土壤的有机营养和无机营养的组成成分。土壤的生物环境，指的是人、动植物和土壤微生物对土壤的影响。这些因素无论是什么样的土类都是存在的。

我国茶区辽阔，土壤类型也就很多。就茶区的分布来看，茶园多集中在红壤和黄壤区，也有山地黄棕壤、黄褐土、灰化土、紫色土、冲积土、高山草甸土等。就云南茶区而言，云南的土类有十六个大类，但是无论哪个土类，说到土壤环境讲的就是这三个方面，即物理环境、化学环境和生物环境。

今天主要说土壤的物理环境，先看看土层厚度对茶树生育的影响。

茶树生长发育一般需要 1.5 米以上的土层厚度，低于这个土层厚度，对茶树的生长发育都是不利的。在 1.5 米的土层当中，又可以把它分为四个层次结构：

20~30 厘米的这个土层，称为表土层，也叫耕作层。大家知道，锄头的长度、深度基本上就是 20~30 厘米，也就是说表土层（耕作层）是人类对茶树生育环境干扰的最多的一层。这一层土壤分布着吸收根，有枯枝落叶对土壤肥力的影响、也有耕作的方式、耕作习惯对这层土层的影响。

第二层位于表土层下方，称作亚表土层，或者叫作亚耕作层。这一层的厚度是 30~40 厘米，加上表土层的厚度，大约就是 50~70 厘米的土层厚度。它是茶树生长发育的容根层，茶树的吸收根除表土层分布外，大量的分布就集中在亚表土层这一层里，人类对它的干扰不是很多，但是有。特别是在早期新茶园建设的时候，开挖种植沟，就是这个深度。所以亚表土层的状态，也影响到吸收根的分布能力。

亚表土层下面的这一层，称之为心土层，也叫淀积层，它的厚度大约 50 厘米。这一层是属于表土、亚表土沉淀下来的土层，常常比较硬实，它们也是骨干根分布的主要土层。

心土层的下方是底土层，也叫母质层或者叫风化壳，它是接近于成土母质的一层，厚度一般在 50 厘米左右。

以上这四层土壤相加，就知道这个厚度就是在 1.5 米左右。因此，茶树生长的良好土壤条件，它的厚度必须在 1.5 米以上，一些土层比较浅的茶园，茶树生长是不好的。

再看看土壤质地。

土壤质地通常指的是土壤的组成方式，是由沙土、石块还是壤土组成的？土壤由什么元素构成？我们也把它称为土壤结构。

我们需要建立三个概念：土壤的固相、液相和气相概念。固相，指的就是土壤的质地；液相指的就是土壤当中的含水量；气相就是指土壤的气体含量。就高产茶园来说，它通常要求土层，特别是 50 厘米内的土层固相、液相、气相的比例是 40∶30∶30，这样比较合理。这三个指标被称为土壤的三相比。大家分析土壤三相比，能够知道茶树生长发育既需要有一定的土质，也需要一定的水分，还需要一定的空气。

通常情况下，表土层是以砂粒状的土壤居多为好；亚表土层以团块状的土粒结构比较好；底土层以块状结构比较好，底土层要防止有坚硬的石块，才能够获得从上到下、从松到紧的土壤结构，它既有保水能力、保肥能力，也有通气的能力，茶树才能获得一个好的生育条件。

我们说的贫瘠土壤，要么是指土层浅，要么就是它的结构不对。而一些由冲积土构成的、沙砾比较少、壤土比较多的土壤，没有好的透气性，也不利于茶树的生长。陆羽所说的"上者生烂石，中者生砾壤，下者生黄土"也是这个道理。在当今条件下，我们要获得好的茶树生长发育，离不开对土壤的管理，离不开对土壤的改良。对于那些夹砂重的，我们要掺入壤土；对于那些壤土比例比较大的，我们要适当地掺砂、掺石，增加它的透气性，这是土壤管理的重要内容。

现在在很多古茶园保护当中，认为土壤不能挖、不能动、不能碰，这种思想是错误的。我们动不动（挖不挖）茶园土壤，关键是要看表土层是否板结，必要的中耕和翻挖是需要的！

思考题
1. 茶园土壤环境主要指哪些方面？
2. 茶园的土壤厚度可以分为几个层次结构？各是什么？
3. 土壤质地指的是什么？
4. 茶园土壤三相比指的是什么？

# 茶树生育与土壤的关系（二）

我们前面聊到了土壤物理环境与茶树生育的关系。今天我们接着聊土壤化学环境对茶树生育和茶叶品质的影响。

土壤化学环境是指土壤酸碱度、土壤有机质含量和无机养分含量等。这些年以来，许多爱茶的朋友从经验的、故事的或猜想的角度去认识茶，了解茶，甚至出现了以讹传讹的混乱……希望通过这一期的分享，对朋友们有所帮助，有所启迪。

## 我们先看看土壤酸碱度对茶树生育和茶叶品质的影响

土壤酸碱度通常用 pH 表示。根据调查，在全世界有茶树分布的地区，其土壤的酸碱度几乎都在 4~6.5，这说明茶树是一种喜酸性的植物。在茶树起源地的云南红土高原广大茶区，其土壤酸碱度多波动在 4.7~5.4。我们把土壤 pH 在 4.5~5.5 的，视为最适合茶树生长的土壤。土壤酸碱度过酸、过碱，对茶树的生长发育都是不利的。土壤过酸，会出现叶绿素丢失，叶色转暗，最后转红，根部会出现粉红色的茶根……这些都属于土壤酸化病。严重的酸化土壤，茶树叶片变红以后，如果遭遇 33℃ 左右的高温，就会在 3~7 天之内引起死亡；因此朋友们在滇西地区看到的很多红叶茶，可能和局部的土壤偏酸有关。pH 大于 6.5 的土壤往往偏碱，容易引发叶色发黄，出现缺绿症。这种时候，叶片寿命变短，脱落速度加快，根系先变红后变黑，这就是茶树无法在黄河两岸的盐碱地中生存的原因之一，我们称它为碱害。

需要提醒朋友们注意的是：pH 在 4.5~5.5 的这个幅度内，如果偏碱一点点，对茶氨酸、茶多酚和儿茶素的形成是有帮助的。因此我们不主张过于偏酸的土壤，特别是在云南一些白蚁（就是白蚂蚁）生长过的地方，酸性比较严重，这些土壤需要改良，需要加施石灰或者是钙镁磷等，或土法烧火堆的方式来进行改良。

**我们再看看土壤有机质对茶树生育和茶叶品质的影响**

土壤有机质，是指生命体死亡以后，经土壤微生物分解、降解出来的各种有机营养的总量，它是土壤熟化度和肥力的指标；有机质含量越高的，越有利于茶树的生长发育。通常，我们把土壤有机质含量在 2%~3.5% 的，视为一类土质；把有机质含量在 1.5%~2% 的，视为二类土质；把有机质低于 1.5% 的，视为三类土质。云南茶区绝大部分土壤的有机质含量都在 2%~4%，云南是一类土质的优质茶区，这也是云南茶区"得天独厚"的表现。

**土壤化学环境对茶树生育和茶叶品质影响的第三方面，体现在土壤的无机养分上**

植物有机体的无机元素多达 40 多种，其中维持正常生命活动的有 15 种，就是碳、氢、氧、氮、磷、钾、钙、镁、硫、铁、锰、硼、铜、锌、钼等。前十种称为植物生长的大量元素，后 5 种称为微量元素。在大量元素中，我们又把氮、磷、钾、钙称为植物生命生长的四要素，如果出现缺氮，茶树势必会出现叶色泛黄，叶片变小，节间变短，树体瘦弱，茶叶外形的条索和叶底的颜色都会受到影响，氨基酸的含量也受到影响；如果出现缺磷，就会在芽基部和叶柄处，看见紫红色的颜色。所以芽基发红、叶柄发红的是缺磷症，它和优质无关。

微量元素对茶树生长发育虽然需要的数量不大，但是对茶树的生育影响也是重大的。比如锰的含量，高锰地区出产的茶叶品质苦味比较重；茶树如果缺硼，也会引起叶片的发红；茶树如果缺锌，会出现黄化病和白化病……在一些高寒地区常常会看见茶树叶片发黄、甚至会出现白色的叶片，这可能和土壤缺锌有关，它们影响和改变着茶叶的品质。可以说，茶叶品质的好坏跟土壤环境尤其是土壤的化学环境息息相关。

当朋友们认识了土壤化学环境对茶树生育和茶叶品质的影响之后，你就能够更加全面地把握茶叶的品质，对你进行茶叶外形、香气、滋味、风味的审评是大有帮助的。

思考题
1. 什么是土壤的化学环境？土壤有机质指的是什么？
2. 最适宜茶树生育的土壤酸碱度是多少？
3. 茶园的土壤肥力分几类？怎么划分？
4. 茶园土壤酸化会出现怎样的茶树症状？
5. 茶园土壤碱害会出现怎样的茶树症状？
6. 导致茶树大面积出现红叶失绿的原因主要有哪些？
7. 茶树生育的生命四要素是哪些？
8. 土壤微量元素指的是哪些元素？
9. 富锰土壤所产茶品滋味上有什么特点？

# 茶树生育与土壤的关系（三）

我们今天接着聊土壤生物环境对茶树生育和茶叶品质的影响。

前面聊到土壤生物环境主要是指人、动物、植物和土壤微生物对土壤的影响，它们共同构成了茶园土壤的生态圈，影响、干扰、甚至改变着土壤的物理性状和化学性状。

生长在自然环境下的茶树，由于没有人为的参与，影响茶树生长发育的生物因素，主要就是动植物和土壤微生物就其动物因素来说有两类：一类是地上生物，比如鸟禽兽虫；一类是地下生物，比如大家熟悉的金龟子、蟋蟀、蝼蛄、小地老虎、蚂蚁、蚯蚓等生物。它们生命活动的轨迹、代谢的过程、代谢的产物，以及死亡以后的尸体分解、降解出来的各种有机物，都在影响改变着土壤的性状。

与茶树生长在一起的各种植物，它们与茶树分享着共同的生育空间。比如在地上面形成了高、中、低不同结构的生态群落，争夺着地面上的光、温、水、气、热；在地面下形成了不同的根群结构，争夺着各种土壤养分。各自按照"适者生存强者先"的进化法则生育、进化。其中，有对茶树生长发育有帮助的，也有对茶树生长发育有干扰、甚至有损害的生物要素，都需要我们人为地去改良它，为茶树创造一个好的生育环境。

就土壤微生物来说，主要有细菌、真菌和放线菌三种类型，它们以菌根伴随在一起共同繁殖生育。其中有一些微生物，我们把它叫作根际微生物，聚集在茶树根系附近，以及近根周围的各种微生物种群，它们以根系分泌物，或根系外渗物，以及根系脱落物为营养源，也以各种死亡分解以后的死细胞为营养原料而存活下来。其中，各种生物的根系脱落物是影响土壤微生物种群优势变化的主要因素。它们吸收、吸附着根系外渗物的各种物质，比如碳酸、氨基酸、糖分、多酚和其他有机物，改变着根际周围的土壤酸碱度，从而影响土壤的化学性状。各种微生物分布和活跃的程度不同，也会改变着土壤的透气性、活性，影响土壤的物理性状。这是在自然状态下。

在人为参与的情况下，人工栽培的茶园，土壤的生物环境受到的干扰因素就更多。人类对茶园土壤生物环境的改变，主要是通过耕作、覆盖、除草、施肥等实现的。

其中的耕作，就包含了不同的耕作方式，间种、套种、复种的不同习惯等。这些耕作习惯，好的、合理的耕作方式对茶树的生长发育是有帮助的，比如种植合理的遮阴树种；有的对茶树的土壤生物环境是有干扰的，比如套种了一些玉米、花生等根群分布比较相似的植物，它们就会与茶树夺取相同土层的土壤营养，从而对茶树形成了干扰。

人类对茶园土壤生物环境的干扰还包含覆盖，这些覆盖有通过铺草的，也有通过种植绿肥等方式出现。人类对茶园杂草的铲除，有人为的翻挖，也可能使用了化学除草剂，特别是化学除草剂的使用，更加改变了土壤的性状。施肥就更不用说了，施入的无论是有机肥或是无机肥，它们进入土壤以后，直接构成了土壤化学元素当中的有机质和矿质元素，影响土壤的肥力状况。

因此，人工情况下的茶园，其土壤生物环境受人为干扰的因素是巨大的。我们必须研究一个合理、科学的方法，来适应茶树的生长。

我国的肥料工业已经很先进，大家知道的配方施肥、测土施肥、平衡施肥，都是一些应该引起重视的先进技术。尤其是一些生物肥料的使用，对土壤微生物种群的结构和微生物的活跃度，以及土壤的肥料自身再造能力的恢复，是大有帮助的，我们茶叶行业要学会使用。

帮助茶树获得一个好的土壤生物环境是我们茶叶工作者的重要任务，也是我们获得优质茶品的重要途径。

思考题
1. 茶园土壤生物环境的含义是什么？
2. 影响茶树生长发育的生物因素主要有哪些？
3. 与茶树伴生在一起的各种植物怎样影响茶树的生长？
4. 茶园土壤微生物有哪些类型？它们如何影响茶树的生育？
5. 人类对茶园土壤生物环境的改变主要有哪些表现形式？

# 茶树生育与地形地势的关系

　　在了解了环境条件中光、温、水、气、热、土对茶树生育和茶叶品质的影响，让我们运用这些知识，来看看不同地形、地势对茶树生育和茶叶品质的影响。

　　不同的地形、地势，它影响和改变着自然环境中光、温、水、气、热的分布，反过来影响茶树的生长发育和茶叶品质。

　　地形、地势对茶树生育的影响，主要表现在不同的海拔高度、不同的坡度坡向和不同的地形地貌三个方面。

### 我们先看看海拔高度对茶树生长发育的影响

　　海拔对茶树的影响主要是通过温度和降雨量两个方面表现出来。气象学上常常用气温的垂直递减率，来表示气温与海拔高度的变化规律，海拔每升高 100 米，气温大约下降 0.5℃。我们前面提到，茶树生长发育有三基点温度，有对"有效积温"的要求、有对"年积温"的要求。所以，如果年积温达不到 3000℃，是不能满足茶树的生长发育的；如果日均温超过 30℃，特别是极端高温超过 40℃ 的时候，茶树生长发育也会受害。因此，茶树生长发育对海拔是有一定的要求的。

　　在江南茶区，茶树多分布在 200~1000 米的海拔内，通常以 800 米左右为理想的海拔带。由于云南地处高原，茶树多分布在 1000~1900 米的范围内，我们以 1400~1800 米左右为理想的海拔带。如果海拔过高，就意味着年积温少、日均温低，而不利于茶树的生长发育。记得 1998 年我们到镇康县调研，当时镇康县重点产茶（区）布局是在忙丙乡，忙丙的茶树又多数分布在 1900~2100 米的范围内。我们建议镇康县政府，把茶树的重点区可以布置到木厂、勐堆这些地方，即海拔相对低一点、热量资源相对丰富一点的地区，更有利于茶树的生长。依据就是茶树生长发育对积温的要求。

海拔对茶树生育影响的第二个方面，是通过降水量表现出来的。降水是空气中的水蒸气在高空中凝结成小水点，或者是小冰晶，这些小水点或小冰晶相互碰撞、合并，变得越来越大，大到空气托不住它而往下降落下来，当低空温度高于 0℃的时候，就形成了"雨"；当低空温度在 0℃以下的时候，就形成了"雪"；当低空温度在 10℃以上的时候，就形成了"雾"。因此，究竟是雨、雪还是雾？取决于海拔高度，它直接影响着茶园的空气湿度，改变着茶树的生育状况和茶叶的品质。

**地形地势对茶树生育的影响的第二个方面是坡度、坡向**

首先看看坡度。我们国家的茶树多数是分布在 0°~30°的坡面上。坡度 0°~10°的，称之为缓坡茶园；坡度 15°~30°称之为陡坡茶园；特别是坡度大于 15°以上，这些坡度的茶园由于坡度过陡，每年每亩地表径流带走的熟土层，大约有 6.5 吨。

因此，农业部门对陡坡茶园进行坡改梯，以等高调整的方式去改良土壤，这是土壤肥力保蓄的一种有效手段。因此，很多朋友认为的"台地茶"不好，这种观点是错误的。

在我国的古代，一直有一种观点："茶地南向为佳，向阴者遂劣。故一山之中，美恶相悬……"说的是南坡、东南坡和西南坡的茶地好，是茶树生长的坡向问题。

我国位于北半球，无论哪儿的茶园，它的阳光都是从南面照射过来的，在极薄气层中，它接受阳光的高度、角度是不一样的。我们把不同坡度和坡向接受阳光的这个角度称之为"太阳高度角"，角度越大的受光面就越强，受光面就越大，直射的情况就越明显。南坡、东南坡和西南坡，每天受到太阳照射的强度就会优于北坡，这就是"茶地南向为佳"的道理所在。

**地形、地势对茶树的生长发育的影响的第三方面是地形地貌**

地形，无外乎是坡地、凹地和平地三种情况。凹地由于地形比较低洼，在冬天的时候容易形成冷空气的汇集，低凹地带的茶树在冬天容易受到寒冻害。而坡地茶园由于地势比较高，在寒潮来袭的时候或冷空气南下的时候，容易受到寒害，这就是倒春寒到来的时候或冷空气南下的时候，坡地茶园容易受冻的原因。农谚说"风吹山梁霜打洼"是有道理的。

云南是一个多山的省份，"九山一水有点田"是云南的地貌特点。高原立体气候，形成了云南广大茶区"天堂中有地狱，地狱中有天堂"的复杂的地形地貌。

当朋友们了解了这些知识，以后你走进云南茶区、走进云南茶山，就可以根据"一山分四季、十里不同天"的各自的小区域特点，去判断、分析你所面对的茶园，它的生长情况和品质的状况究竟会是什么，你就能够选择到你想要的茶叶。

# 影响茶树生育的灾害性因素

我们在系统地介绍了茶树生长发育对环境条件的要求以后，大家明白了一个道理：茶树在系统生长发育中，形成了对环境条件的最基本的要求，这是它自身的规律。我们的任务就是要去满足这些要求，给茶树创造一个良好的生育条件。中国是世界茶叶的故乡，云南是世界茶树的发源地。我们拥有世界上一流的种茶环境、种茶条件。但是，这不代表着茶树生长发育中的每天、每时、每刻都处在良好的状态下。相反，它还常常会遭受到各种灾害性气候的影响和各种生物对它的影响。因此，今天要与朋友们介绍分享的，就是影响茶树生长发育的灾害性因素。帮助茶农朋友们更加科学地去管理茶园，帮助喜爱茶叶的朋友们更加科学地去认识茶、了解茶。

**我们先看看病虫害对茶树生长发育的影响**

根据国内外的研究，影响茶树生长发育的病害多达 100 多种，影响茶树生长的害虫类（包含昆虫和螨虫）多达 300 多种。可以想象，茶树实际上是在与这些不良因素作斗争的过程当中一年一年生长的。因此，有很多人认为讲究生态茶园、追求绿色食品，认为源头上对茶树生长的生态环境不能动、不能碰……这种想法是值得商榷的。如果你不去管理它，你不去创造一定的条件，茶树是无法获得一个好的生育环境的，这个道理很明显。

由于影响茶树生长发育的病虫害类型很多，我们无法与大家一一介绍，但是我们必须树立起一个综合防治、综合保护的意识。大家知道，茶树病虫害的防治主要有五种方法：化学防治、物理防治、农业防治、人工防治和生物防治。在这五种方法当中，我们提倡综合防治，更多地强调用农业防治和人工防治以及生物防治的方法去为茶树生育创造良好条件，尽量地减少化学防治。少打农药，不得已的情况下才去使用农药。比如，可以选择培育具有一定抗旱性、抗寒性和抗病虫能力的茶树品种进行推广，提升茶树自身抗逆能力；也可以通过改变采摘制度、改变采摘习惯来迅速地降低很多病害和虫害的基数，从而减少病虫害的爆发。农业防治当中的及时采摘，我认为是所有病虫害防治措施当中最有效的防治手段，它既获得产量、又能抑制病虫害；也可以使用一些生物防治的方法，比如说在茶园里面引进、繁殖、培育有益的生物来拮抗不利于茶树生长的其他生物。这几年以来，茶园紫茎泽兰（俗称解放草）的防治，就使用了泽兰食蝇这种生物来防治了紫茎泽兰的蔓延，这是一个很成功的经验。这些先进的技术，我们云南应该好好地消化吸收、推广应用。

**影响茶树生长发育的灾害性气候主要有寒害、冻害、旱害和热害四类**

大家知道，寒冻害是由低温造成的，要减少低温对茶树的干扰，我们有几种办法：一是选育抗逆性强的品种（就是耐低温的茶树品种）；二是增加茶园的覆盖，减缓冷空气的对流；也可以施入一些热性肥料，比如说有机肥，帮助茶园土壤的温度保持在一个相对较高的水平，减少根系的伤害。

云南的茶树寒害一般出现在 2—4 月，就是我们所说的倒春寒，在这段时间当中容易引发"茶饼病"，每到 2—4 月我们要高度地警惕。云南是一个四季如春但干湿季分明的省份，往往在 3—4 月的时候会出现一些旱热害，尤其是在海拔低于 1400 米以下的茶区，旱热害的情况更为严重，要在这些茶区建设中增加遮阴树的种植。

除此之外，在云南每年的 3—4 月这段时间，也会出现冰雹灾害，它们往往沿着山脊梁、沿着东北坡降落并伤害着茶园，使每年云南茶园受灾面积达到万亩以上，防御它们的最佳方法就是种植遮阴树。如果出现了茶园受灾，要及时予以采摘，尽快带走受伤的芽叶，因为这些芽叶对茶树来讲就是伤口；如果不带走它，茶树就会消耗大量的能量去愈合这些伤口，会影响茶叶的产量和茶叶的品质。

总而言之，茶树是生长在一个生态环境中的，需要一定的生态群落，它也会遇到各种灾害，因此我们要树立茶园和茶树的保护意识，在保护的前提下合理利用。也要善于学习各种农业防治、生物防治等科学技术，用这些先进的科学技术武装云南的茶叶，杜绝一切歪理邪说，使我们茶叶更加安全、更加合理、更加科学地持续健康地发展。

思考题
1. 影响茶树生长发育的灾害性气候主要有哪些？
2. 云南茶区倒春寒出现在什么时候？
3. 云南茶区冰雹灾害出现在什么时候？有什么特点？如何拯救？
4. 为什么说"及时采摘"是茶园病虫害防治措施当中最有效的防治手段？

# 茶树各器官生育的故事

如果说茶树的生长发育总周期规律是从宏观上去认识一棵茶树，那么茶树的年周期生育规律就是从微观上去了解一个季节、一个年份，甚至是某一个时段、某几天茶树的生长特性。

# 茶树新梢生育规律

通过介绍茶树生长发育的总周期，朋友们认识、了解了茶树一生中各个时期的生长发育规律。通过介绍影响茶树的自然条件、生物条件和灾害性气候，朋友们了解了茶树对外界环境需要的自身规律。在此基础上，我们还必须突破对茶树生长发育的年周期规律的认识。因为，茶树的一生是一年一年度过的，在一年当中，茶树的生长发育，由于受到自身生物学特性和自然环境条件双重因素的影响，表现出不同时期有不同的生育特点。如果说茶树的生长发育总周期规律是从宏观上去认识一棵茶树，那么茶树的年周期生育规律就是从微观上去了解一个季节、一个年份，甚至是某一个时段、某几天茶树的生长特性，所以，这种认识更有针对性，更有实用性。

茶树的年发育周期，指的就是茶树在一年中生长和发育的周期性规律。

我们先看看茶树新梢的生长发育规律。

茶树新梢，是茶树体上新生出来的各种枝条的统称。在年生育规律中，新梢的生育特性有四个知识点需要朋友们去把握。

第一，新梢生育的过程。新梢生育有五大过程，每年的早春季节，当气温回升到 10℃以上，顶芽就开始膨大，它由芽体膨大、到逐渐的鳞片展开、再到鱼叶展开、再到真叶展开、最后到驻芽形成，这五个过程就是新梢生育的过程。我们把前边的芽体膨大到鳞片展开这两个过程，称为隐性发育阶段；把鱼叶展开一直到驻芽形成的这个过程称之为显性生育过程，因为一片片叶子都展开了，容易看见，所以是显性过程。大家注意分析，在这五个过程当中，茶树生长发育如果遇到的环境条件良好的，它通常能够长出五个以上的叶片，我们把着生五个以上叶片的新生枝条称之为"正常新梢"；我们把叶片数低于四个以下的，称之为"不正常新梢"。通常大家所说的对夹叶、马蹄叶就是不正常新梢，是属于遭遇不良的气候环境条件或者是肥力条件导致的，这是第一个知识点。

第二，朋友们要建立起新梢生育的轮次性概念。所谓轮次性，就是一个茶树体上，它是由若干个枝条构成的，而每一个枝条最优越的部位是顶芽，新梢萌发生长的最初的地方是从顶芽开始的；顶芽生长了以后，位于顶芽下侧的侧芽才开始萌发，第一侧芽萌发以后才是第二侧芽和第三侧芽相继地萌发生长……所以，从顶芽萌发生长到第二、第三、第四个侧芽萌发生长，它有一个时间差，这个时间就构成了轮次，将轮次的持续时间相加在一起，就是我们说的"茶季"。于是朋友们就明白了，茶季是由轮次性构成的。

在新梢生育轮次性的持续过程中，由于伸展的先后时间不同，比如说有些顶芽先发，可以采到，然后侧芽发，侧芽发后又能采到；有的是顶部（中心区）的顶芽先发，两侧的顶芽后发，形成了顶芽和侧芽交混在一起的情况，构成了我们一次次的采摘，全年的采摘次数称为"采摘批次"，这是由于不同部位的芽萌发的顺序的先后形成的。这是第二个知识点。

第三，大家要留意新梢生育在茎、梗部位颜色的变化（过程）。它的颜色是由绿到黄绿、到棕红、到暗红、到灰白色这样五个颜色的变化。最初很嫩的时候是绿色，纤维化以后，木质化程度比较高以后，是黄绿色，再后来就是红棕色。朋友们看到很多做短穗扦插繁殖的枝条，一般剪取的枝条就是"上黄下红"的枝条，它的纤维化程度比较高，我们称为半木质化。所谓半木质化，就是枝条的颜色是黄绿色到红棕色之间。而暗红色到灰白色的枝条，已经是完全成熟的枝条了。

第四，不同成熟度的新梢，它的生理功能和它的内含物质是不一样的。

首先，从生理功能来看：大家记住，一芽三叶以前的新梢，它的呼吸作用是大于光合作用的，这个时候它的消耗大于它的积累，大于它的合成。因此它必须从相邻的母叶上、从老叶片上去获得营养，它需要周围的老叶帮助它。当新梢生育达到一芽五叶的时候，基本上呼吸作用和光合作用旗鼓相当，能够持平。当它达到一芽六叶的时候，光合作用就超过了呼吸作用，这个时候它的光合制造能力最强，制造出来的营养自己用不完，可以向其他的更幼嫩的部位供应营养。所以这个时候是它完全成熟的状态。

其次，从内含物质上来看：幼嫩的芽叶含有的水浸出物、多酚类、含氮物以及果胶含量都比较高。所以朋友们都有一种经验，用幼嫩的芽叶采摘下来以后，揉出来的茶条油润、滋味表现上涩味、苦味都比较重，是因为它内含物质高的原因。而当它逐渐趋于成熟以后，就是说，如果你采到一芽三叶和一芽四叶，成熟度比较高的，那么它的粗纤维、淀粉和糖分的含量就在增加。这个时候它的果胶少了，不容易揉捻成条，这就是黄片产生的原因。这也是低档茶（一芽三叶、一芽四叶）的原料加工出来的茶叶甜度强而饱满度差的原因。

朋友们掌握了这些知识以后，就能够把这些知识运用到我们的实践当中。在农业生产上，要尽量地去帮助树体形成更多的正常新梢，从而获得较高的产量和优异的品质。在茶叶审评和鉴别上，朋友们要养成根据不同新梢的嫩度来辨识滋味风格的习惯，就是刚才说的嫩度不同、内含物质不一样，它必然出来不同的风格特点。学会了这种方法，你就不会千篇一律地去认识一种茶。千篇一律认识茶的现象是普遍存在的，无论哪一个茶，都有等级的问题，不同的等级肯定有不同的风味，要学会从等级上去鉴别茶叶品质。

思考题
1. 什么是茶树新梢？什么是正常新梢？什么是不正常新梢？
2. 茶树新梢生育有哪五个过程？
3. 采茶的"茶季"是怎样形成的？
4. 茶叶的采摘批次是怎样形成的？为什么一个季节里能多次采茶？
5. 初生新梢的营养供给能"养活"自己吗？

# 茶树叶片生育规律

今天接着聊茶树年生育周期中叶片的生理变化。

我们知道，叶片是茶树体进行光合作用、合成有机营养的重要器官，也是收获的主要对象；某种程度上说，茶叶的学问就是关于叶片的学问。所以，我们在了解了叶片形态学特征以后，还应该进一步去了解年生育周期中叶片的生长发育规律。

### 我们先看看叶片的生长过程

大家知道，叶片是由叶原基分化而来的，它的生育可以分为内折、反卷、展平、定型四个过程。所谓"内折叶"，就是指叶片刚刚离开芽体，向内呈包裹状的这一时期；所谓"反卷叶"，就是内折叶进一步地生育以后，在叶片的尖端形成了向背卷曲的形态，我们把这个时期的叶片称为反卷叶；反卷叶进一步地伸展，侧脉不断地伸平、拉平，使整个叶片逐渐逐渐地呈拉平状，我们把这个时期的叶片称为"展平叶"；直到叶面积固定下来，叶片的厚度固定下来，这个时候称为"定型叶"；通常这个时期叶龄大约是 30 天左右。

生产上，很多茶类的采摘标准就是依据叶片的生育过程来确定的。比如龙井茶，它以一芽一叶为原料，但是又在一芽一叶当中进一步地细分出五个等级：把一芽一叶、芽比叶长的视为一级；芽叶齐长的为二级；芽比叶短、叶片内折为三级；芽比叶短、叶片反卷为四级；芽比叶短、叶片展平的为五级鲜叶，这就是龙井茶的用料。还有青茶类的乌龙茶，它采取的是开面采，在开面采当中，采摘反卷到展平之间的叶片的称为"半开面"，采摘全部展开的叶片的称为"全开面"。所以乌龙茶的采摘就有半开面和全开面两种。而大宗红绿茶通常采摘一芽二、三叶，这个时候芽以下的第一叶通常就是内折或者是反卷的状态。

**我们再看看叶位和叶序**

朋友们知道，一个枝条上边着生的叶片，是有一定的着生位置和顺序的，我们通常从芽往下数，依次表述为一芽一叶、一芽二叶、一芽三叶、一芽四叶或一芽五叶等。由于着生的部位不同、顺序不同，它的光合能力的大小是不一样的，内含物质也发生了很大的变化。通常情况下，一芽一叶、一芽二叶的全氮量、茶多酚、茶素和可溶性的物质含量比较高，这就是一芽一叶、二叶的茶汤浓度比较浓、比较强的原因。随着叶龄的增大，它的粗纤维和纤维糖的含量在增加，而全氮量、多酚和茶素等影响滋味、浓度的物质在减少，所以出现了一芽三叶、一芽四叶的甜度比较高而浓度比较弱，就是含量变化的原因。既然同一枝条上存在着这种内含物质含量的变异，那么朋友们就可想而知，即使在同一茶区、相同工艺情况下出现的不同风格和味道，就是因为叶位和叶序不同带来的。

　　叶片在茶树年生育周期中的第三个知识点，就是它的生育与气温的关系

　　请朋友们记住：当气温在 20~35℃的时候，叶片的光合作用是比较强的；当气温超过 35℃以后，它的净光合能力是急剧下降的；当气温达到 39~42℃的时候，是没有净光合作用的。

　　根据这一知识点，朋友们就可以想象，许多热区的茶，由于气温过高，出现了"午休"现象，因此在一天当中，它净光合的时间是短暂的，出现了很多热区茶滋味比较淡、夏秋茶滋味弱于春茶也是这个原因。朋友们利用这个知识点，也就能够解释很多中、小叶种茶的滋味不如大叶种，而同在大叶种茶区的华南茶区当中的广西、广东、海南茶不如云南大叶种茶的浓度，原因也在于此。

　　除此之外，朋友们还应该树立一个"叶片寿命"的概念。就是说，茶树叶片是有一定寿命的，通常在一年左右，很少有超过一年半的，两年以上叶龄的是没有的。联系我们上期提到的新梢生育知识，朋友们就不难想象，早期叶片生育，它的光合作用是低于呼吸作用的，它需要从相邻的母叶当中去夺取营养。因此，没有达到定型以前的叶片，可以说是属于消耗性的叶片，这也说明留叶采摘何等重要。

　　2013 年，我在昔归茶区、冰岛茶区和班章茶区，都看到了一些老茶树过度采摘、掠夺式采摘的惨状，很多古茶树上面没有足够的叶片，看了让人心痛；我想借助这一期，呼吁不论是爱茶的朋友或者是茶农朋友，都要树立起母亲叶的概念，一定要推行

留叶采摘，以获得持续的高产和优质。只有这样，才能保持茶树旺盛的生育机能，我们的古茶树保护也才能够落到实处。

# 茶树根系生育规律

我们接着聊茶树年生育周期中根系的生长发育规律。

我们在介绍茶树形态学特征的时候，与朋友们分享了茶树根系的类型、根系分布的规律，以及根系的生理功能。我们在介绍影响茶树生长发育的土壤条件的时候，介绍了土壤温度、土壤湿度和土壤空气对根系生育的影响。

我们重点看看一年当中茶树根系生长是怎么变化的？其中，有四个知识点需要朋友们把握。

**第一，影响根系年生育规律的因素。它们是温度、养分和水分**

请朋友们记住：土壤温度在 25~30℃的时候，是茶树根系生长最合适的温度，也是根系生长发育最旺盛的温度；土温低于 10℃以下，根系是不会发根生长的；土温超过 33℃以后，也会对根系的生长发育造成灼伤。其次，是养分：茶树根系生长有一个规律就是向肥性，也就是说哪儿肥力高、哪儿营养丰富，茶树的根系就往哪儿生长；因此在坡地茶园上，下坡一侧的茶树根系生长发育，就超过了坡的上侧，根系也集中分布在坡的下侧。再就是水分：我们曾经介绍过，茶树生长发育对土壤水分有一定的要求，在土壤含水量 60%~75% 的时候，是最理想的，过干或过湿都会影响到根系的生育。因此在雨季的时候要注意茶园排涝，在旱季来临的时候，要注意增加茶园灌溉，或者是茶园覆盖，以保蓄土壤水分。在大部分情况下，茶树根系生长有向水性；土壤湿度相对较高的地方，也是根系分布较多的地方，水分不但直接影响着根系的生长，它还改变着土壤的空气请朋友们记住，土壤空气含量，尤其是氧气含量低于 10% 的时候，是不利于茶树生长的。土壤空气好的地方，根系生长发育是比较旺盛的，这也是根的向气性的特点。

**第二，根系生长与地上部分的交替生长的关系**

这一点，我们在介绍形态学特征的时候也提到过，就是根系的生长与地上部分的生长是交替进行的。换句话说，就是地上部分旺盛生长的时候，根系生长相对缓慢；根系生长旺盛的时候，地上部分的生长就会相对地放慢。一年当中，春茶结束以后、夏茶结束以后，以及秋茶结束以后，是根系生长的三次高峰。尤其是 7 月、10 月，这两个时期更是根系生育的相对高峰期。

**第三，对根系的管理**

根据以上的介绍，我们要善于利用茶树根系的向肥性、向水性、向气性特点管理好根系。也就是说，通过土壤覆盖、茶园灌溉，或者是茶园耕作，来有效地管理茶树根系。在这一方面，我们的祖先积累了丰富的经验，农谚上说"锄头下面有火，锄头下面有水"，意思是通过中耕可以改变土壤的水气状况；农谚还说："七挖金、八挖银、九月十月撩人情"；意思就是每年的中耕，放在农历的七月左右，九月十月的中耕就是做给人看的表面工作了。

要补充一点，在茶树越冬之前，也是茶树根系生育的一个高峰期，所以生产上在越冬之前进行中耕施肥，施入一些热性肥料，帮助茶树顺利地越过冬天。

### 第四，根系与茶叶品质的关系

我们常说"根深叶茂"，不仅只是指生长势的强弱，事实上根系生育的好坏，直接影响茶叶的品质。茶树根系生长有一个功能，首先它吸收土壤当中的氨态氮，把一些腐烂的叶片、腐烂的有机质所分解出来的氨态氮，吸收到体内合成谷氨酸和谷氨酰，然后这些谷氨酸和谷氨酰在茶树生长发育的时候，向地上部分的叶片运输，满足了叶片要求以后，多余的部分又会回到根系来，通过氨基转换以后，形成了茶氨酸和精氨酸。其中茶氨酸保留在根部，精氨酸输送到了茎叶当中，在地上部分生长的时候储存于根部的茶氨酸就会向地上部分运输，与茎叶里面储存的精氨酸，共同作用于幼嫩的芽叶。因此，我们采摘的幼嫩芽叶里的氨基酸含量的多少，取决于根系生育的好坏。这是根系影响茶叶品质的最直接的因素。

所以，"若要茶叶好，必须根系好""根系长不好，茶叶香不了"。

思考题

1. 影响茶树根系生育的因素有哪些？
2. 茶树根系生育的最佳土温在多少范围之内？
3. 一年中茶树根系生育的两次高峰出现在什么时候？如何利用？
4. 茶树根系生育的氮基转化与茶叶品质的哪个指标息息相关？

# 茶树花果生育规律

我们接着聊茶树年生育周期中花果的生育规律。

在介绍茶树形态学特征的时候,与朋友们分享了花果生育对茶叶品质的影响,也介绍到茶树生育的"带子怀胎,花果不离"现象。今天,我们重点介绍三个方面的内容。

### 第一,在年生育周期中花果的生育过程

茶树的花芽分化是每年的 5 月中、下旬到 6 月,从这个时间开始,茶树开始了生殖生长,它的整个生殖生长的过程有六个阶段:花芽分化→现蕾→开花→授粉受精→形成幼果→直到种子成熟。看看这个过程是怎么进行的。

每年的 5 月下旬到 6 月的时候,着生于腋芽两侧的花芽便开始膨大,形成花芽分化;然后,进入每年的 7—8 月,花蕾开始出现;9 月的时候出现了初花,部分茶花就陆续开放;10—11 月,是茶树的盛花期;12 月—翌年 1 月是终花期。部分品种终花期的时间持续比较长,如云南大叶种的终花期往往会延续到 1 月下旬左右。

开花授粉以后的茶树,它以幼果的方式越过冬天;当每年的春天来临,幼果开始发育,首先形成子叶;然后,两个子叶中间

的胚芽开始形成；在胚芽的下端形成了胚根和胚轴；逐渐发育成为一个完整的种子；进入6—7月，就开始进行灌浆，大量的胚乳被吸收，子叶迅速地扩大、增厚；到8—9月，子叶几乎把胚乳全部吸收干净，液态的胚乳几乎看不到了。这个时候，在外种皮上，种皮从绿色变成黄色，我们也把这个时期称为灌浆期、黄熟期；10月以后，子叶进一步增大，子叶的含水量就从黄熟期的70%左右下降到40%~50%，脂肪从黄熟期的25%增加到30%，逐渐地进入完全的成熟。这个时候，我们能看到外种皮的颜色是黑褐色的，果皮呈棕色或者是紫褐色。最后，外种皮上果被裂开，"果被裂开"就意味着种子完全成熟，就可以进行采种了。这就是茶、花、果的生育过程。

朋友们想一想，从上一年的6月一直到第二年的10—11月种子完全成熟，它经历了大约一年半的时间。在这个过程中，当年的花芽又开始分化，又开始出现现蕾、开花、授粉……所以中间有一个交织的现象，这个现象，就是我们说的"带子怀胎，花果不离"。

**第二，茶树每年有大量的开花，但它的结实率很低，只有2%~4%的结实率，空花、空果的现象相当普遍**

为什么会是这样呢？主要有五大原因影响它的结实率：

一是茶树属于雌雄同花的异花授粉植物，自花授粉以后的结实率是偏低的，所以它得依靠外源花粉来完成受精，才能繁殖后代；二是茶花雌蕊的柱头高于雄蕊，由于雌蕊比雄蕊高，使得雄蕊的花药里面散发出来的花粉，无法直接到达雌蕊的柱头而完成受精；三是茶树的花粉有缺陷，正常的花粉是黄色的，而茶树花粉到后期反而会出现赤褐色或者是黑色这种颜色是不正常花粉的颜色，有缺陷的花粉；第四个原因，朋友们如果留意观察，会发现在雌蕊的花柱的下端、雌蕊到达子房的地方，有一个收缩变窄的位置，即使花粉到达了雌蕊的柱头，也很难直接通过花柱到达子房而完成受精，这是结实率低的第四个原因；五是外部的环境条件的局限。我们介绍到茶树的盛花期是在每年的 10—11 月，这个时期的自然条件：第一，昆虫数量减少了，不如夏季那么多，虫媒传播授粉的作用减弱；茶树花粉的传播主要是靠蜜蜂、苍蝇、蚂蚁等这些昆虫，10—11 月的时候，昆虫的总数量在下降，传播的媒介减少，这是一个原因；第二，10—11 月的时候，处在空气湿度比较大的时期，茶树花粉自身的粒重比较重，本身借助风力传播的能力比较弱，这个时候再加上空气湿度比较大，花粉的重量更大，风媒传播的作用也是很弱的，再加上气温开始下降，花粉的活力不足，这些因素相加在一起，就使得茶树每年有大量的开花，而它的结实率很低。

**第三，就是生产上的管理运用**

我们国家的茶园现在大致有三个类型：一是专业的"采种园"，比如说萃取茶种当中的脂肪加工食用油，如现在大家知道的是茶籽油等，这一类的专业性的茶园，我们把它称为专业采种园；二是采叶、采种兼用的"双丰收茶园"；三是纯粹只采鲜叶的"专业采叶园"。

因此，生产上根据茶园种植的目标不同，管理的方向也就不同。对于专业的采种茶园，就要帮助茶树去完成授粉，既要提高茶花的花粉活力，也要创造一定的花粉传播条件，来提高它的结实率，获得茶籽的产量。对于专业的采叶园，为了获得茶叶产量，可以适当地限制花果的生育。特别是在"带子怀胎，花果不离"期间，它既有当年的花芽分化和花的生育，也有上一年的茶果在进行着灌浆，同时树体上还有新梢的生长……通俗地讲，这一时期茶树体上有"三张嘴"，它的营养消耗有三个方面。所以，为了把营养节约下来供应新梢，可以采取适当的疏花疏果。

现在在云南普洱茶产区，很多老百姓都很习惯地把茶花打掉、把果子打掉。这个行为对不对呢？我的建议是：要根据经营目的而定。如果没有花果的代谢，茶叶品质的黏稠度可能是下降的。因此，要针对自己茶叶品质的风格和方向，来确定合理的管理行为，从而获得好的经济效益。

思考题
1. 茶树花果生育经历了哪些过程？
2. 茶树开花多，但结实率很低，为什么？
3. 茶树"带子怀胎，花果不离"指的是什么？
4. 根据茶园采收对象，我国茶园大致分为几个类型？
5. 专业采摘鲜叶的茶园，应如何管控茶树的花果生育？

# 茶叶采收与高产优质成因分析

所谓『产量』，就是指年生育周期中，从单位面积内持续获得茶叶新梢的数量。所谓『高产』，就是所获得的新梢要多而且重。

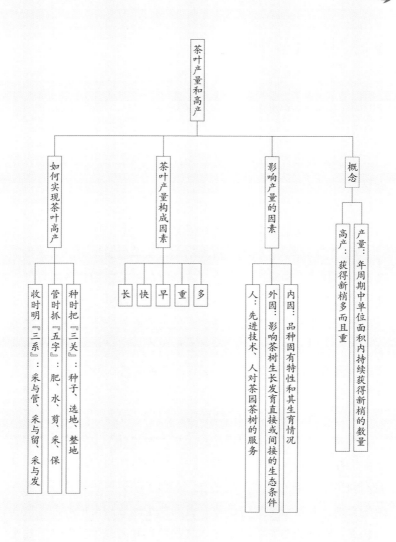

茶叶产量和高产

如何实现茶叶高产
- 种时把『三关』：种子、选地、整地
- 管时抓『五字』：肥、水、剪、采、保
- 收时明『三系』：采与管、采与留、采与发

茶叶产量构成因素
- 长
- 快
- 早
- 重
- 多

影响产量的因素
- 内因：品种固有特性和其生育情况
- 外因：影响茶树生长发育直接或间接的生态条件
- 人：先进技术、人对茶园茶树的服务

概念
- 高产：获得新梢多而且重
- 产量：年周期中单位面积内持续获得新梢的数量

# 茶叶产量和高产成因

我们聊茶叶产量和高产的概念，将从四个方面与朋友们一起分享。

### 第一，我们看看关于产量的概念

所谓"产量"，指年生育周期中，从单位面积内持续获得茶叶新梢的数量；所谓"高产"，就是所获得的新梢要多而且重。朋友们知道，人类种植茶园的目的不是为了好看，更多地是为了获取产量，实现经济效益，是要实现土地的报酬率，提高土地的生产力。从这个意义上说，单位面积内合理的种植密度，以及持续的、连续不断的生长能力，是取得产量的基础和保障。

### 第二，我们看看影响产量的因素

概括起来不外乎是内因、外因和连接内外因之间的人的因素三个方面。内因，指的是茶树品种固有的特性和它的生育状况。我们利用了大量的时间，与朋友们介绍了茶树形态学特征、总周期生育规律和年周期生育规律，目的就是想让朋友们对茶叶产量的构成，对茶树生育的状态，知其然并知其所以然。第二，是影响茶树生长发育的直接的或间接的生态条件，也就是外因。所以我们用了大量的篇幅介绍了影响茶树生长发育的各种自然条件和灾害性气候，目的就是想通过外因条件的改良，满足内因的需求，使茶树更加良好地生长发育。影响产量的第三个因素就是人为因素，或者说是技术先进的程度。其实，树立了内外因概念以后，人类对于茶园来说、对于茶树来说，就是一个服务者，服务质量的好坏与产量息息相关，当然也与品质息息相关。

### 第三，我们再看看产量构成的因素

这是从微观的角度来认识茶园、认识茶树。朋友们分析一下不难发现，影响茶叶产量的因素主要就是"多、重、早、快、长"五个方面。所谓"多"，就是树冠面可供采摘的新梢要多，新梢的轮次也要多，每年可采制的批次要多，茶叶产量才有保障，这实际上讲的是一个新梢生育的密度问题。所谓"重"，就是在同一品种、同一条件下、同一采摘标准的芽叶数量以及它的重量要大，这实际上讲的是一个内含物多少的问题。所谓"早"，就是在同一条件下，每年的发芽要早、每一季的发芽要早、采摘以后每一批次之间的间歇要短、发的要快，这实际上讲的是一个生育迟早的时间问题。所谓"快"，就是新梢从芽体萌发到新梢成熟，它整个生长长叶的过程要快。所谓"长"，一是指新梢的自身长度要长，节间要长一点；二是指在同一条件下，全年的生长周期要长；三是指茶树一生获得高产的时间要长。所以"多、重、早、快、长"是茶叶产量构成的五个因子。

**第四，我们看看如何才能实现茶叶的高产**

总体来说，要从三个方面着手，就是"种时把三关、管时抓五字、收时明三系"。

所谓"种时把三关"，就是指种植的时候，新茶园建设的时候，一定要把好种子关、选地关和整地关。"管时抓五字"就是要在"肥、水、剪、采、保"五个方面做文章；相关的知识我们已经在有关的栏目当中作了分享，感兴趣的朋友可以利用好这些知识去获得一些帮助。"收时明三系"指的就是采摘茶叶、采收茶叶的时候要处理好采与管、采与留、采与发的关系，采多少，留多少才能发出多少来。我们一次次地提到留叶采摘何等重要，成熟的叶片光合能力最强，它是新梢生育的母叶。现在掠夺式的采摘、不计后果的采摘是非常危险的，我们需要树立一个长期高产的概念。

目前，生产上为了追求名特优新产品，拼命地强调嫩采，甚至更多地采摘一个单芽，这都无可厚非。但是与此同时，我要呼吁茶农朋友们，一定要从长远的角度规划、管理茶园，一定要使你的茶树保持旺盛的生长树势。也要呼吁更多热爱普洱茶的朋友和到云南来发展云南茶叶、发展古树茶的朋友们，千万不要用高价的手段去实施掠夺式的经营。

思考题
1. 影响茶树生物产量的三个因素是什么？
2. 茶叶高产构成因子有哪些？怎样理解？
3. 如何实现茶园高产？

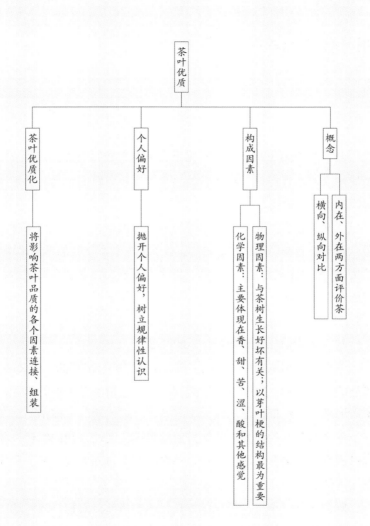

茶叶优质

- 茶叶优质化
  - 将影响茶叶品质的各个因素连接、组装
- 个人偏好
  - 抛开个人偏好，树立规律性认识
- 构成因素
  - 化学因素：主要体现在香、甜、苦、涩、酸和其他感觉
  - 物理因素：与茶树生长好坏有关，以芽叶梗的结构最为重要
- 概念
  - 横向、纵向对比
  - 内在、外在两方面评价茶

# 茶叶优质的相关知识

我们在介绍了茶叶产量的概念、影响产量的因素，以及茶叶产量构成的条件等相关知识以后，今天，与朋友们一起分享茶叶优质的相关知识。

"高产优质"是我们常常使用的一个词语，人类种植茶叶，可以说就是奔着高产优质而去的。对于许多喜爱茶叶的朋友来讲，"优质"是大家关注的焦点。我从四个方面提出讨论思考的线索，与朋友们作分享。

### 第一，我们先看看茶叶优质的概念

在现代汉语词典中，"优"指的是美好的、出众的、优良的、优等的、充足的、富裕的、厚实的；"质"指的是事物的本性、实质和本质。从词性上朋友们不难发现，"优质"一词指的是某一个事物的内在的和外在的两方面的表现。因此，我们在认识茶叶的时候，就要养成从内在的和外在的两个方面去观赏茶、欣赏茶、评价茶。

除此之外，朋友们还应该树立优质的横向概念和纵向概念。所谓横向概念，就是同一茶类、同一等级的比较。比如同是绿茶或同是红茶，不管哪一类，同是一个等级的茶，存在一个谁优谁劣的问题，只要统一了同级对比这个前提，你就能够在浩如烟海的同类茶叶当中，找出你所喜爱的真正的优质茶。再一个是纵向比较，所谓纵向比较是同一茶类之间的不同等级的对比。比如特级和一级、一级和三级、三级和五级、六级之间的纵向的比较，毫无疑问，肯定是等级高的质量要好、形体要美……这是关于茶叶优质的概念。

**第二，我们看看茶叶优质的构成因素**

说到底，它包含了两个方面：就是物理的因素和化学的因素。所谓物理的因素，包含着茶叶的大小、长短、老嫩、匀净度、光泽性和新鲜度等指标。这些指标无一不与茶树生长的好坏有关系，与新梢生育的质量息息相关。其中，又以芽、叶、梗的结构最为重要，它直接影响茶叶的品质和风味。所以，茶叶检验当中有物理检验，朋友们认识茶的时候，有感官审评的外形审评习惯。第二个因素是化学因素，就是指茶叶当中的化学成分的含量。朋友们知道，影响茶叶的化学成分概括起来有六个因素，这些因素集中地体现在茶叶的呈味物质上，就是香、甜、苦、涩、酸和其他感觉，每一种感觉都有对应的物质的存在。我们评论一个茶叶的品质风格的时候，实际上是对它存在着的各种化学物质的认识，是这些物质溶解到茶汤里面，构成了各种茶汤的品质和风味。因此，我们在评价茶叶品质的时候，不要将它神秘化，应该从科学的角度来揭秘茶叶的品质。

**第三，我想说说个人爱好和茶叶品质**

茶叶作为一种饮品，穿衣戴帽、各有所好，千人千味，很难统一。茶叶品质的认识，存在着个性化的诉求。由于生活方式、生活习惯和人们从小到大的味蕾的记忆偏好不同，形成了千姿百态的喜好。朋友们在评价茶叶的时候，希望要抛弃个人的偏好，去认识规律性的茶叶品质。比如绿茶是什么品质？红茶是什么品质？铁观音是什么品质？你要抛开你个人的偏好，去认识规律性的东西；在规律性合格、优质的基础上，去寻找到更好的东西，这样的认识才是正道。

我还想说，个人的偏好与区域性的饮食结构有关系。比如在我国的湖南，人们对茶叶当中的"烟味"的包容性就比其他茶区要包容得多。在我国的江浙地区，他们清淡的饮食习惯，形成了对清淡品质的偏好，排斥太浓太涩的茶叶；在黄河两岸，由于水里面的碱性比较高，水是咸的，长此以往形成了对花茶的偏好。所以不难看出，不同品质在不同区域内，偏好程度是不一样的，我们审评茶叶的时候，要去掉这些个人的、区域的偏好。很多茶友在评价茶的时候、讨论茶叶品质的时候，往往带着个人的记忆和偏好去议论一个茶、讨论一个茶，我觉得值得商榷的。

**第四，我想谈谈茶叶的优质化**

我们解释了茶叶的优质以后，所谓的"化"，就是将影响品质的各个因素连接起来、组装起来的工作。这些工作，上游涉及茶农和茶叶生产单位，下游涉及每一个泡茶人的冲泡方式……我们把这些要素之间串联起来，才能获得好的茶叶品质，这就是茶叶的优质化。

　　茶叶优质化是每一个茶叶生产制造者的责任、天职，也是每个爱好茶叶的朋友需要注意的。在茶具、用水、投茶量、冲泡方式等方面去多加留意，那么，你才能更加充分地享受到茶的美好。

思考题
1. 茶叶优质的概念是什么？
2. 怎样进行优质茶叶的横向对比和纵向对比？
3. 茶叶是否优质应从哪两个方面进行评价？
4. 评价茶叶是否优质的时侯，为什么要放弃个人偏好？
5. 如何实现茶叶的优质化？

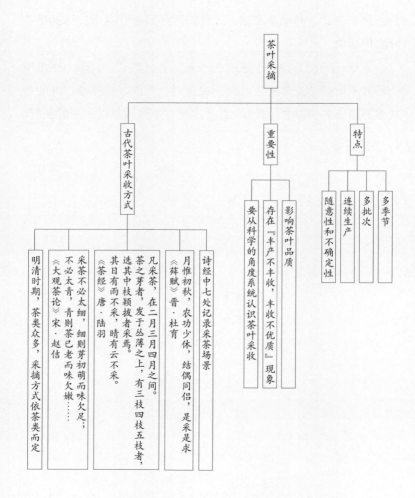

茶叶采摘

古代茶叶采收方式

重要性

特点

要从科学的角度系统认识茶叶采收

存在『丰产不丰收，丰收不优质』现象

影响茶叶品质

随意性和不确定性

连续生产

多批次

多季节

诗经中七处记录采茶场景

《葬赋》晋·杜育

月惟初秋，农功少休，结偶同侣，是采是求

凡采茶，在二月三月四月之间。茶之芽者，发于丛薄之上，有三枝四枝五枝者，选其中枝颖拔者采焉。其日有雨不采，晴有云不采。

《茶经》唐·陆羽

采茶不必太细，细则芽初萌而味欠足；不必太青，青则茶已老而味欠嫩……

《大观茶论》宋·赵佶

明清时期，茶类众多，采摘方式依茶类而定

# 茶叶采摘相关知识（一）

朋友们，大家好！我们聊一聊茶叶采摘的相关知识。

茶叶采摘是茶叶工业生产的开始，是连接农业和茶叶工业的桥梁。表面上看，茶叶采收似乎是一个很寻常的工作，没有必要多说多讲，但实则不然。茶叶采收，它不像是农业生产的水稻、小麦、玉米，或果树生产的果实收获，有明确的收获对象，一旦成熟便可以一次性收获回来。茶叶采摘是一个多季节、多批次连续生产的农艺工作，具有比较大的随意性。农谚说"早采三天是个宝，晚采三天变成草"，茶叶采收的对象可大可小、可早可晚、可粗可细、可长可短……这些随意性和不确定性直接影响着茶叶的品质。所以在我国许多茶区都存在着"丰产不丰收"或"丰收不优质"的现象。我们有必要从科学的角度来系统地认识茶叶的采收工作。曾经有人把采摘比喻为"手上的艺术""两个指头上的学问"，我们将用两期的时间与朋友们分享。

我们先看看古代茶叶的采收方式。

我国是世界茶叶的祖国，茶叶生产已经有数千年的历史，在这个漫长的历史过程中，我们的祖先积累了丰富的经验。在晋代，东晋时期杜育写的《荈赋》里，记录了当时的茶叶采收情景："月惟初秋，农功少休，结偶同侣，是采是求。"说的是采摘秋茶的情景，没有提到采摘标准。在它之前的《诗经》里面，有七处提到了采茶的场景，但是没有记录更多的细节，只有一些语焉不详的记载。

到了唐代，陆羽《茶经》对茶叶采收做了比较详细的记录。他在"三之造"中这样记载："凡采茶在二月、三月、四月之间。"这是时间上的记录。他又说："茶之芽者，发于丛薄之上，有三枝、四枝、五枝者，选其中枝颖拔者采焉。"这段话记录了采摘的对象和他心中的采摘标准，意思是面对树冠上萌发出来的三枝、四枝、五枝的丛生枝条，选择其中"颖拔者采焉"，就是采摘肥壮的、重实的芽叶。在《茶经》中，陆羽还提出了采摘的气候条件，他认为"有雨不采、晴有云不采"，就是晴天有云不采，他的观点是"晴，采之"，主张在晴天有露的时候采摘，所以他说"凌露采"。

到了宋代，随着各种贡茶制度的兴起，茶叶采收方式多种多样。宋徽宗赵佶写了《大观茶论》，作为一个皇帝，他对茶叶采收的许多细节，甚至采茶工人的剪指甲、洗手都做了详细的规定。他认为"采茶不必太细，细则芽初萌而味欠足"，细了，茶芽刚刚萌发出来味道不足；"不必太青，青则茶已老而味欠嫩。"他主张怎么采呢？宋徽宗说，"须谷雨前后，觅成叶带微绿且团且厚者采焉"，就是说谷雨前后，采摘那些微绿且团且厚者，即选取肥壮的芽叶来进行采收。当然，宋徽宗指的是北苑贡茶的采摘，指福建一带。他的时间限制在"谷雨"，这对于今天广大茶区来说，节令上、时间上不一定很准确，我们要有甄别的对待。也许在宋徽宗的这种观点指导下，我国农谚当中有这么一句话，叫作："明前茶叶是个宝，立夏茶叶变成草，谷雨茶叶刚刚好……"可能说的就是宋徽宗的观点。

明清时期，随着各种茶类的出现，茶叶采收的标准也越来越细化。这一方面，无法在我们的栏目中与朋友们一一分享，感兴趣的朋友可以去查阅相关的茶叶史料，从中找到乐趣，找到指导你传承的经典。

总而言之，我们是茶的故乡，祖先积累了丰富的经验，他们从采摘时间、采摘对象和采摘的注意事项当中提醒着我们、指导着我们。我们古为今用，把今天的茶叶做得更好、更精细；时代发展到今天，关于如何合理、科学地采茶，容我们下期分享。

---

思考题

1. 茶叶采收与其他农作物收获有何不同？
2. 陆羽《茶经》记载了唐代采茶的哪些信息？
3. 宋徽宗赵佶《大观茶论》提出了怎样的采茶观点？
4. 中国古代采摘秋茶吗？有何证据？

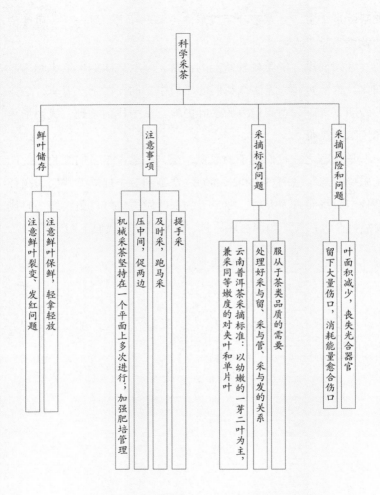

# 茶叶采摘相关知识（二）

我们接着聊科学采茶的相关知识，从下面四个方面进行探讨。

**第一，茶叶采摘中存在着的风险和问题**

我们得承认，每一次茶叶采摘或茶树修剪，对茶树来说都是一次伤害，这种伤害集中表现在两个方面：第一，它使叶面积急剧减少，使茶树体丧失大量的光合器官，光合能力减弱，茶树的生理机能出现了短时间的衰退甚至是衰竭。第二，每次采摘或修剪，在茶树体上留下了大量的伤口，茶树势必会消耗大量的能量来进行伤口的愈合、机能的恢复如果采摘不当，不但不能达到"越采越发"的目的，而且会加速茶树生理机能的衰退，甚至会影响整个生命周期的时间长短。现在我们云南古茶树采摘当中，由于掠夺式的采摘引起一些古茶树的死亡，这个现象不算罕见。朋友们要高度重视，要意识到每次采茶对茶树都是伤害。

**第二，我们说说茶叶采摘的标准问题**

请朋友们树立三个观念：第一，是标准的概念。任何茶叶采摘，都必须服从于某一个茶类或者是服从于某种品质的需要。而不同的茶类和品质对鲜叶的标准是有不同的要求的，甚至是限制性的要求。比如加工龙井茶，龙井茶是扁平型的茶，要求叶形是椭圆形的，叶尖是钝尖的，这样加工出来的龙井扁平挺削，满足龙井茶的品质要求；再比如做针形茶的银针、松针这一类的茶，它要求叶片的叶尖是骤尖或急尖型的叶尖，这样包裹到芽叶以后，搓出来的茶条"针形"会锐、会尖，形状非常漂亮。所以，不同的茶类都有各自的标准要求，请朋友们树立的第一个概念。芽茶类有芽茶类的要求，叶茶类有叶茶类的要求，大宗茶有大宗茶的要求，边茶有边茶的要求，我们要服务于这种标准。第二，要处理好采摘过程当中的采与留、采与管、采与发的关系。重点提醒朋友们留意运用我们曾经说到过的一个知识：说到叶片类型的时候，给朋友们介绍过叶片类型有鳞片、鱼叶、真叶三个类型。鳞片通常有 2~4 枚，言下之意就是每一个枝条的最下端有 2~4 个鳞片；也提到茎叶是由叶芽原基发育而来的，而叶原基又着生在叶腋的两侧（换句话说，在鳞片分布最集中的地方，是叶芽分布最密集的地方）；如果实行留鱼叶采，在很短的时间内就能够获得 2~4 个枝条，加上鱼叶侧芽的枝条，它就可能长出 5 个新生枝条，这就会形成越采越发……越采越萌发的枝条变多以后，茶园的管理得跟上，因为它需要的营养变多了。我们说到 30 天以内的叶片是消耗型的叶片，要加强管理。第三，重点向朋友们介绍一下云南普洱茶的采摘标准。云南普洱茶是属于大宗茶类（当然它其中有特种茶、有特别精细的、也有偏粗老的），我们说的是通常情况下。这个标准，一般是"以幼嫩的一芽二叶为主，兼采同等嫩度的对夹叶和单片叶"，请记住它是以一芽二叶为主，不是去采摘太粗老的或追逐太细嫩的茶。因为云南大叶种要确保内含物质的高含量。在普洱茶的标准当中，其中一个标准就是"水浸出物的含量要达到 38% 以上"，如果采摘太嫩或太粗老，可能就无法达到这个标准，这是要引起重视的地方。

**第三，我还想提一提采摘当中的注意事项**

归纳起来说要注意四点：第一，采摘手法。茶叶采摘的手法通常使用的是提手采，就是将幼嫩芽叶用食指和拇指轻轻地交合在一起，往上一提，这样的手法叫"提手采"。现在的很多采摘手法是不对的，要避免撕、拉、拧、掐等错误的手法；因为这些手法会带来采摘部位的伤口面积加大，既给茶树体增加了创口面积，也给采回来的新梢加工出茶叶以后，在成品茶的茎基部出现红变的痕迹，使叶底花杂。第二，注意采摘方式。我们提倡及时采、跑马采，就是说要快，要在分清批次的基础上强调勤采，要在勤采的基础上分清批次，不要像"理发"一样一次性推着往前走，否则前面采的嫩，后边的枝条就变得老掉了。这就是丰产不丰收、丰产不优质的原因，要树立跑马采的概念。第三，采茶的时候，面对一棵具体的茶树时，请朋友们留意：一定要注意"压中间、促两边"。什么意思呢？云南大叶种有一个向顶生长、中心优势比较强，顶端优势比较强的特性。往往树中间的生长速度会超过树的两侧，中间的部位可以采得重一些，两侧要适当地留养一下，用"压中间、促两边"的方法，来使树冠越采越密。第四，机械采茶。机械采茶在我国运用得越来越多，有两点知识需要提醒朋友们：一是机械采茶的早期，由于茶树的发芽部位不统一，会出现采摘效果不理想，很多地方常常由于这个原因而放弃使用机械采茶；机械采茶一定要坚持下去，在一个平面上、在一个采摘高度上，进行多次的轻修平、轻修剪以后，发芽的部位就会逐渐地统一在一起。通过 5~6 次的反复刺激以后，发芽部位就会越来越统一了，效果就会越来越好。二是每次机械采茶，实际上对茶树是进行了一次轻修剪，或者是轻修平。所以机械采茶的茶园要求的肥培水平更高，要加强肥培管理。

**第四，鲜叶采摘以后的保管问题**

朋友们知道，许多茶园离住地都比较远，鲜叶采摘下树以后，有一个保鲜的问题。务必提醒茶农朋友们要注意保护好鲜叶，尽量做到轻拿轻放，保持它的鲜活度，为后期茶叶加工创造条件。另外，下树以后的鲜叶，其实它还是一个活体，它的呼吸作用依然在进行。很多采下来的鲜叶会发热，要注意在储存过程当中鲜叶的劣变、发红。

只要注意到了我们上面所介绍的四个方面，就会获得比较好的效果。科学采茶，说到底是一个观念问题，只要朋友们高度重视，没有做不到的，我们的云南茶叶就会登上一个新的台阶。

思考题
1. 为什么说每次采茶对茶树都是一次伤害？
2. 云南普洱茶的采摘标准是什么？
3. 茶叶采摘中应注意哪些问题？
4. 什么叫"提手采"？什么叫"跑马采"
5. "留鱼叶"采摘为什么能使茶树越采越发？
6. 云南茶叶采收时，为什么要"压(重)中间、促两边"？

# 制茶技术理论

茶叶加工是一门理论性很强，而且又十分复杂的生产技术。中国茶类繁多、茶的名目浩如烟海。

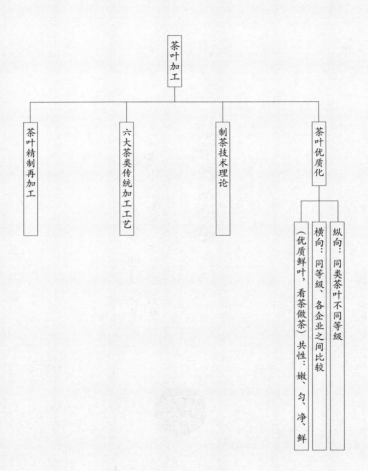

# 制茶的任务和理念

　　我们热热闹闹地过完了春节，随着春天的来临，身边的朋友都在摩拳擦掌地准备着 2017 年的春茶生产。中国茶叶流通协会也以 1 号文件的方式，下发了《关于开展全国 2017 年春茶生产调研的通知》，我们云南省茶叶流通协会也正在做有关安排。一年之计在于春，2017 年的春茶将是一个万象更新、热闹非凡的场景。我们《亚和说茶》栏目，也将继续深入我们的话题。

　　在前段时间的栏目中，我们从茶树栽培学的角度、农艺的角度、栽培生理的角度，与朋友们一起分享了茶树生长发育总周期、年周期，各器官生长发育的规律，介绍了影响茶树生长发育和茶叶品质的各种自然条件以及灾害性气候，也提出了合理采摘的重要性和采摘当中应该注意的一些事项。从今天开始，我们将与朋友们进一步分享茶叶加工的相关知识。

　　茶叶加工是一门理论性很强，而且又十分复杂的生产技术。中国茶类繁多、茶的名目浩如烟海，我们重点想从制茶技术理论、六大茶类的传统加工工艺，以及茶叶精制再加工三个方面来介绍茶叶加工的有关知识，帮助朋友们生产出更好的产品，或选择到你所喜爱的典范性产品。

在进行系统深入的讲解以前，今天我想重点强调两点：

**第一，就是茶叶的优质化问题**

大家知道，加工茶叶的目的，就是为了获得优质茶品的。我们利用茶树的鲜叶加工成不论哪种产品，目的只有一个，就是要去生产出优质的茶品，去满足更多的人的需要。我们要从源头、到生产、到销售，都要建立起一个优质的概念。

我们所说的优质，不是一种标新立异的纯粹的创新，而是要反复强调：优质的概念存现于产品的纵向和横向两个方面。

所谓纵向，就是同一茶类当中有不同等级的品质：一级、二级、三级、四级、五级，纵向比较，有一个品质的优劣、茶品的好坏，存在着档次问题，存在着等级问题，这是纵向关系。毫无疑问，等级高的是精细农业的代表，是好茶的表现，低档的茶叶是粗放产品的表现。现在，茶叶生产存在着大量的产能过剩，从纵向的角度来说，生产名特优新产品是我们的主要任务。

另外从横向上看，不论是哪一类茶，红茶也好、绿茶也好、黄茶也好、黑茶也好，同种茶类之间都有一个横向的比较问题。比如说企业和企业之间，都有一级茶、二级茶、三级茶，那么谁的好、谁的劣？这是一个同等级横向对比的问题。我们的企业在生产的时候要树立大局观，要树立一种横向竞争、横向对比品质的观念，不要封闭自己。

**第二，我们要树立起"看茶做茶"的观念**

任何茶叶加工都离不开加工对象，所有的措施都是围绕着你的对象在开展的，而这个对象就是我们说的鲜叶。因此我个人的经验、我个人的主张是要把 60%~70% 的精力，放到鲜叶质量的监督管理上，没有优质的鲜叶做保证，是无法生产出好的茶品的。无论是纵向的还是横向的，你都难以取胜，就难以立足，"靠质量求生存"就会是一句假话。

由于茶类不同，看茶做茶需要追求好的鲜叶。所谓好的鲜叶，要强调做到嫩、匀、净、鲜四个字。"嫩"指的是嫩度，它是评价茶叶等级的主要指标，采茶尽量不要混杂，要尽可能地维持在同一个嫩度的标准上；另外是"匀"，就是要均匀，要使采回来的鲜叶长短、粗细、大小、叶龄基本接近，这样无论你采取什么措施就容易得多，你做好茶才有可能；"净"指的就是干净，鲜叶当中要尽量避免夹杂其他的非茶类的物质，或茶类当中的不属于这个等级的其他物质，这是一个纯净的意思；最后，就是"鲜"，我们上期的栏目当中也特别强调了鲜叶采摘以后的保管问题，鲜叶鲜叶，就是要新鲜的。即使是加工发酵类的茶叶，尽管后期生产有萎凋，也不等于说采摘回来的鲜叶可以不保鲜，这是错误的。实际上发酵类茶的加工最难的是"同步发酵"，而不是胡乱地、随意地将鲜叶堆放在一起，造成萎蔫不一的情况，如果那样，再高明的制茶师傅，也难以获得统一的叶底，也就无从谈起做出好茶。

　　鲜叶的嫩、匀、净、鲜，无论是哪个茶类，都是共性的指标。我们要树立看茶做茶的思想，要为做出好茶打好基础、做好准备。至于一个好茶怎么去做，在树立了刚才所说的两个概念以后，我们在以后的栏目中将逐一地分解下去，与子偕行，共创辉煌。

思考题
1. 制茶的任务是什么？为什么要强调制茶优质化？
2. 什么是"看茶做茶"？
3. 优质鲜叶应具备哪些特点？

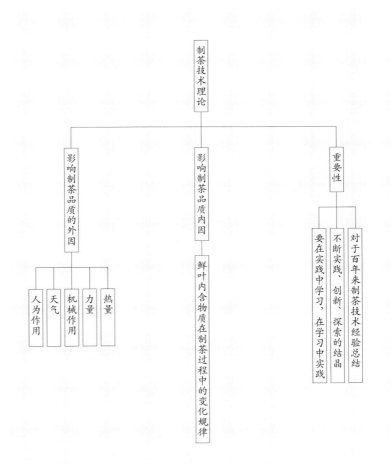

制茶技术理论

影响制茶品质的外因
- 人为作用
- 天气
- 机械作用
- 力量
- 热量

影响制茶品质内因
- 鲜叶内含物质在制茶过程中的变化规律

重要性
- 要在实践中学习，在学习中实践
- 不断实践、创新、探索的结晶
- 对于百年来制茶技术经验总结

# 制茶技术理论概说

我们今天聊一聊制茶技术理论。

朋友们知道，理论来源于实践，对实践有指导意义。制茶作为一门技术，它当然离不开实践，是一个实践性的工作。但是这种实践性的工作，它又离不开理论的指导；因为任何理论，它本身就来源于实践；我们说的制茶技术理论，本身就是对中国千百年来制茶经验的总结，是历代茶叶科技工作者不断探索研究的结果。每个人的经历是有限的，我们不可能体验不同时期、不同茶类的每一个制作环节，但必须学会杜绝井底观天、夜郎自大。

毋庸置疑，现在茶业界存在着两种现象：一种是重实践轻理论。我身边的许多朋友、许多同事一辈子从事茶叶生产，但是缺乏对理论技术的研究，于是以自己一孔之见，不知道天外有天，限制了自己的高度。现在普洱茶的混乱，可以说就是重实践、轻理论的结果。第二种情况是重理论轻实践，出现了夸夸其谈、纸上谈兵，压根不管实践中这些理论能不能行得通，或者把不同茶类的有一些知识，交错在一起胡乱使用。因此有必要重提在实践中学习，在学习中实践的重要性。

制茶技术理论说到底就是对两个方面的研究。一个方面，它研究影响制茶品质的"内因"，也就是鲜叶的各种内含物质在制茶过程当中的变化规律。通过这种研究，知道自己在做什么，知道怎么去固化形成特定的品质风格。

制茶技术理论研究的第二个重点，是影响制茶品质的各种"外因"，这些外因归纳起来主要有五个方面：一是热量；二是力量；三是机械作用；四是天气作用；五是人为作用。

比如"热量"对制茶品质的影响，在六大茶类加工中，有杀青、有干燥、有晒干、也有发酵，这些技术措施实际上就是一个热量对制茶过程的影响。施加热量的多少，就改变了茶叶的品质。因此我们要知道热能对制茶的作用，这种研究属于制茶理论的部分。

再比如说"力量"，由于施加了不同的力量，这个力的方向就会影响或改变着茶叶的品质。比如龙井茶，由于施加了从上向下的压力，它形成了扁形茶；碧螺春，由于施加了呈圆周运动的力量，于是形成了螺旋形的茶。所以不同力量的施加方式和力的运动方式，是直接影响着制茶的品质的，这也是制茶理论要研究的。

又如机械作用当中的揉捻机的运转方式，大家知道，揉捻机存在转速的快慢，不同揉捻机的转速，棱骨的高低不同，就会出现不同的揉捻质量，茶条的形态也会随之改变，这是机械的作用，当然也包含分筛的机械、干燥的机械、杀青的机械、压饼压沱的机械等，这是机械对制茶的影响。

再如"天气"，干燥天气下，茶叶水分散发的速度会加快；雨水天气，水分散湿缓慢。因此不同天气情况下，怎么去生产茶叶也是制茶理论要去研究的。

最后，所有的这些问题都集中在了"人为"的因素上。人是生产者，人是劳动者，所有的内因和外因的结果都需要人去完成。假如我们不学习制茶理论，不去在实践当中去摸索，那么我们的制茶活动就会变成一种简单的重复劳动，是一种盲从的、麻木的、知其然不知其所以然的一种行为。如果一个爱好茶叶的朋友，不知道制茶的结果是由这两个方面共同作用的，你就会被各种各样的故事给套进去，你选择茶叶可能就是盲目的，受伤的是自己。因此，今天先把制茶技术理论抛出来，让朋友们在制茶理论研究的内因和外因两个方面引起重视，有了这些最基本的概念以后，我们进一步去了解六大茶类的加工就容易了。每个制茶的朋友，也就能找到从哪些方向上去丰富和完善自己、提升自己。今后的节目中，我们将围绕着这些知识点，一起去学做茶，做好茶。

思考题
1. 制茶技术理论主要研究哪些方面？
2. 影响制茶品质的外因有哪些？试举例说明。

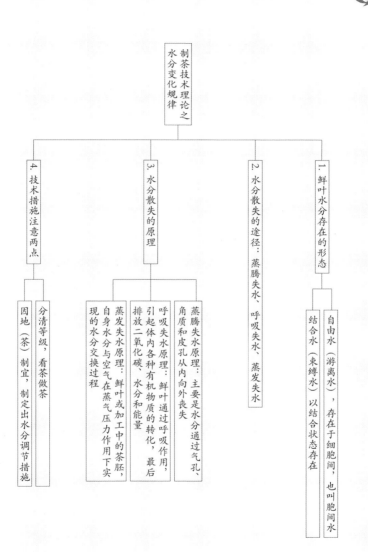

制茶技术理论之水分变化规律

1. 鲜叶水分存在的形态
   - 自由水（游离水），存在于细胞间，也叫胞间水
   - 结合水（束缚水）以结合状态存在

2. 水分散失的途径：蒸腾失水、呼吸失水、蒸发失水

3. 水分散失的原理
   - 蒸腾失水原理：主要是水分通过气孔、角质和皮孔从内向外丧失
   - 呼吸失水原理：鲜叶通过呼吸作用，引起体内各种有机物质的转化，最后排放二氧化碳、水分和能量
   - 蒸发失水原理：鲜叶或加工中的茶胚，自身水分与空气在蒸气压力作用下实现的水分交换过程

4. 技术措施注意两点
   - 分清等级，看茶做茶
   - 因地（茶）制宜，制定出水分调节措施

# 在制鲜叶的水分变化规律

我们接着聊制茶技术理论。让我们由浅入深、由表及里地去学习、掌握制茶技术理论研究的各个方面。今天，重点分享制茶过程中水分的变化规律。

朋友们知道，无论任何时候，加工任何茶叶，我们几乎无法做到随采随制，不可能把采下的一个鲜叶马上加工出来。因此任何茶叶的加工都存在着鲜叶的摊放、保管问题，然后再把它加工成成品。

我们在聊到茶树形态学特征的时候，介绍过茶树鲜叶的含水量通常是 75%~78%，云南大叶种茶树的鲜叶含水量略高于中小叶种 1%~1.5%。也就是说，制茶实际上是将水分从 75% 或 78% 一直下降到各种毛茶规定的标准，而这些标准几乎都在 10% 以下。比如说普洱茶是 10% 以下；红茶、绿茶成品茶是 4%~6%。所以制茶的过程，实际上就是一个水分不断丢失、散逸的过程，在这个散逸的过程中完成了制茶品质的实现。可以说，制茶就是一个水分不断丧失、体形不断收小，从而引发各种物理和化学变化的过程。

让我们从四个方面来进行突破：

**第一，我们看看鲜叶水分存在的形态**

茶树的鲜叶水分有两种存在方式：一是以自由水（也叫游离水）的状态存在，它存在于细胞间，所以也叫胞间水。二是以结合状态存在，又叫结合水，它是以一种物质或者结合物的方式被束缚住，所以也称束缚水。

**第二，我们看看制茶过程中水分散失的途径**

主要有三条，就是蒸腾失水、呼吸失水和蒸发失水。朋友们知道，茶树鲜叶离开树体的初期，很像活体，与树体上的鲜叶很接近，因此这个时候它还有一定的呼吸作用，这种呼吸作用会让它失去水分。无论鲜叶保管得怎么样，堆厚也好，堆松也好，它都会出现有氧呼吸、无氧呼吸，甚至还会出现光呼吸（如说日光萎凋的时候），都会通过呼吸作用丢失了水分。第二种情况就是蒸腾失水。由于鲜叶还处在新鲜状态，这个时候的它原生质还没完全地变性，它依然还存在着蒸腾作用，在这些蒸腾作用下，它就会通过气孔蒸腾、角质蒸腾和皮孔蒸腾失去水分。其中气孔蒸腾失水是主要的失水方式，其次是角质蒸腾，再次才是皮孔蒸腾。第三条途径就是靠蒸发失水，这是茶树鲜叶和空气水分交换所引起的。

**第三，我们看看制茶过程中水分散失的原理**

由于途径不同，原理也就不同。

"蒸腾失水"的原理主要是水分通过气孔、角质和皮孔从内向外丧失。也就是说气孔越多、角质层越薄、皮孔越多的水分散失得越快。在一片茶树叶子上，一般来讲叶背气孔多，叶尖气孔多，靠近叶脉的部位气孔多，这些部位水分散失得比较快。就一个枝条来说，上部叶片因为叶龄比较小，叶子柔软、嫩，它的气孔多，上部叶片水分散失快，下部叶片水分散失慢，这就是在鲜叶保管当中要翻动鲜叶的原因。如果不翻动，静静地搁在那，水分散失的速度是不可能均匀的；只有勤翻动，它才能够得到均匀丧失水分的作用。无论是做发酵类的茶，还是绿茶类不发酵的茶都是这个原理。

"呼吸失水"的原理，是鲜叶通过呼吸作用引起体内的各种有机物质的转化，最后排放出二氧化碳、水分和能量。呼吸越顺畅，排放的速度就越快，水分散逸的速度也就快，这就是我们在鲜叶摊晾中或者是鲜叶萎凋中要勤翻动，让它通风透气，以获得有氧呼吸的理论依据。如果不是这样，假如鲜叶在运输当中、保管当中压得很紧，堆得很厚，里面的氧气少，就可能引发了无氧呼吸。无氧呼吸也消耗水分，也会丧失水分，但是无氧呼吸会产生一些转化不彻底的物质，比如乳酸或酒精……这也是很多鲜叶糟沤发酸，以及有部分熟茶会发酸的原理。因此，我们要创造有氧的条件。

再看看"蒸发失水",蒸发失水实际上是鲜叶或加工当中的茶坯自身的水分与空气水分的交换关系,这种交换的原理取决于大气压,也叫蒸气压。朋友们知道,通常情况下,叶条内的水分含量是比空气水分含量高的,叶条的蒸气压高于空气的蒸气压,于是叶条内的水分就会外逸出来,丧失在空气中,这种失水就是交换型失水,我们把它称之为蒸发失水。这种交换性蒸发失水,在各种茶类的干燥过程当中都是使用得到的。

因此,可以认为鲜叶接近活体阶段的失水主要是蒸腾和呼吸失水,而后段的失水主要就是蒸发性失水,特别是加热条件下,比如干热或者湿热,加热以后有了热源的参与,这种气压就会加大,失水的速度就会增快,这就是干燥、速干的原理。

**第四,制茶中鲜叶水分调节的技术措施**

通过以上介绍,朋友们不难发现,不同的茶类,不同的时期,不同的气候条件下,肯定要因地制宜地采取相应的措施,去达到和实现制茶目的。因此,措施实际上是用来满足目的的。我们在这里是无法一一地列举出来的,其中有两点需要引起朋友们的注意:

第一,是分清等级,看茶做茶。单芽、一叶、二叶、三叶,由于它们的水分消失的程度不一样,速度不一样,最好采取分级堆放、分级加工,不要混在一起加工。

第二,必须明白水分变化的过程、水分丧失的过程,是一系列的化学物质随之变化、转化的过程。因此水分转化过程快或慢，需要我们进行人工的干预、调节，来实现所期待的品质。

制茶上有一句话，叫作"制茶不用巧，全凭火功高"，可想而知火功就是调节水分散失速度，把握好这些技术要领，你就能制出好茶。

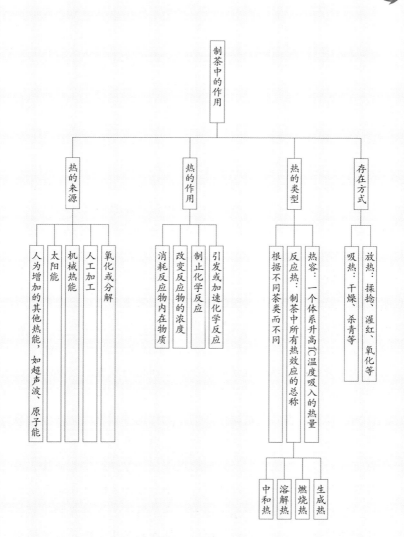

# 制茶过程中热的作用

我们今天接着聊制茶技术理论中的热的作用。

朋友们知道，茶叶分类学中常常根据酶的活性，把茶叶分为发酵茶、不发酵茶和半发酵茶，甚至根据酶促氧化的先后顺序，把它又分为前发酵茶和后发酵茶。有一个问题我想请朋友们思考，酶是怎么产生作用的？

毫无疑问，酶的作用是因为热量带来的，或者说是通过热量引发的。那么，在制茶过程当中，究竟是酶重要还是热重要？我的回答是热的作用远远超过酶的作用，原因是任何酶的作用，都是因为热引发的，如果没有热的存在，酶的活性是出不来的。

从今天开始，我们准备用几期的时间来与朋友们分享制茶过程中的热的作用。

大家知道，在制茶过程中热的存在有两种表现方式：一种是放热，一种是吸热。比如说鲜叶萎凋过程中葡萄糖分解以及二氧化碳生成的时候的放热；又如揉捻过程当中摩擦产生的放热；再如红茶的渥红或普洱茶的发酵过程当中产生的多酚氧化酶的氧化放热，这些都是放热的现象；还有，在茶叶干燥、杀青的时候，茶坯表现出来的主要是吸热。所以，热在制茶中主要是以放热和吸热两种现象存在。今天，我们主要从热的类型、热的作用和热的来源三个方面与朋友们做分享。

第一，"热的类型"

说到热，我们首先要有一个热容的概念。所谓热容，就是指一个体系温度升高 1℃ 所吸入的热量。

在没有人为加热的情况下，制茶过程当中的热，主要来源于反应热。反应热是制茶中化学反应过程带来的所有的热效应的总称。它主要有四个类型：生成热、燃烧热、溶解热和中和热。

所谓"生成热"，是指某元素化合成为一克分子化合物时所产生的热量。我们平时所说的生成热，是指在 25℃ 下以及一个大气压的情况下，由一个元素生成一克分子化合物时的反应热。因此，25℃ 就是常常说到的"常温"情况，常温，指的就是25℃。所谓"燃烧热"，是指一克分子物质全部氧化完毕以后所生成的热，这种热称燃烧热。所谓"溶解热"是一克分子物质溶解时所释放出来的热量，所以称为溶解热。所谓"中和热"，是指酸碱稀释的时候、混合的时候所放出来的热量，称为中和热。制茶过程中的热现象就是由这四种类型的热组成作用的。

这些反应热根据不同的茶类而不同。通常做色的茶（即发酵类的茶），如红茶和普洱茶的酶促氧化，它的化学反应主要以氧化为中心，这一类茶的热，主要是由燃烧热构成的。茶叶在干燥的时候，先是激活了茶坯里面的各种化学物质，发生了复杂的化学反应。所以干燥的过程，是一个既吸热又放热的过程，它的热的类型主要是由生成热和溶解热两类组成。我们冲泡茶叶的时候，更多的是溶解热带来的，当然也有少量的中和热。

朋友们了解了热的类型以后，在茶叶生产过程中、不同的工序环节，或在茶叶冲泡时你所遇到的热的现象，就能知道它是属于哪一种热类型，也就知道了它的来源和原理。

**第二，热的作用**

在制茶过程中，无论是茶坯内部发生反应产生的热还是人工加热，就其作用而言，主要有四点：一是引发了各种化学反应和加速了化学反应。在 0~45℃的范围内，温度每增加 10℃，化学反应速度会提高一倍以上，因此热的第一个作用就是引发或加速化学反应。二是制止化学反应。比如干燥时候，我们用高温使茶叶快速干燥以后就阻止了茶坯内的化学反应，一些反应在茶坯足干的情况下停止了下来。三是改变了反应物的浓度。也就是说，热的出现改变了茶坯内的各种含水量，使含水量下降、浓度增高、汁液的黏稠度也随之增大；这种改变反应物浓度，也会向相反的方向发展，当它达到一定条件的时候，也会使茶坯的内含物的浓度消耗殆尽，比如普洱茶熟茶发酵当中的"碳化"；四是消耗反应物内在物质。碳化的过程，就是高热量不断地放热以后，引起了内含物的消耗殆尽，最后出现了茶汤无味、无色，我们称之为"碳化"，是热的深度作用带来的。

由于热的这些作用，整个制茶过程可以说就是通过热、通过温度，去调节整个水分散失的速度，去获得我们想要的品质的过程。

### 第三，制茶过程当中热的来源形式

它主要有五种来源方式：第一种是氧化作用或分解作用下产生的热；第二种是人工加热，我们称为人为热能；第三种是机械热能；第四种是制茶当中的太阳能，比如晒青毛茶，晒干的过程当中，吸收了太阳光当中的紫外线，紫外线就是产生热的来源；第五种是人为施加的其他的热源，比如说超声波、原子能等这些技术的运用。

朋友们知道，在制茶过程当中，水分含量的变化是一个非常复杂的过程，而热能作用则影响着水分的变化。人为的参与、人工的加热等的作用，对水分的变化起到了最为直接的作用。换句话说，水分含量的变化最主要是人工加热以后带来的，因此制茶过程当中，怎么控制好热、怎么利用好热，是一个非常重要的命题。

接下来，我们将分别介绍人工加热的各种方法和作用，帮助朋友们更好地去理解杀青、萎凋、烘干、晒干、发酵等，提高我们的制茶技术水平。

---

思考题

1. 制茶过程中热有哪两种表现方式？
2. 制茶中反应热有哪些类型？
3. 反应热中的哪种热能，促使了茶叶冲泡时的物质释放？
4. 制茶过程中热的来源有哪些方式？
5. 制茶中热起到哪些作用？

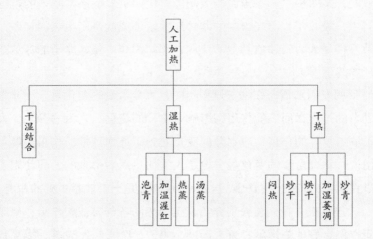

# 制茶中人工加热的类型和方法

在上期的栏目中，我们分享了制茶技术理论中热的类型、热的作用和热的来源。朋友们知道了在五种热源途径中，主要是人工加热和气候条件带来的热。今天，让我们沿着这条主线，进一步去探讨、分享人工加热的各种类型和方法。

中国茶类众多，由于茶类不同，人工加热的方式方法也就不同，我们无法在这里与朋友们一一分享不同茶叶制造的加温方式，我们把它归纳、整理出来，让朋友们从宏观的角度去认识人工加热的方法和途径。

中国制茶历史上，人工加热的方法归结起来有三种运用方式，就是干热的运用、湿热的运用和干湿并用。

**我们先看看干热的运用**

在制茶当中干热的运用主要有五种情况，就是炒青、加温萎凋、烘干、炒干和闷热。

"炒青"也就是我们说的杀青。将鲜叶投入加热以后的锅中，使鲜叶不断地翻转，完成的制止多酚氧化酶的杀青过程根据所使用的工具不同，又把它分为锅炒杀青、滚筒杀青、槽式杀青和热风杀青四种。锅炒杀青有单锅的、双锅的、三锅的，甚至多达八锅的，打成一个联合灶等不同的方式。滚筒杀青，根据机器的滚筒口径的大小不同，又把它分为25型、50型、60型、70型、90型等；它有长筒的、也有短筒的，这只是机器型号不同，其原理是相同的。槽式杀青机在我国二十世纪六十年代、七十年代使用得比较多，现在逐渐被淘汰了。至于气干杀青，就是利用高温热空气，通过鼓热风的方式完成的杀青（比如在百叶烘干机里面，在自动链式烘干机里面完成的杀青），这种杀青方式就是典型的干热风杀青。这几种方式都是属于炒青过程当中的干热的运用。

再就是"加温萎凋"。朋友们知道，萎凋有自然萎凋、阳光萎凋和加温萎凋三种。加温萎凋就是在萎凋室里面通过鼓热风或者吸入热风的方式去帮助鲜叶完成的萎凋，这种萎凋就叫加热萎凋。现在生产上使用的很多萎凋槽，加（吹）入热风，特别在雨天加入热风，这种方法就是属于加温萎凋，它属于干热运用的范畴。

再就是"炒干"。炒干有两种情况，一种是炒湿坯，一种是炒干茶。在圆炒青和长炒青的生产当中，常常将揉捻叶投入炒干过程，炒干的对象是揉捻叶，这种炒干称为湿坯炒干；对于一些已经干燥的茶叶进行再次炒干的，称为干坯炒干，它主要运用在如圆炒青、长炒青、珠茶，还有很多成品茶、精制中的车色过程，这些都是属于炒干，都是干热的运用。根据所使用的机型不同，炒干又分为平锅炒干、车色机炒干，或者联合炒干三个类型。

还有就是"闷热"。就是在茶叶的最后干燥过程当中，趁热把它堆闷起来的，利用干热完成提香、品质转化的一种干热运用措施。比如黄茶的拉老火、青茶加工的燉火，以及红茶复火时候的"吃香"，这些趁热把它堆闷起来的措施，属于我们说的"闷热"，都属于干热的运用。

**人工加热的第二种方法就是湿热的应用**

湿热在中国制茶历史当中，运用的历史是悠久的，唐代陆羽记录的《茶经》当中的"蒸之、焙之"就是湿热的运用。常见的有汤蒸、热蒸、加温渥红和泡青四个类型。

"汤蒸"即陆羽《茶经》里面提到的"蒸之"，就是像用蒸笼蒸馒头一样的杀青方法。这种利用水蒸气完成的杀青，我们叫汤蒸。

再一种就是"蒸热"，蒸热在云南普洱茶的生产当中运用得比较广泛。比如很多生茶的加工、紧压茶的加工，就是把已经干燥以后的毛茶、毛坯置入蒸筒里面进行蒸软，然后再压制的这种方法，就叫蒸热，它属于湿热运用的一种。

再有一种叫作"加温渥红"，这个朋友们知道的可能比较少。在红茶发酵过程当中，用人工加温的方法去促进发酵。很多红茶因为天气的原因、数量的原因，渥红过程中温度起不来，可以通过施加外援热的方法去帮助它的发酵，这种外援热，就有点火盆、鼓热风，还有用管道接入热蒸气的方法，它们都属于加温渥红的方法。加温渥红就是属于湿热的运用，因为受热的在制茶胚是潮湿的，所以属于湿热。

　　我在这里想特别提醒朋友们注意，尤其是我们云南滇红的近几年的生产，由于生产单位变小，高档红茶加工的数量少，采回来的单芽类的茶叶，由于数量少，发酵的时候温度起不来，所以滇红发酸的现象比较普遍。建议大家注意使用加温渥红的方法；至于是点火盆、鼓热风还是引入热气管道，这些问题我们在讲到红茶加工的时候会提到，今天只是作一个问题引起朋友们的重视。

　　再说说"泡青"，泡青又叫汤青，就是用滚烫的开水对鲜叶进行"捞一把"的方法称之为泡青，也叫汤青。这在日本、中国现在的蒸青绿茶加工当中，经常会使用到，这就是湿热运用的四种类型。

**除此以外，在制茶当中，也常常将干热和湿热结合起来使用，这是第三种加热方式**

　　如云南普洱茶的熟茶压制，由于熟茶经过发酵以后，它的果胶、黏性下降了。熟茶压制之前都会洒上一点水，使之回潮变软，堆渥起来以后产生一定的热量，增加它的黏性，然后再进行压制、焙干。所以熟茶压制实际上使用的是一个干热、湿热并用的方法。

　　四川茯砖的压制也是这种方法。一些粗老的茶叶压制，比如我们普洱茶中一些等级比较低的生茶、黄片，压制的时候，不好成型，缺乏黏性，也可以先泼洒一点水分堆起来，让它变热，最后再来压制，这种方法也是干热湿热结合的加热方法。

　　干湿结合的加热方法在杀青的时候也有运用。比如在我们加工等级特别低的鲜叶的时候，由于这些鲜叶的含梗量高，鲜叶含水量低，这个时候可以在杀青锅里面适当地先加入一点水分，使之产生蒸气，然后再投叶、再杀青；也可以在杀青的过程中，不断地洒入水分，增加蒸气，这种方法在湖南安化黑茶加工中叫作"灌浆"。这种灌浆的方法，我们云南加工低档普洱茶、粗老鲜叶的时候，是可以运用的。

总而言之，人工加热的方式、类型多种多样，朋友们了解了这些类型以后，你可以开阔视野，根据制茶目的，加强运用和学习，因地因茶制宜地制出更好的茶品来。

思考题
1. 制茶中人工加热方法主要有哪三种运用方式？
2. 制茶中干热运用主要有哪些工艺？
3. 制茶中湿热运用主要有哪些工艺？
4. 制茶中干热和湿热结合使用的工艺有哪些？
5. "加温渥红""闷热"属于怎样的热利用方式？

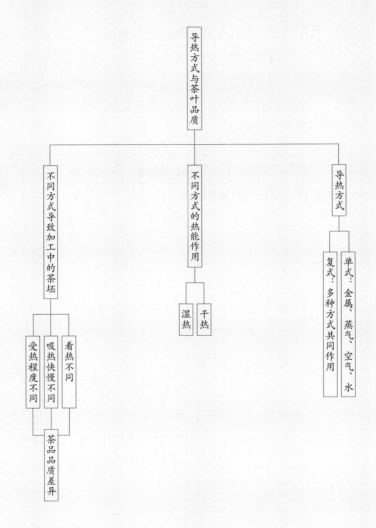

# 导热方式与制茶品质

　　在上期的栏目中，我们介绍了制茶技术理论中人工加热的三大途径和十余种方法。朋友们都知道，在同一地区、同一茶类，不同的师傅加工出来的茶品品质不尽相同，人们常常把这种不尽相同，归咎为技术的差异和师傅水平的高低。很少有朋友进一步去探讨，为什么会形成这样的局面？在我看来，这其实是属于不同的师傅乃至同一个人，施加了不同的热源，也就是导热方式不同，带来了各种各样的品质差异。今天我想重点与朋友们分享的是，导热方式与茶叶品质之间的关系。

　　**第一，我们看看导热方式**

　　在茶叶加工中，人工加热的导热方式主要有两种形式，一种叫单式导热，一种叫复式导热。

　　单式导热主要有四类，金属导热、空气导热、蒸气导热和水导热。"金属导热"如杀青锅、烘干机，它是通过金属的方式，茶叶贴在它的上面形成热源，主要靠金属来传导热量的这种导热方式就叫金属导热。所谓"空气导热"，就是热空气形成的热源，比如说加温萎凋、干燥当中的烘干，它主要的导热类型是空气导热。所谓"蒸气导热"就是热源靠蒸气来进行的传导，比如蒸青绿茶当中的蒸热，无论是自动链式杀青，还是振动式杀青，都是通过蒸气进行的导热完成的杀青，这种热源方式我们把它称为蒸气导热。所谓"水导热"，就是通过沸水、滚烫的开水完成的，像蒸青绿茶当中的捞青的这一类的加工方法，它是通过水进行的热传导，我们称之为水导热。

实际的茶叶加工中，单式导热方式非常少，复式导热的方式反而比较常见。比如杀青过程当中，无论采用哪种手段，它可能都是属于两个、三个、甚至更多的几个导热源形成的导热。

锅炒杀青当中，首先是通过金属导热形成热量，然后金属导热导致了空气传热，空气传热又使杀青叶升温，最后杀青叶上附着大量的蒸气，形成了金属导热、空气导热和蒸气导热三种方式并存，这就是锅式杀青的导热原理，包含滚筒杀青也是这个原理。

蒸气杀青当中，首先它是通过蒸气形成的导热，蒸气杀青鲜叶受热以后，鲜叶也在发热，形成了蒸气热和空气热共同起作用的杀青，是两种以上的导热。

在制茶过程中烘干茶叶的时候，首先是有热空气产生的导热，然后引起金属发热，最后茶坯受热以后产生蒸气；空气导热、金属导热，然后是蒸气导热三种方式先后出现了，这一类的导热，也是复式导热。

### 第二，我们看看不同的导热方式的热能作用

朋友们想一想就不难发现，其实任何的导热，它都是基质（就是导热的材料）加上导热的方法。导热的材料，可能是金属的，

也可能是搪瓷的（比如现在的搪瓷炒干锅）、烘笼的，可能是竹，甚至还有木，还有土的等不同的类型。

除导热基质外，更多的还靠导热方式，无论是空气导热、金属导热、蒸气导热还是水导热，实际上都出现了干热和湿热两种类型。关于干热和湿热的两种作用方式我们以后会提到。

今天我们让大家思考的就是导热基质引起的两类导热方法——干热和湿热，这是不同的导热方式引起热作用的原理。

### 第三，我们来看看不同的导热方式对茶叶品质的影响

我们从两个环节来看。

首先，我们看看杀青环节当中不同导热形成的茶叶品质。杀青有锅炒杀青、蒸气杀青，还有气干杀青等类型。就锅炒杀青来说，一个炒干锅，茶叶投入炒干锅里面它是运动的，这个时候由于炒茶的手法的不同，茶叶在运动当中上下翻滚，翻动的时候它形成的主要是金属导热和空气导热；如果采取的手法是闷炒，这个时候它的导热方式就增加了蒸气导热。所以同在炒干锅里面，你的透、闷、透的炒茶方法直接引起了不同的炒茶后果。

滚筒杀青机由于是一个滚筒，整个汽腔当中充满了蒸气，所以滚筒杀青机杀出来的茶，它是湿热作用下、蒸气导热作用下形成的品质，和锅炒杀青炒出来的茶叶品质肯定完全不一样。

干热杀青当中无论是百叶式烘干机杀青还是自动链式烘干机杀青，或者是流化床杀青，主要是热空气导致的热源。那么，杀青叶在热空气的作用下水分均匀地收缩。如果杀青叶厚度不同，

它就会出现下层的杀青叶湿度大，上层的杀青叶水分散失得比较快，形成了上下不匀的杀青；如果杀青叶是翻动的，情况还好一点；如果杀青叶是平卧的，即没有动静、不翻动的、链条输送的，那么就会出现水闷气，而且在边缘和叶尖（毛孔多的地方）丧失水分快，形成了焦边焦叶，最后茶条不完整，这就是气干杀青的共性特点。

因此，不同的杀青方式，一个师傅在那翻炒茶叶的时候，他采取的透、闷、透的手法，实际上是导入了不同的热源，不同的热源形成了不同的品质。

再说干燥环节，比如采用炒干的茶叶，炒干茶叶是在滚动当中、运动当中受热的。它通过金属传热、空气传热，再辅之以蒸气传热。在这样干燥的环境下，叶片不断地滚动，叶片内的水分均匀地散失，所以，炒干的茶叶它的体型比较小；由于受热比较均匀，总体叶绿素保存比较多，但它有摩擦作用，所以汤比烘青要显得浑浊一些。而烘干的茶叶无论是在烘笼上、百叶式烘干机上，茶叶是平卧的，茶叶是不运动的；如果撒叶摊茶比较厚，下层的水分比较多，上层的水分比较少，上层散失水分的速度比较快，容易形成表面上看烘青的速度比较快、受热快、速度快，它的叶绿素损失也快，因此就出现了汤清明亮而叶绿素含量少的情况。炒青汤略浑，而叶绿素含量比较高，茶汤比较绿。这就是导入热源不同形成的后果。

再看看普洱茶的晒青。大家知道，晒青是摊晾着晒的，它的方式很像烘青，由于晒干的茶坯是平卧的，没有运动，受光一面有光化学反应，这个时候它的热源主要是空气传热，另外还有微弱的蒸气传热，如果不进行及时的翻动，晒青的表面有光化学反应的这一面，就会出现酶活性比较强，从而转红；而处在底层的这一面，由于蒸气的作用、有湿热作用，所以它比较黄；如果翻动不及时，就会出现斑驳花杂的叶底；这是晒青茶当中常常看见的弊诟。

因此，我们要做一个好的晒青茶，知道了这种传热方式会带来品质的不同的差异，要勤翻动，才能做出好的晒青茶。

总而言之，人工加热由于导热方式不同，影响了加工中的茶坯着热的时间不同、吸热的快慢不同，以及受热的程度不同，最终形成不同的品质。因此朋友们有必要分析、研究制茶过程当中你的动作方式所改变着的茶叶的受热类型，也就是热传导的类型。这一点，务必引起重视，如果不注意这些细节，可能会出现你做的茶怎么都不会有别人做的好，其奥妙，就在于热传导。

思考题
1. 人工导热的制茶方式主要有哪两种？常见的是哪一种？
2. 单式导热主要有哪些方式？
3. 手工杀青时，杀青叶主要受哪几种导热影响？会影响茶叶品质的哪些方面？
4. 晒青毛茶出现条索色泽斑驳不匀的原因是什么？如何避免？
5. 炒青的茶汤为什么会比烘青绿茶的茶汤更绿？

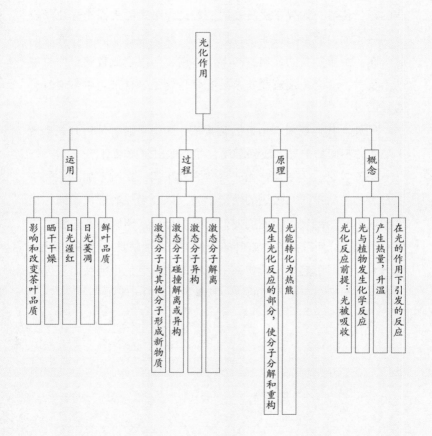

# 光化作用对制茶的影响

我们今天接着聊制茶技术理论中光的作用。

大家知道，中国人饮茶经历了一个漫长的药用时期，我们的祖先把茶树鲜叶采摘下来以后，利用日光晒干成茶，这种历史一直可以远溯到周朝。制茶史研究认为，中国的制茶历史始于周朝。茶叶加工技术脱胎于中药制药技术，中药制药技术对制茶技术的影响是深远的；尽管到了唐代陆羽时期发明了蒸青绿茶，到了元、明的时候，又进一步发明了炒制、炒青的技术，但是晒青茶一直保留至今，其时间的穿凿，不可谓不久远，说明了利用日光加工茶叶或晒青这一类的技术，有它旺盛的生命力。

在明代田子艺的茶书中，他甚至主张茶"以生晒不炒不揉为佳"，他认为晒干的茶比炒、揉的要好喝。在近现代工业出现以前，在中国制茶史上无论是绿茶当中的晒青、珠茶的晒坯，还是红茶中的小种红茶、工夫红茶，以及青茶类当中的武夷岩茶、铁观音等，都使用了日光萎凋和日光干燥的方法。所以说，在中国制茶历史上，许多名茶的制成与光的利用是分不开的。从某种程度上来说，光化学作用不亚于热的作用。

让我们从四个方面来了解光化作用对制茶技术的影响。

## 第一，光化作用的概念

光化作用是指光被植物吸收，由光波传给的能量引发的各种各样的效应。这些作用和效应，通常表现在两个方面：一是产生热量形成的升温，二是一部分光与植物发生了另外的化学反应，生成了其他的物质，这就是光化作用。我们又把由光引发的各种化学反应称之为光化反应。光化反应，实际上就是在光的作用下引发的反应，它是植物吸收外来的电磁波，被活化而进行的各种反应的总称。

朋友们想想就知道，电磁波由表及里地被植物吸收，它在植物体内进行传导的时候，就发生了植物的各种分子运动，产生了吸收能，这些吸收能进一步转化成热能，引发了各种反应，这就是光化反应。所以光化反应的前提是光必须被吸收，才有可能引发反应，如果光没有被吸收，这种反应是不存在的。

**第二，光化作用的原理**

光化作用的原理主要有两个途径，一是把光能转化为热能。它是怎么转化的呢？它首先是由光子与植物的其他分子发生相互碰撞，这种相互碰撞就产生了电子能、震动能、转动能等这些额外的能量，这些额外的能量是分子的动能引发的热能。光化作用的第二个途径，就是发生光化反应的这一部分，使分子分解或者是重构、重新排练，这些化学反应的产生，就带来了新的效果的出现。

**第三，光化反应的过程**

植物吸收光能以后，引发光化反应主要有四个过程：第一，激态分子自动降解，就是高分子自动降解了。第二，激态分子的自动异构，即它自己异构出了其他的物质。第三，各种激态分子相互碰撞而解离，或者是发生了异构化。第四，激态分子能与其他分子发生聚合作用，或者是替代作用或者是分解作用，形成新的物质。用今天的化学语言来说，就是说它发生了分解、化合、替代、重构、异构、聚合、氧化、还原等反应。可想而知，光对植物的影响有多重要，对生长着的植物来说，就是在光的作用下，万物获得了生长。在制茶环境中，就是在这种光的作用下，它由鲜叶的理化属性，转变成了成品茶的理化属性。

### 第四，光化作用在制茶技术中的运用

主要体现在五个方面：一是鲜叶品质。我们在讲到茶树生长发育对环境条件需求的时候，与朋友们聊到过茶树是一种喜欢生长在 3000~5000 勒克斯的植物，它喜欢漫射光，不太喜欢直射光。在漫射效应作用下，茶树产生的含氮类物质、氨基酸等比较高，加工出来的茶比较鲜爽。而在直射光的情况下，茶树的糖代谢相对来说旺盛一些。因此，漫射效应下的茶树采制出来的茶叶鲜爽度高，而直射情况下，生产出来的茶叶苦涩味重一些。这是因为苦涩味当中的茶多酚，实际上是糖代谢的中间产物，在阳光直射下，糖代谢比较旺盛，中间产物堆积就比较多，这是直射下夏季高温的时候茶比较涩的原因。所以光化作用，首先影响的是鲜叶质量。第二种运用是我们常常见到的日光萎凋。大家知道，在白茶、红茶、青茶的加工当中都有萎凋。萎凋中的日光萎凋，是典型的在光化作用下制出来的茶叶。在制茶当中，人类利用光能的第三类情况是日光渥红。中华人民共和国成立前，浙江、福

建生产红茶，常常利用日光进行渥红；现在云南生产滇红的时候，有些朋友也会在日光下完成发酵，这种发酵也就是日光渥红。在制茶当中，人类利用光化反应的第四种情况是在干燥时候的利用，即晒干茶坯。我们刚才说的把树叶直接晒干的白茶，还有各种各样的红茶类的晒干茶、青茶类的晒干茶、绿茶类的晒干茶都是在干燥环节对日光的利用。至于如何利用阳光进行日光萎凋、日光渥红和日光干燥这些技术性问题，留待介绍各种茶类加工的具体技术的时候再做分享。

光化作用对制茶技术的第五种影响，就是影响和改变了茶叶的品质。这一点在现代茶叶加工当中绿茶的揉捻叶怕见光，红茶的揉捻叶也不主张见日光，有人甚至主张避光加工。在茶叶储存当中大家都有经验，茶叶放一段时间以后，透光的、露光保存的茶叶往往会变黄、变红，这实际上是发生了光化反应（至于这些现象又是怎样影响整个制茶过程的，以后会做分享）。

总而言之，随着现代科技的进步，人类对光的利用已经从传统的日光利用，发展到了远红外线、高频、微波等辐射能的应用。在制茶技术理论中，如何利用好光能，进一步生产出更好的茶品，是茶叶加工不能忽视的课题，也是制茶技术领域今后研究的一个重要方向。

---

思考题
1. 什么是光化作用？
2. 光化作用通过哪两条途径影响和改变制茶品质？
3. 简述光化反应的四个主要过程。
4. 制茶工艺中哪些工艺受光化作用影响？试举例说明。

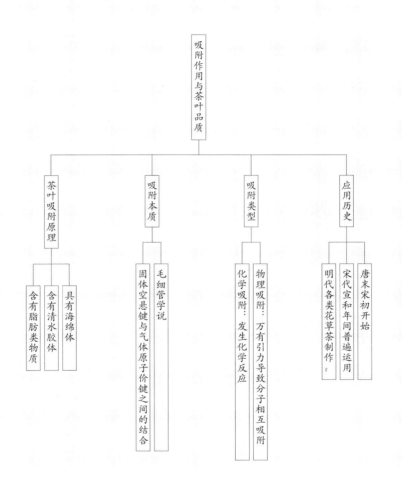

吸附作用与茶叶品质

茶叶吸附原理
- 含有脂肪类物质
- 含有清水胶体
- 具有海绵体

吸附本质
- 固体空悬键与气体原子价键之间的结合
- 毛细管学说

吸附类型
- 化学吸附：发生化学反应
- 物理吸附：万有引力导致分子相互吸附

应用历史
- 明代各类花草茶制作
- 宋代宣和年间普遍运用
- 唐末宋初开始

# 吸附作用与茶叶品质

我们接着聊制茶技术理论。今天，我们分享的重点是吸附作用与茶叶品质的关系。

大家知道，吸附是日常生活中最常见的现象。我们炒菜做饭的时候身上会有气味；我们走进茶叶车间的时候会吸附到茶叶的香气；我们走进花园的时候会吸附到花的芬芳……这些都是吸附现象。

大家所熟悉的各种各样的花茶，小种红茶的松烟香，黑茶的松木香，普洱茶的小青柑、桔普，以及我们上期说到的红茶加工中的闷熟催化，它们都是利用吸附作用加工出来的茶品，大家都非常地熟悉。吸附作用对于茶也有不利的影响，比如在茶叶保管的过程中，它可能吸附到各种各样的不良气味，如烟焦味、油脂味、洗涤剂的味道等，我们把后者称之为污染、杂味。因此，吸附对于茶是一种非常常见的相生相伴的现象。我们可以从四个方面来理解这些现象：

**第一，我们先看看茶叶加工利用吸附作用的历史**

利用茶叶的吸附性来吸收各种花香或果香，增益茶叶的品质，这种习惯在中国有着深远的历史，可以追溯到唐末宋初，那时候的贡茶的生产，都有一种习惯，就是在茶叶当中加入龙脑。到了宋代宣和年间，在茶叶当中加入各种"珍菜香草"，已经是非常普遍的现象。明代的顾元庆，写了一本叫作《茶谱》的书，记载了两种花草茶的加工方法：第一种是陈皮茶的加工，书中是这样记载的："将橙皮切为细丝一斤，以好茶五斤烘干，入橙丝间和，烘热三两时，烘干收用……"就是用一斤陈皮丝，以五斤烘干以后的好茶拌和在一起，进行烘制"吃香"，这可能是最早的陈皮茶的加工记录了。在这本书里面记录的第二种花茶的加工，就是莲花茶的加工："于日未出时，将半含莲花拨开，放细茶一撮，纳满蕊中，令其经宿，次早摘花，倾出茶叶，如此数次，取其焙干收用，不胜香美。"

在明代，有一个叫程荣的人，同样写了一本叫作《茶谱》的同名茶书，在程荣写的《茶谱》里，他记录了更多的花草茶的加工，他说："木樨、茉莉、玫瑰、蔷薇、惠兰、菊花、栀子、木兰、梅花皆可作茶。诸花开时，摘其半含半放，蕊之香气全者，量其茶叶多少，摘花为伴，用瓷罐，一层茶一层花相间至满，纸箬扎固入锅，重汤煮之，取出待冷，置火上焙干收用……"你看看，古人利用茶的吸附作用加工的花香茶比今天还要多。古代的这些生活经验，我们也是可以借鉴的。比如生活当中可以使用苹果、香蕉、葡萄等果或者花，只要是卫生无毒的，都可以学着古人的方法来增加我们茶生活的情趣。

现在大家熟悉的茉莉花茶，它的兴起实际已经到了清代，是福建一个叫作"长乐帮"的茶号发明的。茉莉花茶的出现，逐渐成为了现在的花茶的主流。在茶叶当中添加各种各样的花草，这一类调饮的方式流传至今，已经在欧洲和东南亚的现实生活中保存了下来，并得到了广泛的运用，它的历史非常得久远。

**第二，我们看看吸附作用的类型**

吸附作用，说到底有两种类型：一种类型叫作物理吸附，一种叫作化学吸附。"物理吸附"是两种物体分子间的相互吸引力所带来的，它是一种万有引力作用下的相互吸引、相互贴合的吸附方式，我们称作物理吸附。"化学吸附"是由于固体表面上的原子，或者是离子价力的不饱和而引起的，它最大的特点是依托表面的原子或者是离子的价力，与另外一个物质发生了结合反应，生成了新的物质。由于发生了化学反应，生成了新的物质，这一类的吸附我们称作化学吸附。

**第三，我们看看吸附作用的本质**

对于吸附的解释有很多学说，毛细管学说就是一种代表性的解释，但是毛细管学说不能全部地解释清楚吸附作用。随着表面物理学和微观研究手段的深入，人们发现吸附的本质，是固体表面的空悬键与气体的原子价键之间的结合，形成了两种电子云的叠加。

大家知道，任何物质都是由原子、离子构成的，它们与气体当中所含有的氢、氧离子，发生了价键结合，形成了电子云，有的生成了新的物质，这就是吸附的本质。

**第四，我们看看茶叶具有吸附作用的原理**

茶叶之所以具有吸附作用，是基于以下三个原因：

一是茶叶具有海绵体。大家知道，茶叶的海绵体当中是充满水分的，茶叶经过加工以后，海绵体里面的水分被蒸发，它里面出现了大量的空气间隙，这些空气间隙就充满了各种各样的"表面"。这个"表面"从微观学的角度来看，它是不存在的，当把它放大到足够大的时候，这些所谓的表面都是凸凹不平的，我们看到的茶条和微观学下看到的茶条是不一样的。在微观世界里的茶条，内部充满着各种各样的孔缝，这些孔缝都具有大量的表面积，它甚至比我们看到的表面积大数百倍、数千倍。这些"表面"与空气的原子价键就发生了各种各样的叠合，形成了吸附。

二是因为茶叶含有清水胶体。比如茶叶当中的淀粉和蛋白质，它们属于清水胶体；茶叶当中的棕榈酸和萜烯类化合物，都有比较强的固香能力和吸香能力。棕榈酸的沸点是 268℃，萜烯类化合物的沸点，一般都在 150~180℃。可想而知它是比较稳定的，它有较强的保香能力和吃香能力。也就是说，由于茶叶当中含有的各种清水胶体和它自身的一些物质让茶叶具备了吸附香气，并与香气物质形成新的反应，保蓄新的香气的能力。

三是茶叶含有的脂肪类物质。大家知道，脂肪类物质具有对香气的高度的吸引力，它们能够牢牢地吸附各种各样的香气。比如茉莉香精的加工，就是利用一份精炼牛油和两份精炼猪油，提炼成一种混合物，对茉莉香气进行冷吸的方法……茉莉香精加工的方法告诉我们一个原理：脂肪类物质对香气有强烈的吸着能力。

由于茶叶含有脂肪类物质，所以它能吸附香气。

总而言之，我们了解了吸附作用利用的历史、吸附的类型、吸附的本质和茶叶具备吸附能力的原理以后，既可以去更多地享受花茶加工、调饮茶叶加工的方式方法，增加生活的美好；也可以利用这些原理，指导我们茶叶的储存、保管，杜绝茶叶吸附不良气味。尤其是喜爱普洱茶的朋友，在长期的普洱茶储存过程中更要注意避免与杂异气味的接触，这样你的茶叶收存，才有保值增值的可能性。

思考题
1. 宋代茶叶有一种"入脑子"的加工方法，其利用了什么作用？
2. 明代顾元庆《茶谱》记载的陈皮茶是怎样加工的？
3. 吸附作用分为哪两个主要类型？
4. 吸附作用的本质是什么？
5. 茶叶具有强烈吸附能力的原因是什么？

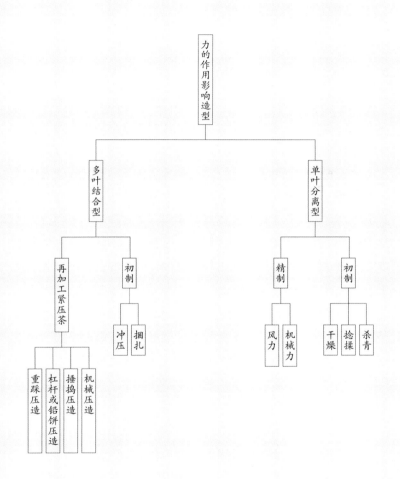

# 制茶过程中力的作用

我们接着聊制茶技术理论，今天我们要分享的重点是制茶过程中力的作用。

大家知道，茶叶品质实际上是茶叶各种化学成分和物理性状在茶的色、香、味和外形上的综合表现。茶的色、香、味，主要是由于茶的各种化学成分的变化引起的，茶的化学成分的这种变化主要是在热能作用下完成的。就外形来说，茶叶的外形主要是茶叶的物理性状的改变，而这种物理性状的改变，是因为力的作用、力的参与实现的。可以说，是力引起和决定着茶叶的形状。

力对茶叶的外形的影响，主要体现在制茶过程中茶的外形的塑造过程，或者说是茶的形状的形成过程中。茶的形状的形成过程、造型过程，说到底有两种方法：一种是单叶分离型造型，一种是多叶结合型造型。让我们沿着这两条线索，去探索制茶过程中力对茶叶品质的影响。

## 一、我们先看看单叶分离型造型

所谓"单叶分离型造型"，就是以一个枝条上的叶或芽为对象进行的，加工成互不粘连、互不连接的各自独立的外形形状。比如各种直条茶、针形茶、扁形茶、片茶、圆珠型的茶等，它们互不连接、各自分立，这种造型方法就是单叶分离型造型。

单叶分离型造型贯穿于整个制茶过程中，尤其是以初制阶段的杀青、揉捻两个时期最为关键。精制过程只是对外形的粉饰、修整或者叫作化妆，使它更加地完美。所以我们重点要去探索的是初制过程中茶叶造型是如何借用力的力量的。

从事茶叶初制生产的朋友都知道，初制过程中力的体现主要在三个环节，就是杀青、揉捻和干燥环节。

第一，杀青中力起到的作用

在各种名优绿茶的加工中，由于要追求的成品的外形不同，使用的力的方式在杀青过程中就有不同的表现。比如大家熟悉的龙井茶，它在加工的时候，施入了拖动的力量，从而使叶条收拢，同时也施加了从上向下的压力，压扁茶叶；我们现在看到的很多初制生产上用的理条机，在理条的过程当中，上面压着一个小木棍，这个小木棍的作用就是从上往下施加压力的。再如碧螺春的加工，为了追求螺旋形的外形，首先施加的是平行收拢的力量，使之初步成为茶条，在此基础上紧接着施加的就是圆周的力量，使茶条收紧呈螺旋形；之后以"茶不离手、手不离锅、一锅到底"的方法加工出螺旋状的茶叶，这是碧螺春的加工。再如六安瓜片和太平猴魁，为了使之不粘连，实现单叶分离造型，首先投叶量非常少，每一锅的投叶量可能只是 100 多克到 200 克，然后用笤帚进行平压圆周运动，施加以圆周平行的力量……在猴魁茶的加工中，同时还施加了抛、甩的力量，使之挺削，从而达到一叶包芯、二叶包住一叶的效果。

不难看出，初制加工当中杀青环节，实际上是巧妙利用力量帮助后期造型，甚至直接完成造型的过程。

第二，揉捻过程中力的作用

大家知道，我们国家的茶叶绝大部分都是条形茶，所以揉捻的过程实际上是通过各种力的作用使茶叶从鲜叶的形状改变为条形状，这种改变我们也称之为成条原理，这是我们今天要分享的重点。

朋友们仔细分析就不难发现：一个揉捻状态下的叶条，它至少受到九种以上力量的影响：第一，是揉捻叶自身的重力；第二，是揉捻机启动以后形成的平面圆周回转的运动力，就是不断地推着它做圆周运动的力；第三，是圆周运动产生的离心力；第四，是向心力；第五，是筒壁、揉捻机棱毂、沟槽对它的反作用力；第六，是棱毂推动过程当中，运动中的叶片与棱条发生碰撞以后形成的抬升力；第七，是处在揉筒中的各种叶片之间相互发生的摩擦力；第八，是揉捻机筒盖向下施加的垂直压力；在这八种力量的作用下，最后生成了第九种力量，就是他们的综合的合力，我们称之为阿基米德螺旋轨迹的旋转力。在这九种力量的共同作用下，一个叶片就延着主脉、以主脉为中心形成了滚转，从而卷曲成一个茶条，这就是揉捻叶揉捻成条的原理。

在手工茶的加工当中，没有这么多复杂的力量。但力的类型大家进行受力分析，也能够大致明白它的成条原理。

初制加工，力的作用体现的第三个方面是干燥环节当中的摩擦力。比如龙井茶的加工，它最后的工序是辉锅，辉锅就是借用茶叶的摩擦力完成的打磨，最后形成光滑挺削的外形。

初制过程中，炒压、揉捻和干燥当中的摩擦力，是力作用于茶叶品质的主要体现。

在精制环节中也有力的作用，但是这种作用不如初制那么明显。因为，精制过程实际上主要是一个整理外形的过程，它主要产生的力量是各种机械作用的运动力量。

比如茶叶分筛当中，在机器运转过程中，形成了切割力，茶叶在筛面上运动的时候，垂直向下掉落的力量和筛的往复力量形成的切割力，使茶叶切断；再如风选过程当中，风选机通过吸风和鼓风的方式形成了风力，茶叶在自由下降、自由落体的时候，在风力的推动过程当中，它的重力和风的力量相互作用以后，就分出了砂、正、子、次、尾五种茶路。这些都是力的运用，总体来说它不如初制运用得那么明显，对形状的改变没有那么强烈，它起到的只是化妆的作用。

**二、我们再看看多叶结合型造型**

"多叶结合型造型"是指将若干个单独的叶片、叶条、茶条，合并成一个统一的形状，这种造型方式称为多叶结合型造型，它在初制和精制当中都有表现。

比如初制过程中加工的龙须茶、竹筒茶、菊花茶、绿牡丹等，它们就是将多个叶条捆扎、冲压、聚合使之形成最后的形体，这种加工方法就是多叶合并。在后期的再加工中，多叶结合造型运用得就更加广泛了，大家最为熟悉的各种各样的紧压茶的加工，就是典型的多叶结合型造型。

根据使用的机械和压力的来源不同，多叶结合造型方式又可以将它分为：机械压造、捶捣压造、杠杆或铅饼压造、重踩压造等四个类型。在机械压造当中，又有杠杆的压力，比如大家熟悉的丝杆机，还有螺旋压力、蒸气压力、液压机的压力等，但它是从上向下施加的压力。

捶捣压制在茯砖、花卷茶、方包、康砖这一类茶叶上使用得比较多，它就是我们常说的"冲压"，把茶夯实的加工方式。

杠杆或铅饼压造的方法也是常见的，比如现在在各种展会上，很多手工石磨加工的普洱茶，在一个石磨上面用一根铁丝，用杠杆的原理施加压力，这种加压方式就叫杠杆施压。用石磨直接压住一个茶，包含我们站在石磨上的挤压，都是属于冲压的一类。

重踩压造在广西六堡茶的篓装茶的加工当中运用得比较多，就是用踩压的方式压出来的，这与石磨茶的踩压是一样的。

有些爱好普洱茶的朋友，喜欢石磨压制的茶，市场上甚至把石磨压制的茶说得神乎其神，其实它只是一个力量的来源，只是一个造型的手段，它与茶叶的优质化和高品质没有必然的联系，这一点要提醒朋友们不要过多地纠结和虚化，避免被误导。

总而言之，力对于制茶的作用是明显的，而且是重要的。尤其是初制过程当中，施加的力量的大小、持续的时间，实际上它与茶叶的汁液的溢出关系密切。茶叶汁液溢出的速度和数量，直接影响着揉捻叶的反应速度、氧化速度。因此，它改变着茶汤的浓度和色泽的深浅，从而与色、香、味等品质紧密关连。所以我们说力改变着茶叶的物理性状，进而影响茶叶的各种化学成分的变化速度、变化质量，最终与品质的好坏息息相关。

从事制茶的朋友们，一定要注意力的巧妙使用，加工出更加精美的茶叶。

思考题
1. 茶叶加工造型分为哪两个类型？
2. 什么是"单叶分离型造型"？
3. 什么是"多叶结合造型"？
4. 茶青经揉捻变成茶条的"成条原理"是什么？
5. 碧螺春一类螺旋形茶在加工造型中主要受到哪种力的作用？

# 茶叶加工技术

制出一杯心仪的好茶，加工出『珍鲜馥烈、甘甜味美』的茶叶，是历朝历代茶人的梦想和追求。

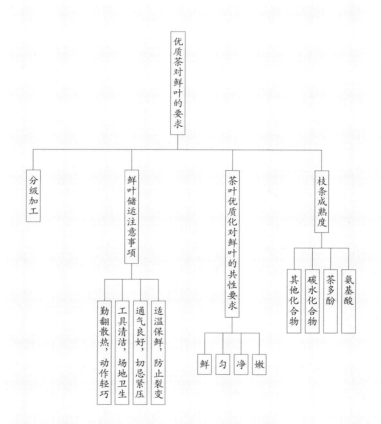

优质茶对鲜叶的要求

分级加工

鲜叶储运注意事项
- 勤翻散热，动作轻巧
- 工具清洁，场地卫生
- 通气良好，切忌紧压
- 适温保鲜，防止裂变

茶叶优质化对鲜叶的共性要求
- 鲜
- 匀
- 净
- 嫩

枝条成熟度
- 其他化合物
- 碳水化合物
- 茶多酚
- 氨基酸

# 茶叶优质化与鲜叶等级

我们用了大量的篇幅，与朋友们分享了制茶技术理论，初步建立起了相对完备的制茶技术理论体系。从今天开始，与朋友们分享制茶技术措施，让我们在制茶技术理论的指导下，去实实在在一个一个地突破各种制茶技术措施，帮助朋友们制出更好的茶叶，共同提升我们的制茶水平。

制出一杯心仪的好茶，加工出"珍鲜馥烈、甘甜味美"的茶叶，是历朝历代茶人的梦想和追求。

制茶的第一步，就是要解决好鲜叶的问题，用什么样的鲜叶来加工茶叶？

这个问题，我们的古人进行了大量的探索，历朝历代的记录、著作都非常地丰厚。从蒙顶甘露到君山银针、从碧螺春到龙井茶、从普洱到铁观音、从茯砖到方包……人们对于制茶的用料进行了大量探索，制出了形态各异、品质各异、浩如烟海的中国茶叶。从一芽一叶的使用，到一芽四叶、一芽五叶的使用，究竟使用哪个原料好？

中国历史上，出现了一个遍尝天下茶叶美味的人，他就是宋徽宗赵佶他提出了一个影响久远的观点，他说："采茶不必太细，细则芽初萌而味欠足；亦不必太青，青，则茶已老而味欠嫩。须谷雨前后，觅成带叶微绿而团且厚者采焉"。宋徽宗的观点是不要太嫩；也不要太老，大约就是在谷雨前后采制"叶色嫩绿、肥壮的芽叶"，这是他的观点。对不对呢？

让我们从四个方面来展开讨论和思索。

**第一，我们看看枝条的成熟度与茶叶品质的关系**

我们在介绍茶树生长发育的时候，介绍过枝条生育的规律。大家知道，一个完整的茶树枝条上，着生着 5~8 片叶片，是一个真叶不断展开的过程。在真叶展开过程中，究竟取哪一个部位的原料来进行茶叶加工，加工出自己想要的东西？这是一个用料的问题，更是一个枝条的成熟度问题，使用什么样的成熟度的枝条的问题。

大家想一想就不难明白：鲜叶质量的好坏，它的实质是指鲜叶中含有有利于茶叶品质的化学成分要丰富而且协调。物质丰富了、协调了，能为优质茶叶的制造打下了良好的基础；反之，巧妇难为无米之炊。

茶叶品质始终会受到先天的限制，用现代科技的观点来看，影响茶叶品质的鲜叶的内含成分主要有四个大类：一是氨基酸，二是茶多酚，三是碳水化合物，四是其他的化合物。在前面的栏目中反复地介绍过，随着枝条的生长发育，氨基酸、茶多酚、咖啡碱的含量是呈逐渐下降的趋势的。也就是说，氨基酸和茶多酚在幼嫩的一芽一叶和一芽二叶当中含量比较高。影响香气的芳香物质，影响色泽深浅的色素物质，和影响色泽的光润度的果胶，都是以幼嫩的一芽一叶和一芽二叶含量较多。不难想见，如果要加工滋味厚重、滋味浓烈的茶品，最好选择一芽一叶和一芽二叶。这也是我国大宗红、绿茶把采摘标准定为"以一芽二叶为主，兼采一芽一叶和同等嫩度的对夹叶"的依据。

随着枝条的生长发育，它的木质化程度增加，碳水化合物，也就是纤维素类物质大量的增加，所以纤维糖、蔗糖等糖类物质也在增加。

于是，朋友们就不难发现：要做高鲜爽度的茶叶，就要去选择幼嫩的芽或初展的一芽一叶；如果要做高浓度的茶，就选择一芽一叶和一芽二叶；如果要做高甜度的茶，就要选择有一定成熟度的一芽二、三叶甚至一芽四叶。这就是茶叶品质与枝条成熟度的关系，也是我们制出不同风味茶叶的技巧。

**第二，我们看看茶叶优质化对鲜叶的共性要求**

这一点，我们在讲到茶叶采收的时候也反复提到过，这些共性要求就是嫩、匀、净、鲜。在这一期的栏目中，这个问题我们不展开。

**第三，我们看看鲜叶储运中的注意事项**

很多茶园离我们人类居住的村庄都是比较远的，茶叶采收以后都存在着一个保管和运输的问题。在鲜叶保管和运输中，最常见的问题是鲜叶的裂变，就是发红、糟沤，甚至会出现刺鼻的异味等。

鲜叶当中含有多酚氧化酶，多酚氧化酶在气温上升到32℃以后，就会致使鲜叶发红；如果鲜叶的叶温升到了40℃左右，基本上鲜叶都会变红。在保管中的鲜叶如果受压、压得太紧时，会引起鲜叶的无氧呼吸，释放出酒精等其他气味，从而使鲜叶出现糟沤的气味。归结起来，采摘下树以后的鲜叶在保管和储运的过程当中，要做到以下四点：

一是适温保鲜，防止裂变。适温保鲜，就是要使鲜叶的温度一定要控制在适当的范围，这个温度值最好是15~20℃。

二要做到通气良好，切忌紧压。鲜叶无论是怎么储运，都要保证鲜叶疏松，不要压得太紧，要保证它良好的通气条件，这样才不至于引起压实以后产生的无氧呼吸。

三是使用的工具要尽量的清洁卫生，场地要整洁卫生，要防止其他的杂物混入。朋友们知道，茶叶品质检验当中有一个灰分检测指标。灰分检测是指将茶叶燃烧以后剩余灰分的总重量，如果生产工具不洁净，尤其是带有了泥、沙，那么燃烧以后灰分就容易出现超标，因此，储运的工具要注意保洁。

四要做到勤翻散热，动作轻巧。在鲜叶洪峰的时候，每天入厂加工的鲜叶数量可以达到几千斤甚至上万斤，对于储存着的鲜叶要适时地翻动。翻动的时候动作要轻巧，要尽量减少鲜叶碰破、撕裂或形成皱褶等伤害，因为这些皱褶、撕裂的裂口，如果出现后期的氧化转化，会让叶底花杂，出现一条一条的不规则的红斑，降低了茶叶品质。

**第四，鲜叶分清等级、分级加工**

我觉得，茶叶的品质是设计出来的。从我们说到的采收的对象、枝条成熟度利用的方式不难看出：利用不同的对象、不同的鲜叶原料，就能做出不同的品质，形成不同的风味。可以说，茶叶品质就是在用料和工艺上设计定型的。只有把采摘回来的鲜叶分清等级、分级存放、分级付制，才能获得不同风格和风味的茶叶。这一点，在我们云南普洱茶的加工当中，尤其要提醒朋友们注意：无论是冰岛、班章、昔归、还是易武，这些名山茶的加工，同样存在着等级问题，冰岛也有一、二、三、四、五级，班章也有不同的等级，昔归也如此。如果我们能将鲜叶进行分级加工，将获得更加优异的品质。

总之，鲜叶是茶叶加工的第一步，是我们对加工对象、劳动对象的一种认识，甚至可以上升到一种态度。中国名目繁多的名茶，以及不同用料的六大茶类的各种茶叶，充分证明了使用不同原料加工出了不同品质的产品。一个真正会制茶的人，不会不把心思用到鲜叶的选择上，不会不把心思用到鲜叶的管理上，更不会对鲜叶的质量、等级置之不理。

对于爱好茶叶的朋友，知道了不同等级有不同的品质和风味，你面对各种各样茶叶的时候，有了原料的等级观念，你对茶叶的把握、选择，将更加的科学合理。

思考题
1. 鲜叶内含成分中影响茶叶品质主要是哪四类？
2. 采摘下树以后的鲜叶应该如何保管？
3. 茶叶品质检验中的"灰分"指标，所指是什么？
4. 为什么一芽一二叶原料加工的茶叶鲜爽度和滋味总是比一芽三四叶加工的更为浓烈？

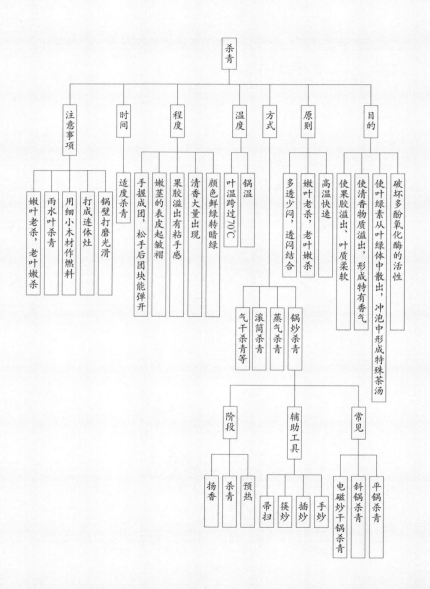

# 茶叶初制之锅炒杀青

我们接着聊茶叶加工技术。今天要介绍的重点是茶叶初制加工中的杀青技术，让我们从六个方面进行分享。

### 第一，我们看看杀青的目的

大家知道，杀青在绿茶、黄茶、黑茶和青茶中都有使用。由于茶类不同，杀青的目的和方式方法会略有不同。比如绿茶，为了追求"三绿"的目的，对保管以后的鲜叶一上来就使用了高温杀青；而青茶，为了达到"三红七绿红镶边"或半发酵茶特有的品质特征的目的，先对鲜叶进行了"萎凋"和"做青"，然后再使用高温杀青来锁定品质。尽管方式不尽相同，就其目的而言，有四点是杀青类的茶共同具备的：

一是通过高温杀青阻止或破坏多酚氧化酶的活性，防止多酚类化合物的过度氧化。

二是通过高温杀青，使叶绿素改变性质，让它从叶绿体中释放出来，在冲泡的时候形成特有的茶汤和鲜活带绿的叶底。

三是通过高温杀青，挥发带有青草气味的低沸点香气物质，使清香气味溢出，形成茶叶特有的香气。

四是使鲜叶的部分水分丧失，果胶溢出，降低鲜叶的硬度和脆度，使叶质柔软，便于后期的揉捻造型。

**第二，我们看看杀青的原则和方式方法**

用三句话可以概括杀青的原则：就是"高温快速""嫩叶老杀、老叶嫩杀""多透少闷、透闷结合"。

由于所使用的工具不一样，杀青又可以分为锅炒杀青、蒸气杀青、滚筒杀青、气干杀青等方式。我们今天要重点介绍的是锅炒杀青。

在云南普洱茶区，锅炒杀青常见的有三类：平锅杀青、斜锅杀青和电磁炒干锅杀青。平锅杀青就是把杀青锅灶打（垒砌）成水平的；斜锅杀青又叫"挺锅"，就是杀青锅是挺斜的；第三种就是利用电热丝加热的搪瓷炒干锅杀青。这三种方式在云南比较常见。

在这些锅炒杀青中，根据辅助工具的不同，又可以把它分为四个小类：手炒杀青、叉炒杀青、筷炒杀青和帚扫杀青。"手炒杀青"就是不用其他辅助工具，纯粹用手工完成的杀青；"插炒杀青"就是用一个木叉来辅助、帮助着完成的杀青。"筷炒杀青"是用类似"筷子"一类辅助工具进行辅助的杀青；"帚扫杀青"比如像六安瓜片，用一个像小扫帚一样的东西进行辅助的杀青。这样四个类型都比较常见。

无论使用哪一种方式，就杀青的方法而言，可以将杀青分为三个阶段：第一个阶段是预热的"以透为主"的阶段，就是杀青叶入锅以后，这个时候它主要的目的是进行均匀的受热，让杀青叶均匀地升温，时间 3~5 分钟；第二个阶段是杀青叶受热达到一定的叶温以后进行的"高温闷杀"，这个时候的手法以闷为主、透为辅，多闷少透；第三个阶段是当杀青叶达到了杀青目的，满足了杀青标准以后，它转入了"扬香气、除水汽"的阶段，这个阶段是以透、抖的手法为主的阶段，是一个扬香气的阶段。因此，可以把杀青过程分为预热、杀青和扬香三个阶段。

这种阶段性意识，是我要特别提醒朋友们的。最近朋友们的微信中有很多在茶山做茶的视频、照片。说实话，许多手法是不对的，看不出这些阶段性过程，从头到尾就是一个动作，让人一看就是外行人在做茶，这一点请朋友们多注意。

### 第三，我们看看温度和投叶量

杀青温度有两层含义：一是指杀青锅的锅温；二是指杀青叶的叶温。

就杀青锅的锅温而言，我们说高温杀青，但是"高温"不等于炼钢，并不是越高越好。在传统的制茶经验中，对锅温的把握有"白天看着锅底的颜色是灰白色、夜间看着是暗红色"这个时候投叶的经验。但我想提醒朋友们，这个时候往往温度偏高了，因为钢铁的发红温度是 500~700℃，当我们看见锅底出现橙红色的时候，其实锅温已经接近了 1000℃。可想而知，这种锅温情况下，茶肯定被炒煳、炒焦。我们看到的很多普洱茶的焦末、焦片就是这样来的。建议大家可以用手去感应锅温，用手掌离锅底大约 13~15 厘米的高度有灼手的感觉，这个时候就可以投入杀青叶。很多书里面写到的杀青温度 180~230℃，有的说 280℃等，这些数据，建议朋友们仅仅作一个参考。

真正要把握住杀青温度的，是要重视温度的第二个含义，就是叶温。既然杀青的首要目的是制止和破坏酶的活性，那么就要去研究酶活性被破坏的这个温度值。

大家知道，多酚氧化酶钝化的温度常常在 70℃左右。换句话说，就是杀青叶的叶温超过 70℃以后，酶的活性就被大量地抑制或破坏。因此，只需要使杀青叶超过 70℃以后，就能获得良好的杀青效果，没必要去进行炼钢，这一点对普洱茶的加工尤其重要。因为普洱茶不像其他的绿茶，其他的绿茶是追"绿"的，而普洱茶追求的茶汤是"杏黄明亮"，它既要破坏酶的部分活性，又要保蓄酶的适当的活性，以利于后期的转化，只需要把普洱茶杀青叶的叶温超过 70℃，就能够达到理想的杀青效果。

**第四，我们看看杀青程度**

杀青杀到什么程度为合适、为标准？主要从五个方面来判断：

一是叶色由鲜绿转为暗绿色，叶质变得柔软；二是青草气味消失，清香大量出现；三是果胶溢出有粘手的感觉；四是嫩茎折梗不断，茎的表皮起皱褶（就像我们指头的背面皱纹，皱褶现象出现）；五是手握成团，松手以后这个团块要能够弹开。当杀青叶这五种特征同时出现的时候，杀青就达到了标准，就为适度，这就是杀青的程度。就可以转入"扬香气、去水汽"的阶段，做好出锅准备。

**第五，我们看看杀青时间**

由于锅温不同、投叶量不同、翻炒的速度不一样，我们很难给出一个标准的杀青时间，只能告诉大家以杀青适度为原则，什么时候达到标准、什么时候合适了，这个时间就是合理的杀青时间。

"法无定式、依规而行。"这个"规"也是杀青过程的三个阶段的巧妙利用。我看到很多朋友用一种手法、一种方式、一锅到底的炒茶，建议改变这种习惯，要使你的杀青工作很明晰地知道自己的阶段性，很明确地知道自己在每个阶段干什么。

**第六，我们说说杀青中应该注意的几个事项**

"工欲善其事，必先利其器。"我有几个经验想与朋友们分享：

一是对杀青锅进行适当的处理。我们云南现在做普洱茶的很多的铁锅、铜锅，它们的锅壁的表面是不光滑的，建议朋友们对锅壁的表面进行打磨，使之光滑。为什么呢？如果锅壁是粗糙的，在杀青过程中杀青叶与锅壁发生摩擦，就容易使汁液外溢粘连在锅壁上，当连续几锅的杀青下来以后，锅壁就会粘着茶汁，这些茶汁在高温烘烤下就会慢慢地焦煳起来，这些焦煳的气味就会污染到杀青叶。所以，最好对杀青锅锅壁进行打磨，使之越光滑越好，减少锅壁与鲜叶的摩擦。

二是杀青锅灶的打造方式。我们现在看到的普洱茶加工的打灶方法通常是单锅作业，建议大家可以把它改良为两锅、三锅并排成"一"字形的打造方法。从第一锅下面烧火，第三锅后端位置设置烟囱，使它从第三口锅的后端进行排烟，形成一个连体灶；在操作起来的时候，第一口锅是高温，第二口锅的温度接近于第一口锅，第三口锅的温度又低于第二口锅，这样，当你完成高温杀青以后，可以将杀青叶转入第二口锅或第三口锅内，进行抖、抛，"去水汽、扬香气"，杀青的效果会更好。现在单锅作业的方式，在高温作用下，很难在后期的抛、抖阶段不出现焦煳味，可以适当改良。

三是注意燃料。在很多茶区，看到朋友们使用的燃料（木柴）常常是比较粗大的。粗大木柴一旦燃烧起来很难降温，这样会使杀青叶的杀青温度超过所需要的温度，既造成燃料浪费，也不可避免地会出现高温"炼钢"，出现焦末的现象。因此我建议把燃料改小，用细小的木柴。通俗地说，就是想要温度的时候能起温，不要温度的时候要能降下来，而不是一股脑的、一直都是高温。

四是雨水叶的加工。雨水叶的加工杀青难度比较大，建议大家一是延长鲜叶的保管时间，使鲜叶尽量多地丧失水分，可以鼓风；二是锅温适当地提高；三是多抖少闷，多抖动，尽量地使雨水叶的蒸汽散发出去，避免闷黄。

五要注意不同等级的鲜叶处理的方法不尽相同。就是要强调"嫩叶老杀、老叶嫩杀"的运用。所谓"老杀"，不是一味地追求高温，而是指后期抖散水汽的时间要适当地延长；老叶嫩杀的"嫩"，就是整个杀青过程中锅温偏低，抖的次数减少，因为老叶里面含水量少，如果你抖动过多，水蒸气消耗过大，就不利于水蒸气穿透各个杀青部位，所以适当地降低锅温，减少抖的次数，是老叶杀青的技巧。

总而言之，"制茶不用巧、全凭火功高"，杀青技术考的就是对锅温、火温、投叶量、杀青时间、杀青程度的综合的把握。它是一个相互关联的系统，表面看上去锅炒杀青都是一个动作，都是在那翻炒茶叶，但是由于温度不一样、投叶量不一样、手法不一样、时间不一样，导致了完全不同的制茶后果。因此衷心希望从事茶叶加工的朋友们，建立体系意识，将杀青涉及的方方面面的知识运用好、把握好，加工出更加优异的茶品。

思考题

1. 杀青类茶叶加工杀青的目的是什么？
2. 杀青的原则是什么？
3. 杀青过程分为哪三个阶段？各阶段的主要目的是什么？
4. 杀青锅温如何把握？
5. 叶温升到多少的时候多酚氧化酶的活性就能被钝化和破坏？
6. 如何掌握杀青程度？
7. 手工杀青时，应注意哪些问题？

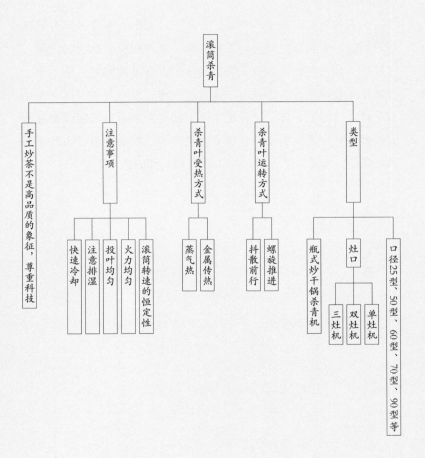

# 茶叶初制之滚筒杀青

我们接着聊茶叶加工技术。在了解了茶叶初制生产的锅炒杀青的有关知识以后，今天我们要分享的是另一种杀青技术，即滚筒杀青。

利用滚筒杀青机完成杀青，在我国茶区广泛存在，在云南茶区，许多普洱茶的晒青毛茶原料和绿茶都是使用滚筒杀青机加工出来的。我要强调的是，作为一种杀青手段，滚筒杀青和锅炒杀青，它们具有相同的加工目的和相同的杀青标准要求，也就是说它们杀青程度的要求是一致的。其中的相关知识可以相互借鉴，因此对于这两点我们不再赘述。

今天，让我们从五个方面来展开思索和讨论。

### 第一，我们看看滚筒杀青机的类型

在前面的栏目中，我们介绍了根据滚筒杀青机的口径大小不同，可以将它分为 25 型、50 型、60 型、70 型和 90 型等等型号的杀青机。

我们将口径低于 25 厘米的称为微型滚筒杀青机，它常常适用于名优绿茶的加工，机型比较细小，长度大约在 1.5 米，由于产量小，经常使用在名优绿茶加工中，在大生产上使用得比较少。

而口径在50号、60号、70号和90号的这些类型的滚筒杀青机，在大生产上使用比较广泛，它的机体长度基本上都在3米左右。

根据滚筒下方所设置的烧火的灶口的多少不一样，又可以将它们分为单灶机、双灶机和三灶机。也就是说，在滚筒下方设置一个燃烧灶口的称为单灶机；两个灶口的叫双灶机；三个燃烧孔的叫三灶机。

这几年以来，随着云南普洱茶的兴起，许多农村茶叶生产单位变小，出现了另外一种滚筒杀青机，就是瓶式炒干杀青机。它的口径在70号~90号，长度1~1.5米，运用得也比较广泛。

微型滚筒、瓶式炒干杀青机和传统的滚筒杀青机这三种类型，是我们在云南茶区常常见到的滚筒杀青机的类型。

### 第二，我们看看滚筒杀青机作业时杀青叶运动的方式

朋友们注意观察就会发现，无论哪一种滚筒杀青机，在筒的两端各设计着数量不等的螺旋导叶板。其中，两端导叶板的角度比较大，常常都在45°以上，起到推进杀青叶向前流动的作用；处在筒中段的导叶板角度比较小，起到缓慢推进的作用。

由于滚筒杀青机是做圆周运动的，在圆周运动的同时，这些导叶板推动着杀青叶做了圆周抖散运动。因此，处在滚筒杀青机里的杀青叶，它的运动方式概括起来就是两句话："一是螺旋推进，二是抖散前行。"其抖散前行的特点，与锅炒杀青完全不一样。

锅炒杀青是靠人工抛动，杀青中没有被抛动的这部分叶子是平卧在锅上面的，而处在滚筒杀青机里的杀青叶，几乎是无差别

的每一个叶片都会做圆周螺旋、向前推进的抖散着往前推动的运动，它的受热是均匀的。它一会儿受热、一会儿散热，贴近锅壁的时候，受到金属传热的影响而受热，离开锅壁在空中旋转掉落的时候在散热，同时受到其他蒸气热源的蒸杀，能起到均匀杀青的作用。锅炒杀青或者是蒸气杀青的自动链式输送杀青方式，它们的叶片是平卧的，都没有这种抖散前行的特点，这也是滚筒杀青机的优势所在。

从杀青叶投入滚筒内，到杀青从出叶口出来，完成杀青大约历时 3~6 分钟。为什么会有这种时间悬殊呢？

这个时间实际上就是杀青时间，它的时间长短受制于转速或投叶量多少的左右。转速越快，完成杀青的速度就越快；投叶量越多，受到的由后面向前面推挤的螺旋推进力就更大，杀青时间就会缩短。

总的来说，利用滚筒杀青加工云南普洱茶，杀青叶的杀青时间最好不能低于 3 分钟，如果低于 3 分钟，会出现杀青不透的现象；如果高于 6 分钟，就是投叶量过小，会把晒青毛茶加工成"绿茶"。

### 第三，我们看看滚筒杀青机杀青叶的受热方式

大家分析以后不难发现：在滚筒内的杀青叶，它的受热方式主要有两种形式：一种是金属传热（就是通过滚筒的筒壁受热传递上来的金属传热），二是杀青叶升温以后所散发出来的各种蒸气形成的蒸气热。这些蒸气热贯穿于整个滚筒内，常常在滚筒杀

青机的两端看见不断升腾的蒸气，这些蒸气对于杀青中的杀青叶来说，起到了湿热作用。

**第四，我们看看滚筒杀青机使用时的注意事项**

在使用滚筒杀青机进行杀青的时候，建议大家要注意五个方面：

一要注意滚筒转速的恒定性。大家知道，滚筒杀青机是用一个电机带动的，电机在转动的时候连接转动轮和滚筒的是皮带，皮带使用的时间长了以后，就会松，就会打滑……所以，滚筒杀青机安装以后，新机器和使用一段时间以后的机器的转速是不一样的。正常情况下，滚筒杀青机的转速应该是每分钟55~60转左右，如果出现转速过快，可能与皮带盘型号不对，皮带过紧或者是皮带过新有关；如果转速过慢，可能是电机的皮带盘过大或皮带过于松弛……这些都要特别特别地注意、要勤检查，使所使用的滚筒杀青机转速恒定。如果不注意这一点，就会出现前段时间做出来的茶和后段时间做出来的茶风格不一样，今年做出来的茶和去年做出来的茶品质大相径庭等情况。因转速不同带来的杀青效果差异，要特别注意。

二是火力要均匀。因为滚筒杀青机是匀速旋转的，所以保持火力的均匀就很关键。机械制茶和人工制茶的最大不同，就是机器无法根据火温来调整它的速度，必须创造一个火力均匀的条件，才能生产出品质均衡的产品。在烧火的时候，如果是三口灶的滚筒杀青机，第一口（即靠近投叶口的灶口）火力旺一点，第二口次之，靠近出叶口的第三个灶口火力可以小一点，加工晒青茶的时候第三个火眼可以不烧火。

三要做到投叶均匀。既然滚筒杀青机的转速是均匀的，火力是均匀的，那么投入的杀青叶就要均匀一致。在投叶的时候，不要将成团的叶块往里面扔（我见过很多朋友使用滚筒杀青机的时候，一把一把地抓着鲜叶就往里面扔，这是很不科学的）；因为结成团块的鲜叶在滚筒里面滚动、散开需要时间，它完成散开的时间很可能已经通过了几十厘米，影响到了杀青。因此一定要在投叶的时候均匀地、抖散地往里面投叶。

四要注意排湿。使用过滚筒杀青机的朋友都有一个经验，就是在滚筒的出叶口位置，杀青叶容易粘贴在锅壁上。这些叶片时间一长就出现闷黄、黄熟等现象，使带有水闷气味的叶子不断地掉落到正常的杀青叶中，影响茶叶的品质，形成水闷气，这是特别要注意的。因此，最好是在滚筒杀青机的出叶口端增加排湿装置（类似厨房使用的抽油烟机），迅速把大量的蒸气抽走，减少其在出叶口的黏连。有条件的，也可以在三锅杀青机的第三灶口下端烧火增加温度，使水分迅速地散发。

就排湿这一点，我还有一个经验，就是当你从滚筒两端看见雾气腾腾，看不清里面的叶片是怎么转动的，这种时候说明投叶量多了。应该保持滚筒里面看不见蒸气，滚筒两端虽然有蒸气冒出，但是滚筒里面看不见蒸气，这种时候的投叶量才是最佳的投叶量。

五要做到快速冷却。完成杀青以后的杀青叶，要快速地冷却；

这一点无论是锅炒杀青、滚筒杀青，还是蒸气杀青，都是要特别注意的。可以利用鼓风机在出叶口的位置进行快速地吹冷风冷却，也可以迅速地把它摊晾开来散热。我经常看到很多茶叶初制加工厂在出叶口的位置，用一个簸箕或一个竹筐在盛接杀青叶，冷却不及时，从而导致杀青叶闷黄，使得后期茶叶的品质充满了水闷气，这种现象非常普遍，提醒朋友们一定要注意快速冷却。只有这样，才能够保证杀青叶具有该有的香气，而不至于出现香气低平，甚至是水闷味。

**第五，我们来看看锅炒杀青和滚筒杀青孰优孰劣**

现在，在云南普洱茶加工中有这样一个说法，总是强调传统的手工炒茶，给人一种感觉，就是手工炒茶是优质品的代名词，机械制茶成了常规货的象征……这种认识和这种说法是值得商榷的。

客观地说，手工炒茶可以"看茶做茶"，确实可以获得比较好的品质。但是，手工炒茶的锅炒杀青究竟好不好，取决于炒茶工人师傅的水平和技术的熟练程度。如果这个师傅是一个大师，那肯定做出来的茶比滚筒杀青机或其他的机械制茶品质可能会更好；但如果这个炒茶的师傅是一个对茶叶加工不熟悉的、对工艺陌生的人，或者是压根不懂得制茶技术的人，在那胡乱地翻炒，肯定不能生产出好的产品来。所以，不要迷信这种说法，要把好茶交给师傅去做，交给真正懂得炒茶技术的人去做。如果没有这种保障，还不如把炒茶交给机械去完成。因为茶叶机械的产生，毕竟是历代茶人、多少茶叶工作者、多少机械工程师、多少年的研究以后形成的成果。对于不太会制茶的人来说，把杀青交给固定转速、均匀火温、均衡投叶，获得成功的可能性远比你在锅里漫无目的的盲目折腾要好得多。从这一点来说，我们还是要强调尊重科学、尊重科技。

传统的"传"，是要真的从师傅那学到手艺才叫传，而不是一个动作的演示和重复……

思考题
1. 滚筒杀青与锅炒杀青杀青叶运动方式有何不同？
2. 滚筒杀青与锅炒杀青杀青叶导热和受热方式有何不同？
3. 使用滚筒杀青机进行杀青时应把握哪些技术要领？
4. 如何正确看待手工杀青和机械杀青的优劣？

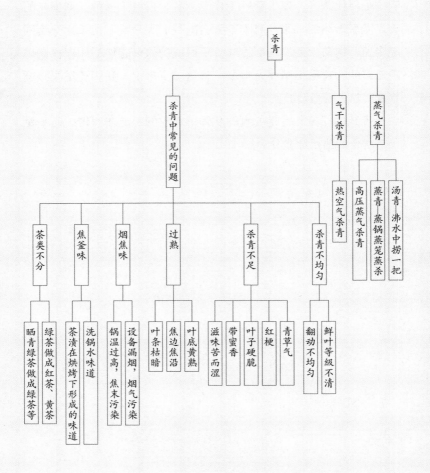

# 蒸气杀青和其他杀青方式

我们接着聊茶叶加工技术。

在上两期的栏目中，我与朋友们分享了茶叶初制加工中锅炒杀青、滚筒杀青的相关技术措施。今天，与朋友们接着聊茶叶初制生产的杀青技术的另外两种方式，即蒸气杀青、气干杀青。在此基础上，还想与朋友们分析、研讨杀青中常见的问题，深入剖析，提高我们的技术技能。

### 第一，蒸气杀青

朋友们知道，利用蒸气进行杀青是我国古老的茶叶加工技术，陆羽《茶经》所记录的整个唐朝的茶叶生产加工，就是一部蒸青绿茶生产的历史。

根据蒸气杀青的工具、方法不同，可以将蒸气杀青分为汤青、蒸青和高压蒸气杀青。

所谓"汤青"，就是用滚沸的开水进行"捞一把"的杀青方式。这种方式在我国目前茶叶生产当中已经不多见，科研部门在进行一些实验的时候，为了避免人为带来的杀青效果不同引起实验误差，使用滚沸的开水进行杀青还是比较常见的，因为滚沸的开水，它的杀青温度是一致的，所以在科研上用得比较多。目前很多茶友进到茶山，获得小数量的茶叶样品的时候，需要处理。又没地方杀青，这种时候也可以使用汤青的方法来进行处理。它的方式就是将水煮沸，在滚沸的开水当中投入杀青叶，捞一把，时间大约一分钟。根据投叶量和容器大小的不同，时间会有一些波动，总的来说，大约就一分钟，这是汤青。

所谓"蒸青"，就是用蒸笼对鲜叶像"蒸馒头"一样进行杀青处理。这种方式是蒸青绿茶加工中最常见的方式，从唐朝一直到近现代的恩施绿茶的生产、日本蒸青绿茶以及四川的竹叶青的生产等都使用这种方法，当蒸气大量产生的时候，将杀青叶投入专用的蒸锅、蒸笼进行的蒸杀。为了避免底部的杀青叶相互黏连，在蒸的过程当中会用筷子或其他容器进行适当地翻动的这样一种杀青方法，时间55~60秒。品种不同、嫩度不同，时间会有一些调整，但方法就是这个方法，这就是我们常说的蒸青。

随着工业化时代的到来，蒸气杀青的方法，现在更多地使用专用的锅炉进行加压，在高温高压下进行蒸气杀青。我们云南临沧地区研发的链条输送杀青机、振动式杀青机，就是利用锅炉供应蒸气形成高压的蒸气杀青方式，它的时间非常短，少则9秒，多则14~15秒。这种杀青方式在高压的穿透下及时、短速，能较好地保持鲜叶当中的许多的维生素和叶绿素，能取得良好的杀青效果。20世纪90年代风靡云南的蒸青绿茶、蒸酶茶，就是用这种方式杀青出来的。

第二，气干杀青

"气干杀青"就是利用热空气进行的杀青。这种方式在我国现在的茶叶生产当中使用的不多，但是它依然存在。1991年、1992年，我们带学生实习的时候，杀青机坏了，又没有其他的杀青条件，我们使用了百叶式烘干机或者是自动链式烘干机，进行类似烘干方法的杀青。气干杀青由于是空气传热，不如水蒸气、水的传热那么快。这种杀青常常叶尖焦枯、叶缘焦枯；因为茎梗的杀青程度仍然不够，经常出现杀青不均匀，效果并不是很理想，这也是它得不到广泛推广应用的原因。

随着现代机械工业的进步，也有使用流化床进行杀青的。所谓"流化床"，就是用一种振动传动的设备，将杀青叶以"振动推进"的方式，在一个气腔里完成杀青。这在绿碎茶的加工当中运用比较多，由于受到鲜叶结构、芽、叶、梗含水量的不同的限制，使用面还是比较小的。

我们提到这种方式，是要提醒从事茶叶加工的朋友，对杀青方式多一些了解，在迫不得已的情况下，可以采用一些补救的、相互借鉴的方法，来进行应急处理。就我国目前的条件来说，在先进设备出现之前，我们不太主张气干杀青，能用其他方法尽量用其他方法。

第三，杀青中常见的问题

通过介绍锅炒杀青、滚筒杀青、蒸气杀青和气干杀青，朋友们掌握了一些杀青方式，现在的远红外线杀青一类的杀青技术我们没有介绍，因为它使用得非常少。

在此基础上，我们来分析一下常见的杀青中存在的或出现的一些问题。这些问题概括起来有六个方面：

一是杀青不均匀。这一点好理解，不均匀，就是有的杀过了，有的杀不透，有的杀焦了，有些还生青。导致这个问题的原因很多，其中鲜叶等级不清是主要的原因；其次是翻动不均匀，这是杀青过程当中叶子抖散、翻动和受热不均匀导致的。只要大家增强了这种认识，杀青不匀的问题是比较好解决的，这只是一个认识和重视程度问题。

第二种常见的问题就是杀青偏轻或者叫作杀青不透、杀青过轻。喜爱茶叶的朋友们，如果你接触到的茶叶出现青草气、红梗、叶子硬脆、带蜜香、滋味苦而涩的，一般来说都是杀青不透、杀青不够导致的。我们前面提到过青草气味重的茶，就意味着它低沸点的青草气味物质没有完全消除，这就是杀青时间不够或者是杀青温度过低导致的；看见红梗、红叶，除鲜叶受沤、劣变外，都是杀青时候温度偏低导致的。虽然激活了酶的活性，但是又没有在后期阻止住酶的活性产生的后果。在这种温度情况下，由于热量不足，对纤维素的破坏、损伤不足，导致了叶底的硬脆，使得成品茶出现了发酵类茶叶的气味。我们说的"蜜香"未必是绿茶所要求的，你个人喜欢是你个人的爱好，也无可厚非，但作为标准绿茶来说，蜜香不是标准绿茶所追求的方向。

这一点，普洱茶是一个例外。因为普洱茶是一个既杀青、破坏酶的活性又保蓄酶活性的一种茶类，出现轻微的蜜香是允许的，但它绝不允许出现"红茶香"，因为出现红茶香，就做成了发酵类的茶了，这是一个底线，一个边际意识。

由于叶子硬脆不同，这一类的茶在外形上常不完整；叶子比较硬脆，在揉的时候，叶细胞容易脱落，叶底比较硬俏，滋味上有青涩，有苦味，这是杀青不足的表现。

杀青中常见的第三种问题表现是过熟。所谓"过熟"，就是叶底的颜色黄熟，出现了"水闷气"。一部分叶边出现了焦边焦沿，就是叶边和叶沿是焦枯的，冲泡以后的茶条散开以后，能够看到叶边沿和叶尖要么是断尖，要么是叶缘有缺口，可能就是过熟导致的。

过熟还会导致叶条（即干茶的外形条索）枯暗，其原因是鲜叶的水分蒸发过多，而致使揉捻叶在揉捻的时候，茶汁溢出得比较少、胶质少，无法形成光润的感觉，产生了外形条索的枯暗。

四是烟焦味。"烟焦味"在绿茶当中比较常见。我参加工作的时候，老一辈的茶人经常会用到一个词，说云南绿茶有"云南味"，老同志所说的"云南味"，其实指的就是烟焦味。那个时候我们云南的茶叶初制条件不如现在这么好，许多绿茶在生产加工的时候出现了灶壁漏烟、杀青锅或杀青机有裂纹，燃烧的木材所产生的烟往杀青叶里面灌注形成的污染，或者是在烘干的时候，烘干设备漏烟导致的烟味。现在茶叶生产当中烟焦味产生的主要原因是高温；是杀青锅温过高，投入鲜叶以后出现了焦边焦叶，产生了大量的焦末，这些焦边焦叶和焦末污染了杀青叶，在揉捻的时候，这些焦边焦末会裹存到叶条当中，在冲泡的时候久久不能散去。这一点在现在普洱茶热起来以后，有许多朋友追逐传统手工杀青，常常把握不好。在两三年前，这种情况是很普遍的，不能不说是一种遗憾。希望朋友们善加改良，因为烟焦毕竟不是茶的本香。

杀青中还常常见到的第五种情况就是"焦釜味"，焦釜味的"釜"是灶釜的釜，它指的是茶品出现熟闷味，最通俗的说法就是"洗锅水"的味道。它是由于杀青设备上张结着很多茶汁，这些茶汁在慢慢地、不断地烘烤下形成的一种气味，我们叫"釜味"，它不是烟味也不是焦味，就是一种熟闷气，使茶叶失去鲜灵感，用现在大家习惯的审评术语说就是"水气重"。

杀青中常见的第六种弊病就是茶类不分、混杂一体。这有三个典型例子，比如说绿茶当中，如果出现了红茶气味，这肯定是鲜叶重萎凋，或者是太轻程度的杀青导致的；第二种情况是杀青过重或杀青叶没有及时的摊凉，形成了堆渥，把绿茶做成了黄茶。黄茶的标准是"黄汤黄叶"，加工绿茶（不管是烘青、炒青还是晒青），如果失去了应有的绿色，出现了黄汤黄叶，那实际上你已经将茶叶做成了黄茶。为了避免将绿茶做成黄茶，我们反复强调杀青结束以后要快冷快摊。不容回避的是，云南普洱茶加工当中很多茶叶，特别是雨季的晒青毛茶，已经做成了黄茶，失去了晒青毛茶的鲜灵感。虽然有甜度，但是没有灵性；喝起来入口甜醇，很平直，没有起伏，没有活力。

再一种情况，就是把晒青茶做成了绿茶。晒青茶虽然是一种绿茶，但它又不追求绿茶的"三绿"，不需要绿茶那么高的花香、清香或者是板栗香，它最正的香气应该是日晒味，就是荷花香型。在"主导香型"的引导下，如果出现微微的清香，那是再好不过的了，但又不能让它跑到绿茶里面去。如果跑过去，它就不是晒青绿茶了，这对普洱茶的后期储存也是一个大忌讳。

凡此种种，杀青中把握不好茶类底线限制的情况比较常见，这也是需要避免的。

总而言之，杀青是绿茶、黄茶、黑茶、青茶等茶类都在使用的技术。每一种茶类怎么进行杀青，要以茶类的品质要求去做，检验杀青技术、检验杀青程度的唯一标准，就是不做坏茶类，不要串混。只要满足了各个茶类的品质要求，满足了这些特征特点，我们说这样的杀青就是过硬的。

还是那句话，"法无定式，依规而行"。从陆羽的《茶经》，到黄儒的《品茶要录》，再到赵汝砺的《北苑别录》，我们可以从中国历史上先人的各种经验和典籍中寻到经验、寻到方法。现在流行古法制作、传统加工，如果我们不能从古人的身上去学到这些最真的东西，打着"古法"名誉胡乱做茶，这个"古法"我不知道从何而来，这种"传承"也不知道要去"传"什么，"承"什么。

只有老老实实地学习继承，古为今用，在这种基础上进行创新，才是正道。这对于从事茶叶加工的朋友责无旁贷。对于爱茶的朋友，真心祝愿大家通过了解我们介绍、分享的各种杀青方式和杀青技术，以及它们所带来的不同的制茶后果，去选择和享受你所喜爱的茶叶，唯有这样，我们的茶生活才是美好的、正确的。

---

思考题

1. "蒸气杀青"始于何时？
2. 根据蒸青的工具方法不同，可以将蒸气杀青分为哪些类型？
3. 传统工艺如何进行"汤青"杀青？如何进行"蒸气杀青"？
4. 杀青类茶叶加工中常见的六种弊病是什么？
5. 杀青偏轻或杀青不足，茶叶品质上会有怎样的表现？
6. 杀青类茶叶的"烟焦味"在杀青时是如何产生的？
7. 什么是"焦釜味"？晒青茶的"焦釜味"是怎样形成的？

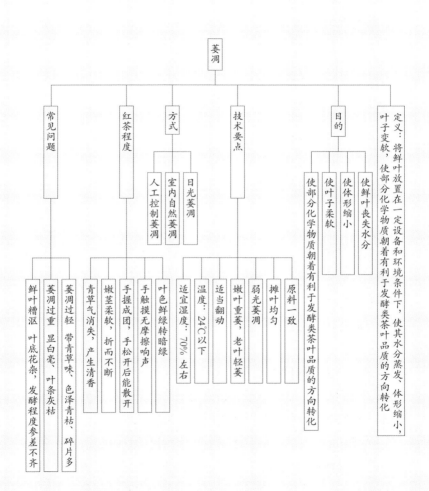

萎凋

定义：将鲜叶放置在一定设备和环境条件下，使其水分蒸发、体形缩小，叶子变软，使部分化学物质朝着有利于发酵类茶叶品质的方向转化

目的
- 使鲜叶丧失水分
- 使体形缩小
- 使叶子柔软
- 使部分化学物质朝着有利于发酵类茶叶品质的方向转化

技术要点
- 原料一致
- 摊叶均匀
- 适当翻动
- 温度：24℃以下
- 适宜湿度：70%左右
- 嫩叶重萎，老叶轻萎
- 弱光萎凋

方式
- 日光萎凋
- 室内自然萎凋
- 人工控制萎凋

红茶程度
- 叶色鲜绿转暗绿
- 手触摸无摩擦响声
- 手握成团，手松开后能散开
- 嫩茎柔软，折而不断
- 青草气消失，产生清香

常见问题
- 萎凋过轻 带青草味、色泽青枯、碎片多
- 萎凋过重 显白毫、叶条灰枯
- 鲜叶糟沤 叶底花杂，发酵程度参差不齐

# 发酵类茶叶加工的萎凋技术

我们接着聊茶叶加工技术。在与朋友们分享了不发酵类茶叶初制加工的杀青技术以后，我们来看看发酵类茶叶初制加工中的萎凋技术。让我们从六个方面作分享。

**第一，萎凋的定义**

所谓"萎凋"，就是将采摘下来的茶树鲜叶，放置在一定的设备和环境条件下，使其蒸发水分、体形缩小、叶子变软，并引发部分酶促氧化，使它的部分化学物质朝着有利于发酵类茶叶的品质方向转化的工艺。

**第二，萎凋的目的**

朋友们知道，表面上看萎凋就是将采摘下来的茶树鲜叶摊晾起来，它似乎是一种鲜叶保管的措施，实则不然。

从萎凋的定义上，我们不难发现它的目的有四个。

一是使鲜叶丧失水分。这一点在白茶的加工中尤为明显，因为白茶是一个全萎凋的茶，它通过萎凋的方式来达到足干，使鲜叶彻底地丧失水分而成为白茶。

二是通过萎凋使鲜叶体积缩小。采摘下树的鲜叶含水量通常在 75%~78%，通过萎凋使水分散失以后，叶细胞的细胞液浓度增加，细胞膜就呈现出松弛皱缩的状态，使得体形缩小。白茶加工的体型的形成，就是在这个过程当中实现的。

三是通过萎凋使叶子变得柔软。红茶是一种萎凋以后直接进行揉捻的茶类，只有通过萎凋，使叶子柔软。叶片的韧性增强，叶的耐揉性也增强，才能获得良好的条茶的形状。如果不经过萎凋，鲜叶的细胞呈紧张状态，细胞液是饱和的；如果直接揉捻，势必会导致叶片的脆断，大量的汁液流失而影响到茶叶的品质。萎凋的第三个目的就是使叶子柔软，便于后期的做型加工。这一点，在青茶类初制加工上也是如此，只是青茶丧失水分的程度没有红茶和白茶那么多。

四是通过萎凋，诱发多酚氧化酶使其发生酶促作用，使鲜叶的部分化学物质朝着有利于发酵类茶叶品质的方向转化，从而出现特有的红茶香、青茶的岩韵以及白茶的蜜香等。这些，都是诱发了多酚氧化酶的酶促氧化以后所得到的结果。萎凋不是鲜叶保管的措施，它是一种工艺手段。

说到这儿，要特别提醒朋友们，萎凋这种工艺措施和工艺方法，它特指发酵类茶叶，而不发酵的茶叶的鲜叶保管叫"储青"。储青的目的是保存鲜叶的鲜活度，虽然也能够缓慢地散失水分，叶子也会变得柔软，但它的目的不是要让它变性。也就是说，绿茶加工的鲜叶管理是只让它产生部分物理变化，而不需要它的化学变化；发酵类的茶的萎凋是需要化学变化的。

现在在云南普洱茶加工中，有的朋友们把鲜叶保管称为"萎凋"，这种描述是不准确的，晒青茶不是发酵类的茶，建议朋友们还是将普洱茶生产的鲜叶保管称为"储青"。

**第三，萎凋的技术要点**

白茶、红茶、青茶无论哪一类茶，在萎凋的时候首先要掌握的技术要领，就是"萎凋的原料要一致，摊叶要均匀，弱光萎凋，嫩叶重萎，老叶轻萎，适当翻动"的技术要领。在此基础上，重点是要注意温度、湿度、通风量和时间，把握好程度。

通常情况下，萎凋的温度一般控制在24℃以下。由于茶区辽阔，红茶又是我国的主要茶类，不同茶区萎凋的温度调节是不尽相同的，有的高、有的低。比如在江南、华南和西南茶区的盛夏季节，空气温度本来就比较高，空气温度常常超过24℃。过高温度会加速水分的蒸发，而不利于茶叶品质的转化。

在云南滇红茶区，就是凤庆一带，其萎凋的温度通常只有18~20℃，早春的时候还会更低，在加工红茶时候需要加温萎凋。

另外，是要注意湿度，凤庆一带的空气湿度多在70%左右。朋友们都有这种经验：雨天、雾天很难完成萎凋，这主要是因为空气湿度过大。在不同的茶叶加工季节，尤其是干、湿季分明的云南，要注意对萎凋时的空气湿度进行改良。

由于温度和湿度的不同，萎凋的时间也就不同，通常波动在8~24小时。有的地区、有的季节8小时就能完成萎凋，有的地区、有的季节需要20~24小时的萎凋时间，这在高寒山区尤为明显，我们只能给出一些参数，供朋友们参考。

**第四，萎凋的方式、方法**

发酵类茶叶的萎凋通常有三种方式：日光萎凋、室内自然萎凋和人工控制萎凋。

日光萎凋也叫阳光萎凋，这在青茶类的茶叶加工当中运用得比较广泛，白茶当中也有运用，红茶有运用但不及青茶那么普遍。将鲜叶在弱光下轻晒一段时间，比如几分钟，然后把萎凋叶放回到室内进行室内摊晾萎凋，如此"日光晒→室内萎"交叉进行的萎凋方式我们称为日光萎凋。过去的白茶加工常在日光下进行萎凋3~4小时，我们不太主张这种方法。因为这种方法使萎凋叶失水过快，而叶子柔软度跟不上，影响外形的造型，我们主张还是交替进行为好。

弱光萎凋以后放回到室内摊晾的过程叫"走水还阳"，就是使茎梗内的汁液向叶尖、叶缘过渡、输送，这种现象叫走水还阳。

室内自然萎凋，是将鲜叶放置在室内的竹帘上或者是萎凋床上进行的自然而然的萎凋。由于没有加温，也没有降温，只是中间翻动一两次，我们把这种萎凋称为"自然萎凋"。

第三种萎凋方式是人工控制萎凋，它有多种方法——

如帘式萎凋，在室内点火盆或者使用加热器、取暖器一类的加温方式，这在帘式萎凋当中运用得比较多，这种方式就是人为控制的。

再如萎凋槽萎凋时，在进风口鼓热风，也属于加温萎凋。在江南茶区、华南茶区盛夏季节，因为室内温度过高，甚至是鼓冷风，都属于控制萎凋。

再如隧道式萎凋，就是构置一个类似于隧道的萎凋房，将鲜叶放置在可移动的萎凋架上，推入萎凋房完成萎凋后再移出来的这种隧道式萎凋，它属于控制萎凋的一种。

还有连续萎凋，比如在雨天利用类似于烘干机这样的设备，将鲜叶一层一层地往下跌落，一边鼓入热风或冷风，一边一层一层往下跌落，这种方式就是连续萎凋。

还有将萎凋叶放在"萎凋棚架"上，一层一层向上提升，在这个过程当中加温或鼓冷风，这些方法都属于控制萎凋。

现在CTC红茶的加工中，有专门的一种工艺，就是使鲜叶通过一个萎凋隧道，用流化床的方式或输送带振动输送的方式完成萎凋，这种方法依然属于控制萎凋的一种。

因此，朋友们不难发现，控制萎凋的方式方法和手段是很多的。我们云南茶区，尤其是凤庆茶区，由于高海拔、多云雾，建议朋友们在从事红茶生产的时候，要善于利用和学习这些控制萎凋方式。比如在雨天，没有萎凋槽、没有控制的专用设备的初制所，可以采用点火盆、设置取暖器或鼓热风的装置形成专用的萎凋房。也可以用烘干机鼓热风进行萎凋，以解燃眉之需。只是在鼓入热风的时候请朋友们记住，热风的温度尽量不要超过45℃，最好控制在24~35℃，这样就可以缓解雨天、雾天对萎凋不利的干扰。

如果是单芽红茶、金丝红茶这一类嫩度很高的萎凋叶，鼓入的热风温度更要偏低，最好在20~24℃，使之缓慢萎凋，以免出现芽尖焦枯，影响外形的秀丽。

**第五，萎凋的程度**

由于茶类不同，萎凋的程度掌握也不尽相同，白茶和青茶的萎凋，我们在以后的栏目中会专门地介绍。今天我们重点要说的是红茶萎凋程度的掌握。

当萎凋叶出现叶色从鲜绿转为暗绿色，手触摸它没有摩擦的响声，叶子柔软手握成团，手松开以后能够散开，嫩茎变得柔软、折而不断，青草气已经消失，产生了浓郁清新的清香，这种情况下萎凋即为适度，就达到了萎凋的标准，可以转入下一道工序了。这个时候萎凋叶的减重率大约是 20% 左右，从鲜叶的 75%~78%，下降到 58%~62%，嫩叶下降到 58%~60%，老叶下降到 60%~62%，这是萎凋的程度。

**第六，萎凋中常见的问题和需要注意的事项**

萎凋过程中常见的问题说到底就是三种情况：一是萎凋过轻；二是萎凋过重；三是捂到鲜叶了，使鲜叶糟泗。

请从事红茶加工的朋友和喜爱红茶的朋友留意，凡出现红茶香气带青草味、色泽青枯、碎片多、碎茶比例大的，都是萎凋偏轻的茶。在 20 世纪 70 年代末、80 年代初的时候，曾经推广过新工艺红茶，就是用轻萎凋的方式加工的红茶。由于萎凋程度轻，细胞比较饱和，叶子柔软度不够，这种茶在揉捻的时候常常会出现叶肉脱落，它的碎片特别多，汁液流失，容易导致成品颜色的发枯、发暗。

凡属萎凋过重的，由于鲜叶失水太多，揉捻的时候茶汁溢出少，势必就会出现我们说到过的"功夫红茶显白毫"。因此只要看到红茶显白毫、叶条灰枯的，肯定是萎凋过重的。

但凡叶底花杂、发酵程度参差不齐，肯定是萎凋过程中鲜叶受沤了，这是技术不良的表现。

总而言之，萎凋是发酵类茶叶的一项重要技术措施，它直接影响到成品茶的色、香、味、形。在精细化农业高度发展的今天，在产能过剩竞争激烈的今天，朋友们一定要高度重视萎凋技术的运用，根据不同的茶类品质要求或各自独创的品质设计，利用好萎凋对香气、对滋味的改良作用，生产出更好的红茶、青茶、白茶茶品。

思考题
1. 什么是"萎凋"？萎凋与储青的区别是什么？
2. 试述发酵类茶叶初制加工"萎凋工艺"的四大目的。
3. 简述萎凋工艺的技术要领。
4. 发酵类茶叶的萎凋工艺有哪几种方式？
5. 什么是"日光萎凋"？什么是"走水还阳"？
6. 凤庆等高海拔多云雾茶区，雨季加工红茶时，可以采用哪些人工控制萎凋方式提高效率？如何进行？
7. 红茶萎凋程度如何掌握？
8. 萎凋工艺需要注意的事项有哪些？

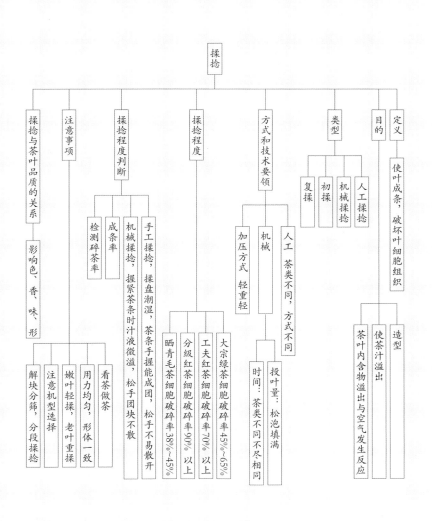

揉捻

定义：使叶成条，破坏叶细胞组织
- 造型
- 使茶汁溢出
- 茶叶内含物溢出与空气发生反应

目的

类型
- 人工揉捻
- 机械揉捻
- 初揉
- 复揉

方式和技术要领
- 人工 茶类不同，方式不同
- 机械
  - 投叶量：松泡填满
  - 时间：茶类不同不尽相同
- 加压方式 轻重轻

揉捻程度
- 大宗绿茶细胞破碎率45%~65%
- 工夫红茶细胞破碎率70%以上
- 分级红茶细胞破碎率90%以上
- 晒青毛茶细胞破碎率38%~45%

揉捻程度判断
- 手工揉捻，揉盘潮湿，茶条手握能成团，松手团块不散
- 机械揉捻，握紧茶条时汁液微溢，松手不易散开
- 成条率
- 检测碎茶率

注意事项
- 看茶做茶
- 用力均匀，形体一致
- 嫩叶轻揉，老叶重揉
- 注意机型选择
- 解块分筛，分段揉捻

揉捻与茶叶品质的关系
- 影响色、香、味、形

# 茶叶初制的揉捻技术

我们接着聊茶叶加工技术。今天分享的重点是茶叶初制加工中的揉捻技术，我们从七个方面来分享。

### 第一，我们看看揉捻的定义

所谓揉捻，就是在人力或机械力的作用下，使叶子卷紧成条并破坏叶细胞组织的作业方式；它是各类茶叶成形加工的重要工序，在六大茶类中都有广泛的运用。

### 第二，我们看看揉捻的目的

不论哪种茶叶，其揉捻主要目的有三个：

一是使杀青叶或萎凋叶体形缩小，完成茶叶的造型。

二是破坏部分叶肉细胞，使茶汁溢出，附于芽叶的表面，便于冲泡以后营养物质溶解在茶汤当中，从而满足人类对茶的营养成分的汲取。

三是使叶片的内含物溢出，与空气中的氧发生化学反应。这一点在红茶加工中尤为明显，因为红茶是一种全发酵的茶，它需要汁液溢出以后与氧气在多酚氧化酶的作用下发生氧化，形成红茶特有的品质。所以红茶加工当中有一个口诀："揉捻足，百病除。""揉捻足"是充分彻底的意思，它使汁液溢出以后，内含物质与空气中的氧反应，能够将很多红茶常见毛病去除、遮盖，形成比较好的品质风格。

### 第三，我们看看揉捻的类型

根据揉捻力量来源方式的不同，可以将揉捻分为人工揉捻和机械揉捻两类。其中人工揉捻主要适用于名优绿茶或部分数量比较少的特种茶类的加工；机械揉捻通常使用在大生产当中，在大宗的红绿茶、黄茶、黑茶、青茶的生产加工中都普遍地使用机械揉捻，这是一种分类方式。

还有一种分类方式，就是根据揉捻的先后顺序，又可以将它分为初揉和复揉。其中，初揉是茶叶整形的第一道工序，它是将萎凋叶、杀青叶初步整理成形的一种工艺的统称；复揉就是对初揉成形不好、条索依然比较松泡的茶进行再次揉捻的工作。有的根据茶类的要求，还会进行第二次复揉和第三次复揉。比如蒸青绿茶加工当中的精揉，珠茶加工中的团揉（也就是"做对锅"）等，属于复揉的一种，只是它的次数更多。

### 第四，我们看看揉捻的方式方法和技术要领

不同的揉捻方式肯定就有不同的技术要领和方法上的要求。我们从两个方面来看：

一是人工揉捻。人工揉捻就是通过人为的揉、捻、搓、压、拖、扣、卷等手法施加压力，完成茶叶的外形塑造。由于茶类不同，

施压的方式、用力的方式会有不同，比如龙井茶的生产，它就使用了拖、拓、荡、抹、吐、扣、抛、甩等手法；碧螺春的生产主要施加了"卷揉"的方法，在卷揉的同时进行搓团；而针形茶的生产，主要的方式和方法是以搓条为主的，它要求力量要向单一方向运动，不要出现往复交叉；大宗红绿茶的生产，常常通过揉和捻这样两个主要动作来形成茶条。

茶类不同，方式就不一样，这一点我们在具体介绍到各种名优绿茶加工的时候还会与朋友们分享。今天我们要看的第二种揉捻方式是机械揉捻。

机械揉捻的技术要领，主要是要协调好投叶量、时间和加压方式三个方面。

就投叶量而言，朋友们只要掌握住揉捻机的类型，根据不同的揉捻机确定不同的投叶量。现在揉捻机的类型通常有25型、50型、70型和90型几种。我的经验是将揉胚松泡地、自然地盛满揉筒就可以，无论哪类茶类都是如此。

就揉捻时间来说，因为不同的茶对条形的松紧要求不同，所以时间不尽相同。通常，茶叶加工都有初揉和复揉两个阶段，绿茶的初揉时间是35~40分钟，复揉的时间是30~40分钟；红茶的初揉时间是45~55分钟，复揉是40~50分钟，红茶的总的揉捻时间要比绿茶多得多；晒青毛茶的揉捻如果是机揉的话，时间是8~15分钟；青茶的揉捻使用的是包揉的方式，它的总的时间需要1.5~2小时；珠茶的揉捻造型使用的是团揉，俗称"做对锅"，需要的时间是2~3小时。所以，不同的茶类的揉捻时间是不尽相同的，这些参数仅供朋友们参考。

在长时间的揉捻过程中，要注意加压的方式，总的原则就是"轻→重→轻"。所谓"轻"，就是揉捻开始的时候不要急于加压，不要急于用力，让它随着机器的自然运动、自然旋转初步成条；在初步成条以后，逐渐地将揉筒盖往下摇落，使桶盖接触到揉捻叶，桶盖只要接触到揉捻叶，实际上就是加压，因为它使揉捻叶翻动的空间变小了。桶盖接触的紧密，就是我们说的"重压"；大家理解重压，不要把它理解为揉筒盖紧紧压住揉捻叶，只需要触碰到揉捻叶走就行。当茶条揉紧成形以后，就要将揉筒盖往回回松，使揉捻叶有充足的翻动空间，这个过程就是我们说的后一个"轻"。所以，揉捻当中要注意"轻→重→轻"的加压方式，只要协调好投叶量、时间和加压方式，一定能够就获得好的揉捻叶条。

**第五，我们看看揉捻程度的掌握**

评价茶叶的揉捻程度，主要是从三个方面来考量：

一是叶细胞的破碎率，也叫组织破损率。它是指茶叶经过揉捻以后，叶片组织受到破损的面积占全叶面积的百分比，它表达的是揉捻叶受损伤的程度。细胞破碎率越高，汁液溢出越多，滋味就会越浓；细胞破碎率越低，汁液溢出越少，滋味就会越清淡。不同茶类对细胞破碎率的要求是不一样的。通常情况下，大宗绿茶对细胞破碎率的要求是45%~65%，工夫红茶对细胞破碎率的要求是70%以上；分级红茶（即CTC红茶）要求细胞破碎率要达到 90% 以上；碎茶只有达到这样的破碎率，它才能够在冲泡时瞬间将里面的营养物质溶解在茶汤当中，从而获得快节奏的冲泡，满足快节奏的生活。

云南普洱茶晒青毛茶的加工生产，要求的细胞破碎率是38%~45%，不同茶类对细胞破碎率是有不同要求的。

有条件的企业可以做一些实验，可以用 10% 的重铬酸钾溶液浸泡 20~30 个揉捻叶条，浸泡 5 分钟左右，然后用清水进行冲洗，冲洗完了以后，将揉捻叶摊开，上面用网格去观察变红的总格数，从而计算出它占叶面积总量的比例，这个比例就是我们说的细胞破碎率。

如果没有条件的企业或者是在人工揉捻的时候，可以用一些经验来进行判断。手工揉捻的时候，揉盘要保持潮湿、揉捻的茶条手握能够成团，松手的时候不易散开，揉捻的程度即为合适。机械揉捻的时候，握紧茶条时，有汁液微微地溢出，松手团块不散，就是机械揉捻的合适程度，这些是经验判断。

判定揉捻程度的第二个指标是成条率。大家知道，茶叶揉捻的目的是让它有一定的形状，这个形状就是我们常说的"成条率"，它是指揉捻叶成条的数量占投入揉捻的总叶量的百分比。对大宗的条茶类而言，要求的成条率是 85% 以上，也就是说朴片、黄片等成不了茶条的比例必须低于 15%；对低档茶类而言，成条率一定要保持在 65% 左右。越是高档茶，要求的成条率越高。

再者，要检测碎茶率。所谓"碎茶率"，就是在揉捻的时候被揉碎、杀青的时候被炒碎，或者是干燥的时候被碰碎的碎茶占总茶量的比例；毫无疑问，这个比例我们是不需要它高的，碎茶当然是越少越好。通常情况下，我们要求大宗红绿茶的碎茶比例要低于5%，最好控制在3%~5%。如果碎茶的比例过大，肯定意味着粗放生产或过重的揉捻。

**第六，我们看看揉捻中的注意事项**

无论哪一种茶叶的加工生产，揉捻时都需要注意以下五个方面：

一是看茶做茶，做对茶类。我们说不同的茶类对外形有不同的要求。既然揉捻是一个造型工艺，这种造型就要符合茶类的要求。比如龙井茶是扁形茶，它就只能扁而不能圆，也不能弯；工夫红茶要求70%以上的细胞破碎率，就绝对不能去做松条；云南晒青毛茶、普洱茶要求水浸出物要达到35%以上，就不能将茶条做成松条或泡条，松条或泡条的细胞破碎率不够，滋味势必淡薄，将一个很有力道的普洱茶做成了平淡无味的茶。我个人反对松条、泡条的茶，我们要做对茶类，要根据茶类的要求来做茶。

二是要做到用力均匀、形体一致。这一点不难理解，朋友们都有卷纸筒的经验，要卷好一个纸筒，肯定是在纸筒初步成形以后均匀地用力搓揉，使纸筒慢慢地收紧。如果在这个过程中突然用力，这个纸筒势必被压扁，从而出现"扁条"。同理，好的揉捻，一定要注意用力均匀，而且要做到形体一致，要圆都圆，圆形茶不能有直条，扁形茶不能有圆条，要弯都弯，要卷都卷，尽可能做到形体一致。

三是要注意嫩叶轻揉，老叶重揉。大家知道，嫩叶含芽量高、果胶多，揉捻的时候力量要轻、时间要短，要确保外形的锋苗完整秀丽；而老叶由于纤维多、果胶少，不容易成条，老叶揉捻总的时间会长一些，而且老叶尽可能地做到趁热揉捻（即"嫩叶冷揉、老叶热揉"）。

四是要注意机型的选择。朋友们注意观察就不难发现，不同的揉捻机机型的棱毂的高低、坡度的倾斜是不一样的。棱毂越高、坡度越陡、机械在旋转的时候阻力就越大，它撕破挤碎揉捻叶的力量就更强。所以，对要求叶细胞破碎率比较大的红茶类的揉捻，可以使用棱毂比较高、坡度比较陡的揉捻机；而加工绿茶和高档名优茶的时候，由于破碎率要求低，要尽可能去选择棱毂比较低、坡度倾斜度比较小的这种揉捻机机型，才能确保揉捻叶在揉捻的时候不被挤揉得太碎、太破，以保证茶条外形的完整、美观。

这一点，也是凤庆加工晒青毛茶常常加工不出好条形的晒青毛茶的原因。因为凤庆茶区使用的大量的 60 型揉捻机，大多都是属于生产红茶的机械，它的棱毂高、坡度陡，所以揉捻叶在揉捻的时候损伤比较大，撕碎了很多茶条，揉出来的茶条短而紧。因此，在凤庆加工晒青茶，要注意对机型的改良和选择。

五是要注意解块分筛、分段揉捻。很多茶叶在揉捻以后都会结起团块（俗称"冷饭团"），对这些起团的团块要进行及时地解块，解散这些卷紧成团块的茶条。无论是人工揉捻还是机械揉捻，对于一些成条性较差的茶，要注意分段揉捻的使用，建议将它分为两次甚至三次揉捻。

**第七，我们看看揉捻与茶叶品质的关系**

通过以上介绍不难发现，揉捻直接影响着茶叶的色香味形。汁液溢出来的多少，直接影响茶条的乌润程度；汁液溢出的多少，也影响着内含物质氧化的程度，从而影响香气的高低、滋味的浓淡。

揉捻的方式和用力的方向不同，会形成不同的外形形体。在这里，尤其想提醒喜爱普洱茶的朋友们注意，你在评价普洱茶的时候，尤其在评价滋味的浓淡的时候，一定要将滋味的浓淡与揉捻的细胞破碎率、成条率等指标联系在一起，进行综合地判断和思考。

很多时候我们喝到的同一个地区同一户农家加工生产的晒青毛茶滋味截然不同，其中有一个重要的原因，就是揉捻的程度不同。即使同一个人在固定的时间内，他揉捻茶叶的次数，揉捻叶旋转裹卷的次数以及他所施加的力量是不一样的，必然会出现不同的风格和味道。

这种差异性，无论在云南的哪一个茶区都是存在的，班章、冰岛、昔归、易武都会存在。我们不能简单地记住一个味道，去衡量所有的茶叶生产加工。常常听到朋友们为此争执，我觉得问题就在于没有形成揉捻的细胞破碎率的概念。我要建议朋友们，形成体系的认识茶叶的意识。感兴趣的朋友，可以在网上搜索我曾经写过的一篇文章，就是《揉捻与茶叶滋味》，但愿能够更多地帮助到你，去更加完整地、科学地认识揉捻与茶叶品质的关系。

---

思考题

1. 揉捻的定义是什么？
2. 揉捻的三大目的是什么？
3. 根据揉捻先后顺序，可以将它分为哪几种类型？
4. 机械揉捻的技术要领，关键要协调好哪些方面？
5. 揉捻加压的原则有哪些？
6. 如何掌握揉捻的程度和标准？
7. 什么是揉捻叶的"细胞破损率"？如何测定？
8. 大宗茶类的成条率必须达到怎样的水平？
9. 什么是"碎茶率"？大宗红绿茶的碎茶比例必须控制在多少？
10. 无论何种茶类初制，揉捻时都应注意哪些事项？
11. 揉捻叶"细胞破损率"主要影响茶叶品质的哪些方面？

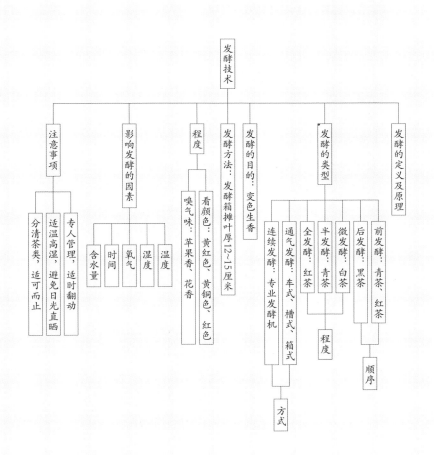

发酵技术

- 注意事项
  - 分清茶类，适可而止
  - 适温高湿，避免日光直晒
  - 专人管理，适时翻动
- 影响发酵的因素
  - 含水量
  - 时间
  - 氧气
  - 湿度
  - 温度
- 程度
  - 嗅气味：苹果香、花香
  - 看颜色：黄红色、黄铜色、红色
- 发酵方法：发酵箱摊叶厚12~15厘米
- 发酵的目的：变色生香
- 发酵的类型
  - 连续发酵：专业发酵机 —— 方式
  - 通气发酵：车式、槽式、箱式 —— 方式
  - 全发酵：红茶 —— 程度
  - 半发酵：青茶
  - 微发酵：白茶
  - 后发酵：黑茶
  - 前发酵：青茶、红茶 —— 顺序
- 发酵的定义及原理

# 茶叶初制的发酵技术

我们接着聊茶叶加工技术。今天我想与朋友们分享的重点是茶叶初制加工中的发酵技术。

发酵是红茶、青茶、白茶和黑茶加工的主要工序，是红茶加工的关键技术。长期以来，人们一直认为红茶的发酵与黑茶的微生物的发酵有类似性。直到 20 世纪 50 年代，有科学家发现，原来红茶是叶片里的儿茶素为主体的多酚类化合物，在一种多酚类物质专属酶的作用下，也就是我们常说的多酚氧化酶和过氧化物酶的催化作用下形成的有色物质，这些有色物质主要是茶红素、茶黄素和茶褐素，它是一个氧化过程，是在多酚酶的作用下的氧化过程。与黑茶的发酵完全不同；因为黑茶的发酵是在微生物作用下完成的。于是之后的茶叶类的教科书，都在红茶类的"发酵"二字上打了引号，以区别于黑茶的发酵。

关于黑茶的发酵，在以后的栏目中再做分享。今天介绍的重点是红茶的发酵技术，让我们从七个方面做分享。

**第一，我们看看发酵的定义和原理**

在红茶加工中，"发酵"一词，是指叶片在多酚氧化酶的酶促氧化作用下形成有色物质的过程。通俗的理解就是：茶树的叶片由绿色变成了红色的过程。这个过程是在多酚氧化酶的催化作用下、酶促氧化作用下完成的。

大家知道，鲜叶里面所含有的茶多酚，其中的酚是无色的，它在多酚酶的氧化下，无色的酚会转化出橙黄色的茶黄素和棕红色的茶红素。与此同时，叶绿素从蛋白体中释放出来，形成游离的叶绿素，这些游离的叶绿素极不稳定，它们对光、热非常敏感，容易遭受分解和破坏而失去原来的绿色，引起色变。这个过程从红茶发酵的萎凋开始，特别是经过揉、切以后，叶细胞遭受损伤、细胞膜透性增大、茶汁溢出、茶多酚与氧气接触发生了酶促氧化作用，从而形成红茶特有的色、香、味。

**第二，我们看看发酵的类型**

在发酵类的茶叶加工生产中，根据发酵的时间顺序，可以将它分为前发酵茶和后发酵茶两种。前发酵茶主要就是指红茶和青茶，这两类茶前端使用了萎凋工艺，红茶接着使用了揉捻和发酵，之后再用高温阻止发酵，它的发酵是属于前端发酵。青茶也有相似性，它先使用萎凋，再使用做青，当红镶边完成以后就进行高温杀青来阻止多酚氧化酶的进一步氧化。而黑茶的加工先是进行了杀青、揉捻，然后进行湿坯闷堆，或者是干坯闷堆两种方法来加工，这种方式属于后端借用微生物的发酵，黑茶是属于后发酵茶，这是按时间顺序的分类。

如果按照发酵程度来进行分类，发酵类的茶又分为微发酵茶、半发酵茶和全发酵茶。微发酵茶就是大家熟悉的白茶；半发酵茶就是青茶类；全发酵茶就是红茶和黑茶。白茶在品质上，最大的特点是"毫香蜜韵"，能够感觉到有发酵类的香气，而它的叶底茶汤未必变红，这就是微发酵的白茶。青茶类是一个大茶类，从铁观音到肉桂、大红袍、水仙、单枞等，它的发酵程度可以从15%一直延伸到80%，这个发酵度跨度很大，我们把它统称为半发酵茶。红茶则不同，红茶是一个要求红汤红叶的茶，要彻底地完成发酵，在红茶当中是不允许看到绿色的茶条和茶底的。因此，我们把红茶称为全发酵茶，是发酵程度最彻底的茶。

按照发酵的方式来进行分类，发酵可以分为通气发酵和连续发酵两类。所谓"通气发酵"就是在发酵叶当中不断地压入冷空气供氧的发酵方式。其中又可以分为车式发酵、箱式发酵和槽式发酵等类型，当然也可以使用专用的发酵床。"连续发酵"就是用一个自动输送装置，将它设计成一个不断往前推进的可移动的发酵专用机器（如托克莱伊发酵机，还有现在使用比较广泛的发酵联合机组等），这些都属于连续发酵的设备，这是根据发酵方式方法进行的分类。

**第三，我们看看发酵的目的**

概括起来说红茶发酵的目的，可以用一句话表述，那就是"变色出香"。红茶的第一任务就是变色，要让叶片从绿色变为红色；发酵的第二个目的就是出香，要让它形成特有的红茶香气，变色出香就是红茶发酵的目的。

**第四，我们看看发酵的方式方法**

在红茶加工当中，它的发酵方式常常使用的是发酵箱，有的有专门的发酵室、发酵车间，也可以用水泥砖垒砌成水池状，生产单元比较小的，也可以使用专用的一块布把它包裹起来进行小规模的发酵，还有发酵床发酵的等，它的方式比较多。在红碎茶的加工当中，设计了专门的发酵槽，就是用传送带进行缓慢的向前推送的发酵，也就是我们说到的专用的红茶发酵机组，有条件的企业要尽可能地创造发酵的专用环境，不要和其他车间混杂使用。

就方法来说，无论使用什么样的发酵方式，摊叶厚度一般是在 10~15 厘米。嫩叶薄摊一点，大约是 10~12 厘米，老叶子可以相对摊厚一点，可以摊到 15 厘米左右，这就是红茶发酵的方法。

**第五，我们看看发酵的程度**

我们说发酵的目的是变色出香，它的程度自然也就沿着这两个方向去把握。就颜色的变化来说，发酵叶的颜色变化大约是经过了青绿色、青黄色、黄色、黄红色、红色、深红色或黑红色几个阶段。很明显，呈青黄色、黄色、青绿色这些颜色都属于发酵不透，而深红色和褐红色这两种颜色则发酵过重，因此，最佳的发酵叶的颜色处在黄红色和红色之间。凤庆滇红功夫红茶的生产有一个经验，就是发酵叶到了黄铜色的时候，发酵即为适度。这个时候转去烘干，还会有一个后续的发酵，起到补充发酵的作用，出来的红茶就非常的漂亮。呈深红色的红茶，常常是发酵叶颜色到了红色的时候才去上烘干机，烘干以后它的颜色就会偏重，发酵就会过了一点点。如果出现发酵不足，势必会在叶底当中发现叶底青绿或者是暗绿的颜色，滋味上一定会带着青涩味和苦涩味；如果发酵过重，由于破坏了许多珍贵的茶多酚和糖类物质，就会影响到红茶的鲜爽度、鲜灵度以及它的甜度和黏度，牺牲了茶叶的品质，要掌握好发酵的程度，在黄铜色的时候就可以进行干燥了。

判断发酵是否合适的第二个方法就是闻气味。发酵叶气味的转换通常是由浓烈的青草气转向较淡的青草气，再转向清香，再转向花香或果香，然后进一步形成糖香。在这个气味的变化过程中，如果是还能闻到青草气，那么这种发酵的程度是不够的，清香出现的时候发酵依然偏轻，一定要等到出现了花香，最好是苹果香，这个时候的发酵即为适度，这是从气味上判定。如果出现糖香，那么发酵就有点过度了。把看颜色和闻茶香两个方面运用好，就能够准确地把握住红茶的发酵程度。

**第六，我们看看影响发酵的因素**

影响红茶发酵的因素很多，归结起来说主要就是温度、湿度、氧气、发酵时间和茶坯含水量。

就温度而言，我们介绍过多酚氧化酶活性最强的温度是35~45℃。就红茶的发酵来讲，不主张高温发酵，过高温度发酵下酶的活性虽然增强了，但整个物质的转化需要一个过程，如果速度过快，中间产物堆积就会过多，从而出现钝涩的滋味。我们也不主张低温发酵，低温发酵酶促氧化酶的活性偏低、发酵时间拖长、发酵速度变慢，甚至会出现冷发酵，有的甚至二十多个小时都没完成发酵，这样长时间处在发酵箱里面的发酵叶坯势必会糟涊，从而出现发馊的茶汤，影响了产品的品质。所以我们主张红茶的发酵温度一定要讲求适温，这个适宜的温度就是24~35℃。在凤庆茶区一般发酵的温度主张控制在24~30℃。

就氧气对发酵的影响来说，我们主张红茶的发酵一定要足氧发酵，一定要有良好的通透性，通气条件要良好。刚才我们列举到的通气发酵，特别说到了在发酵叶坯中不断鼓入冷空气，其目的就是要改善发酵叶的氧气环境根据这一点，现在生产中一些生产单位喜欢把揉捻叶坯堆积起来进行堆渥式发酵，这种发酵我们不主张，建议进行改良。最好把它放置到专用的发酵槽、发酵箱里面，厚度不要超过12厘米。现在的云南红茶，经常喝到很多发酸的红茶，有的甚至有些糟涊、茶汤偏浑，其中一个主要的原因就是低温高湿发酵，在低温和高湿度发酵的环境下，茶坯本来是潮湿的，如果再不加强氧气的供应，不给它提供富氧环境，它势必糟涊了，茶汤不可避免地会出现酸、馊、浑。

从事茶叶加工的朋友一定要把发酵环境的温度、湿度、氧气时间和茶坯含水量这些因素综合起来考虑，创造一个良好的发酵环境。

最后，我们看看发酵中应注意的问题。

概括起来说，要注意三个方面：

第一，尽量做到专人管理、专人负责、适当翻动。红茶生产发酵时间比较长，在凤庆等滇红茶主产区，每个生产企业的加工数量都会比较多，建议最好是定员、定岗专人负责，每隔15~20分钟，翻动一次，其中嫩叶要勤翻动，最好是15分钟左右就翻动一次。这种翻动可以达到补充氧气、交换位置、使发酵均匀的目的。

第二，尽量做到适温高湿，避免日光直射。关于红茶发酵，能不能用阳光照射来进行日光发酵，是近两年茶叶界关注的一个话题，有的人提出恢复红茶的晒红工艺，我觉得这个说法是非常荒唐的。尽管在中国历史上，福建、广东、浙江确实有过在日光下完成红茶发酵的生产历史，但那个历史是几百年前的历史。就云南红茶来说，从滇红诞生的那一天开始，它从来没有主张或提倡过在日光下完成发酵，也就是说滇红从不采用日光渥红、日光发酵。有一定年纪的茶叶工作者都可能记得，在20世纪50~80年代云南初制所厂房设计的时候，窗户的设计都使用百叶窗，为什么要使用百叶窗？是要让自然光透进来，而要将阳光挡住，不让阳光直射进来，这种初制厂房设计的良苦用心，足以看出真正的滇红传统工艺是避光的、是怕光的，这是毋庸置疑的。现在云南红茶生产大面积的晒干红茶，大面积地进行红茶的日光渥红、日光发酵，这种做法恰恰丢失了滇红的传统工艺。因此，我要提醒朋友们高度重视、高度警觉，将发酵回到专用的发酵车间、发酵槽、发酵室、发酵机组里面去完成，而不要去听从那些别有用心的人蛊惑，听信"传统工艺晒红茶"这一类的说法。

第三，要注意分清茶类，适可而止。我们说分清茶类、适可而止，主要是指发酵不单在红茶上使用，我们以上所介绍的是红茶的发酵。在青茶的加工中，由于青茶是一个半发酵的茶，它的发酵程度波动很大，有的青茶发酵偏轻，有的青茶发酵程度偏重，甚至达到七成、八成的发酵程度，要根据自己加工的茶的品质要求、品质风格生产好，适可而止，不要做乱、做混茶类。

总而言之，红茶是我国的传统茶，也是我们云南的招牌性的茶类。随着精细化农业的到来，红茶生产出现了大量的以单芽为加工对象的，比如红单芽、金丝红、经典五八这一类高嫩度的茶，由于生产单位变小了，很多发酵叶发酵数量是非常少的，由于数量过少，发酵时的温度起不来，使这一部分高档红茶长期处在一种低温发酵环境中，经常出现酸、馊、汤色混浊的品质瑕疵。建议朋友们一定要高度的重视，对于数量很少的特色红茶的加工，可以使用蒸温补氧的方法。这一点，我们在讲到萎凋的时候提到过，朋友们可以做参考，一定要通过我们自身的努力，重新擦亮滇红这张我们云南的金字招牌。

思考题
1. 红茶"发酵"使鲜叶由绿色变为红色的变色过程是怎样实现的？
2. 根据发酵工艺的时间顺序，可以将发酵分为几种类型？
3. 根据发酵程度不同，可以将发酵分为几种类型？
4. 红茶发酵的目的是什么？
5. 简述红茶发酵的方式方法。
6. 判断红茶发酵程度应从哪些方面进行？如何判断？
7. 影响红茶发酵的因素有哪些？
8. 红茶发酵时应注意哪些问题？

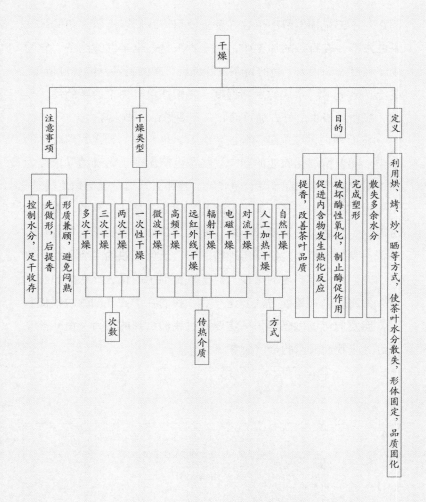

干燥

注意事项

控制水分，足干收存

先做形，后提香

形质兼顾，避免闷熟

干燥类型

多次干燥

三次干燥

两次干燥

一次性干燥

次数

微波干燥

高频干燥

远红外线干燥

辐射干燥

电磁干燥

对流干燥

人工加热干燥

传热介质

自然干燥

方式

目的

提香，改善茶叶品质

促进内含物发生热化反应

破坏酶性氧化，制止酶促作用

完成塑形

散失多余水分

定义

利用烘、烤、炒、晒等方式，使茶叶水分散失，形体固定，品质固化

# 茶叶初制的干燥技术

我们接着聊茶叶加工技术。今天我们要分享的重点是茶叶初制加工中的干燥技术，让我们从四个方面展开分析和讨论。

## 一、干燥的定义

干燥是茶叶初制加工生产的最后一道工序，它使用烘、烤、炒、晒等方法，使加工叶散失水分、形体固定、品质固化，是加工叶从湿坯固化成毛茶的过程，具有画龙点睛的作用。

## 二、干燥的目的

表面上看茶叶干燥似乎是茶叶加工叶不断丢失水分的过程，是一个物理的现象。实则不然，在茶叶加工叶不断失去水分的过程中，产生着复杂而深刻的化学反应，这一点我们在茶叶加工的湿热作用、干热作用和光化反应的有关章节中与朋友们作了分享。联系这些知识，我们就不难发现茶叶的干燥实质上具有强烈的目的性。这些目的性归结起来体现在五个方面：

第一，它使加工叶散失多余的水分，使多余的水分气化、收缩，完成了加工叶从鲜叶到可供食用、饮用的毛茶的固化过程。

第二，茶叶干燥也是完成茶叶外形形体塑造的过程。茶叶一旦干燥，它的形体就被固定了下来，不同形体的形成和固定必须在干燥的过程当中实现。比如龙井茶的加工，它是在不断地炒的过程以及后期的辉锅的过程中，进一步地固定挺直、扁平的外形形状；龙井茶的辉锅过程，既是一个干燥的过程，也是一个定形的过程；碧螺春的加工生产采用的是边搓团、边烘炒使之干燥的加工方法，我们俗称"茶不离手、手不离锅，一锅到底"，使碧螺春外形的加工固定始终保持在干燥做形的交合的过程中；再如很多针形茶的加工，为了做出挺直秀丽的茶条，在一边烘烤的同时，一边采用了轻轻地搓条、理直的方法，避免茶叶互相搭碰、变弯，所以它也是一个边烘烤边固定形状的干燥过程。不难看出，干燥的过程也是一个茶叶外形的塑造过程。

第三，茶叶干燥是破坏酶性氧化，制止酶促作用的过程。对于红茶等发酵类茶叶的加工来说，当茶叶完成发酵以后，采用了高温烘干的方法进行烘干。这个高温在引起水分大量散失、茶叶逐渐干燥的同时，也完成了杀青的作用，起到的是破坏酶性氧化、固定茶叶品质的作用。因此发酵类茶叶的后期干燥具有强烈的抑制酶促氧化的目的性。

第四，干燥能促使加工茶坯内含物质的热化反应。干燥是在热的作用下完成的，无论是采用干热作用或者是湿热作用，在热的作用下，加工叶的化学物质发生着复杂的化学变化。比如优质红茶的蜜糖香的特点，就是在干燥工序的低温长烘过程中产生的，是茶叶中的单糖在烘焙的时候产生出来的类似糖香的结果。可见干燥实际上伴随着复杂的内含物质的变化。

第五，干燥具有提高茶叶香气和改善茶叶品质的作用。朋友们知道，茶树的鲜叶中含有的芳香物质大约是八十多种，而经过加工成茶叶成品以后，茶叶的香气物质可以多达四百余种，这些香气物质的形成就是在一次一次的加工当中出现的。尤其是在后期的干燥过程当中生发出许多茶叶香气物质，使茶叶的香气物质从八十多种变到了四百多种。可想而知，干燥对于发展香气有多么的重要，因此我们说茶叶干燥是茶叶品质形成的画龙点睛之笔。

### 三、干燥的类型

不同的茶类干燥方法不同，比如绿茶采用的是烘、炒、晒，红茶和绝大部分名茶采用的是烘，部分名茶采用的是烘炒结合的方式，要么先烘，要么先炒，方式很多。

根据干燥方式的不同，可以将它分为自然干燥和人工加热干燥两种类型。自然干燥是将加工叶静置在一定的条件下，使之慢慢地缓慢干燥的过程；人工加热干燥，是通过人工创造条件使茶叶干燥的一种干燥方式。

根据传热介质的不同，又可以将它分为对流干燥、电磁干燥、辐射干燥、远红外干燥、高频干燥、微波干燥等。对流干燥是利用空气作为传热介质完成的干燥；电磁干燥是利用电磁波、电磁场的作用使茶叶的极性分子激烈共振，转变为热能而使茶叶干燥的一种方法；辐射干燥是利用辐射能使茶叶干燥的方法，如远红外干燥、高频干燥和微波干燥都是根据辐射的原理设计出来的。

如果根据干燥的次数进行分类，则可以将干燥分为一次性干燥、两次干燥、三次干燥和阶段性干燥四种。一次性干燥就是中间没有收拢、收集的过程，使它在一定的热环境下从揉捻叶、发酵叶或某种状态下直达足干的过程，叫一次性干燥。晒青茶加工一次晒干的，这叫一次性干燥，也可以通过两次进行晒干；大宗红绿茶生产中的毛火或足火，就是典型的两次干燥方法。在炒青绿茶的生产中，常常使用三次干燥，如圆炒青，为了避免茶叶闷黄，圆炒青的生产可以采用先烘干至七成干，然后进入滚筒当中进行滚炒，形成圆形的形体，当圆形形体固定下来以后，又把它送入烘干的环境下进行干燥，这种方法，就是"烘→炒→烘"的三次干燥方法。有的企业加工圆炒青的时候也采用"滚→滚→滚"的加工方法，就是先在滚筒中炒干到七成左右，下机摊晾使之散失水分并冷却，之后接着进行翻炒，翻炒到八成半左右的干度，再一次下机摊晾丧失水分，最后再次进行车色滚炒，达到足干。再如长炒青的加工生产，它采用了毛火烘干、足火烘干两次干燥，在此基础上最后进行一次"车色上霜"，这次车色上霜就是炒干的，所以长炒青生产常常采用"烘→烘→炒"的三次干燥。分段干燥就是根据加工的目的，将干燥的过程设计成若干个小段，如碧螺春手工加工过程是一个搓团的过程，类似于搓汤圆，一把一把地团揉了放置在锅里，又进行下一个团块的搓揉，又放在锅里，再进行再一个团块的搓揉……那么，静置在锅里的茶叶实际上就有一个炒和烘的干燥作用，这种一段一段往下走，最后形成茶叶品质特征的干燥过程我们叫作分段干燥。刚才介绍到的两次、三次干燥也属于分段干燥的类型。

**四、干燥过程中需要注意的问题**

由于茶类不同，加工的手段和方法不同，干燥时不同的茶叶使用着不同的干燥方法和手段，要注意的事项也就不尽相同。归结起来说，要注意以下方面：

第一，是形质兼顾、避免闷熟。许多手工茶的加工都要追求外形形体的塑造，针形茶如此、扁形茶如此、龙须茶如此……这些形体的美化塑造过程消耗大量的时间，往往影响到茶叶的品质。这也是我们现在看到的许多形体非常秀美的茶叶其内质茶汤往往偏黄的原因，是造型的时间过长，不注意水分的挥发，使整个干燥过程变成了一个闷黄的过程，这是需要注意的。在追求外形美观的同时，一定要注意内质的保障、保护，不能获得好的外形却丢失了好的内质，中看不中用。

第二，先做形，后提香。许多茶叶的外形是在干燥当中完成的，从事茶叶生产的朋友都知道，在茶叶达到八成半干以前，它主要是一个水分散失的过程，边散失水分边做形，这个时候茶条是软的，当茶条接近八成半干的时候，形体就基本上被固化下来了。因此，在八成半干以前，一定要先完成形体的塑造，特别是茶叶干燥到七成半到八成半这个阶段，是定形的关键时期。手工茶的加工，形体的塑造这是最为关键的时候，八成半干以后的茶叶，形体已经固定下来了，造型不再是工艺重点，要及时提香，如果这个时候还要再造型，势必会引来大量的破碎，所以我们说要先做形，后提香。茶叶到了八成半干以后，就要以提香、保香为主要目的。

第三，要注意控制水分，足干收存，严防劣变。朋友们知道，不同茶类对毛茶的水分含量是有限制性要求的，绝大部分茶叶都要求将水分控制在8%以下，云南普洱茶的晒青毛茶也要求水分控制在10%以下，要根据不同茶类的品质要求，使之达到足干，控制好水分。如果水分超标，势必引起后期的品质劣变，出现受潮、发霉，破坏了茶叶的品质。这一点在云南普洱茶晒青毛茶的加工中，我们不缺经验教训，许多毛茶没有晒到足干就装了箱，这些产品如果得不到及时的后期处理，势必在保存的过程中出现闷黄，把晒青毛茶做成了黄茶。因为，未达足干的毛茶装箱后，非常类似于黄茶的闷黄，丢失了晒青茶的浓强度，这是要高度重视的。

总而言之，茶叶干燥既是一个物理的变化过程，也是一个化学的变化过程。既要在干燥的过程中获得好的茶叶形体，也要利用干燥的过程发展固化优良的品质。追求形体美观的茶类，一定要在干燥度达75%左右的时候，重点着力于形的塑造上；追求香气的茶类，一定要在85%左右的茶坯含水量的时候重点着力于发展香气；对于追求一些熟香或糖香的茶类，一定要利用好干坯闷热的干热方式，趁热装箱。

我们要反复强调的是：不能把茶叶的干燥工作视为简单的水分散失的工作，它是品质形成的画龙点睛之笔，也是品质形成的最后一次把关性的工作，朋友们千万不能忽视。

思考题

1. 干燥的定义是什么？
2. 初制干燥工艺的目的主要体现在哪五个方面？
3. 根据干燥方式的不同，可以将它分为哪几种方式？
4. 茶叶干燥过程中应注意哪些问题？
5. 追求外形美观的茶类，应在茶坯干燥达多少时抓紧造型？
6. 追求高香的茶类，应在茶坯干燥达多少时抓紧提香？

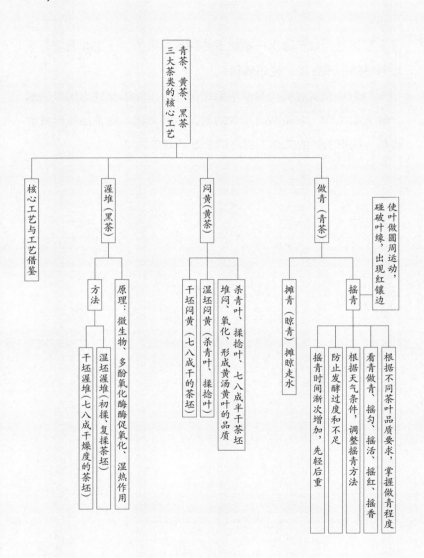

青茶、黄茶、黑茶三大茶类的核心工艺

核心工艺与工艺借鉴

渥堆（黑茶）
- 方法
  - 干坯渥堆（七八成干燥度的茶坯）
  - 湿坯渥堆（初揉、复揉茶坯）
- 原理：微生物、多酚氧化酶促氧化、湿热作用

闷黄（黄茶）
- 干坯闷黄（七八成干的茶坯）
- 湿坯闷黄（杀青叶、揉捻叶）
- 杀青叶、揉捻叶，堆闷、氧化、七八成半干茶坯堆闷、氧化、形成黄汤黄叶的品质

做青（青茶）
- 摊青（晾青）摊晾走水
- 摇青
  - 摇青时间渐次增加，先轻后重
  - 防止发酵过度和不足
  - 根据天气条件，调整摇青方法
  - 看青做青，摇匀、摇活、摇红、摇香
  - 根据不同茶叶品质要求，掌握做青程度

使叶做圆周运动，碰破叶缘，出现红镶边

# 做青闷黄和渥堆技术

我们接着聊茶叶加工技术。今天我们要分享的重点是茶叶初制加工中青茶的做青、黄茶的闷黄和黑茶类加工的渥堆技术。

## 一、青茶类加工的做青技术

青茶是一种介于绿茶和红茶之间的茶类，其加工工艺由鲜叶→萎凋→做青→杀青→揉捻→干燥六个工序完成。其中，做青是青茶最核心的工艺。

做青，是使萎凋叶进行摇青和摊青交替进行的工艺过程，它包含了摇青和摊青两个工艺动作和工序要求。摇青是将萎凋叶放在水筛、手筛或者是摇青机等设备中，使之转动，呈圆周跳跃运动，使叶边缘摩擦损伤，这些摩擦损伤的叶肉组织在酶的作用下发生酶促氧化，形成红镶边的特点。通过摇青，也使萎凋叶的茎、梗、叶脉中所含的水分向叶边缘供应，使叶的边缘处在充盈紧张状态。在这个过程中，在有限的酶促作用下使叶内物质发生水解和缓慢的、有控制的酶促氧化，从而形成青茶特有的"三红七绿红镶边"的品质特征。三成变红七成保绿，称之为半发酵茶。

青茶的摇青是分多次进行的，闽南乌龙一般是四次摇青，而闽北的乌龙多达十二次左右的摇青。在一次次的摇青间隙间，介入了摊青的工序。摊青，又叫晾青、褪青，就是将摇青叶静置在阴凉通风处摊开，促使水分蒸发，使叶片呈萎软状态的工序。做青实际上就是反复的摇青和反复的摊青两个工序相互交叉、相互多次交替的制作过程。

由于青茶种类繁多，不同类型的青茶摇青的程度（即红镶边氧化的程度）要求是不尽相同的，有的轻有的重。因此，在具体的摇青过程中要注意好五个方面：

第一，要根据不同茶类品质要求，把握摇青的程度，做对做准茶类。

第二，要学会看青做青。凡是节间长、梗叶粗大的品种，含水量高、容易发酵的，要采取轻摇、薄摊多晾的方法，避免发酵过度。凡遇到梗质细、叶片薄、叶张小（叶片小）、含水量低的品种，可以进行厚摊短晾，防止水分丧失过多；如果遇到叶质肥厚、角质化强的，也就是说叶片比较脆的，不易发酵的品种，则应该采取多摇、重摇的方法，使叶边缘发生破损。

第三，要注意气候条件。以北风天为宜，如果遇到低温高湿的气候，前期的摇青要轻、摊晾的要薄，后期则采用重摇和厚摊的方法；如果遇到高温高湿的天气，则要采用轻摇、薄摊、短晾的方法来防止发酵过度；如果遇到低温低湿的气候，则应该采取厚摊短晾的方法以保水为主。要学会看天气做茶。

第四，要谨防发酵不足或者过度。发酵不足会使乌龙茶带有青味，如果发酵过重，又会出现香气低闷、滋味淡薄。要力求做到摇匀、摇活、摇红、摇出香气。

第五，摇青、做青、摊青要遵循以下原则：就是摇青的转速和时间要逐渐地增加，一次比一次用的时间要长，比如第一次摇青可能只是两三分钟，第二次就可以是四五分钟，第三次再增加时间，时间一次比一次增加。中间摊青的过程，时间也应逐渐地增加，摊青叶的厚度也一次比一次增加、增厚。越往后走，发酵程度就越重，在最后一次摇青后要将摇青叶堆积起来，使叶温升高促进发酵，形成青茶特有的香气。

这些年以来，云南茶区也有青茶生产的出现，对机器制茶的青茶的生产，大家有了一些经验积累。但是手工制作青茶对云南来说还是一个空白，以上的做青技术仅供朋友们参考。

### 二、黄茶初制加工闷黄技术

黄茶的初制加工有五道工序：鲜叶→杀青→揉捻→闷黄→干燥。

其中，闷黄是黄茶最核心的工艺，也是黄茶初制加工的特色工艺。通过堆和闷的方法，将杀青叶、揉捻叶或者是七成八成干的茶胚堆闷起来，形成黄茶特有的黄汤黄叶的品质工艺过程。

根据闷黄的对象不同，可以将闷黄分为干坯闷黄和湿坯闷黄两种。湿坯闷黄的对象一般是杀青叶或者是揉捻叶，由于含水量比较高，湿坯闷黄的时间大约是5~6小时，长则9小时，但很少有超过9小时的，如果时间过长，容易将这些湿坯渥坏、糟沤；干坯闷黄是将已经达到七成半到八成干的毛坯堆积起来，进行长时间的堆闷，时间一般是3~7天，有的更长，通过长时间的堆闷使它形成黄汤黄叶的品质特点。

由此不难看出，云南普洱茶晒青毛茶的初制加工中，有的揉捻叶当天晚上无法晒干，堆积在一起，如果出现了闷黄，这种闷黄实质上就是黄茶的湿坯闷黄。因此我们反复说不要将普洱晒青毛茶做成黄茶，如果遇到无法及时晒干，无法及时摊晾出去，也不要堆厚、堆高，以免将晒青毛茶做成了黄茶。

从干坯闷黄的特点看，云南加工的竹筒茶，其初制过程是一次性将茶坯冲压在竹筒里或者其他容器里，这种加工方式实际上属于黄茶的干坯闷黄。因此我们将云南竹筒茶和许多少数民族生产的类似产品，如木筒茶、篓装茶都视为黄茶，它的品质特征已经是黄汤黄叶了。

普洱茶中生茶类的紧压茶加工，有的时候利用的就是黄茶的闷黄原理，特别是通过蒸压以后，压制成形体比较大的紧压茶，往往具有黄汤黄叶的品质，这与黄茶的某些工艺原理相通，使茶坯在湿热作用下发生一系列的水解、氧化，获得醇和、甘甜的品质风味。严格意义上要求，普洱生茶的加工不主张将它压成形体过大的品类，一定要将生茶干燥的时间压缩在 48 小时以内，要避免将普洱生茶做成黄茶。

### 三、黑茶初制渥堆技术

与黄茶初制加工相似，黑茶的初制加工也有五道工序，就是鲜叶→杀青→揉捻→渥堆→干燥。与黄茶加工不同的是，黑茶渥堆，黄茶闷黄。

黄茶闷黄是在湿热作用下的复杂的氧化反应，而黑茶的初制渥堆则是利用了微生物的作用、多酚氧化酶的酶促作用以及湿热作用，它是在三条途径下完成的加工。

　　由于需要借用微生物的作用，黑茶的初制的渥堆，它的对象一般是干坯，过湿的茶胚不利于微生物的滋生；也因为要利用微生物，黑茶渥堆需要更多更长的时间。湖北老青砖和四川黑茶以及广西六堡茶都需要 15~20 天时间，通过长时间的渥堆，以促成微生物滋生，在微生物的作用下形成黑茶特有的品质。

　　我们可以把黑茶的渥堆，理解为更大规模上的闷黄。其茶堆的数量比黄茶多，时间比黄茶的时间要长，使用的对象是达到七成干左右的干坯。在长时间的堆、沤、渥的作用之后，茶坯的外形逐渐形成了红棕色或棕红色、暗褐色等，茶汤也出现了棕红色的茶汤，甚至出现了红褐的茶汤，从而形成了黑茶外形色泽猪肝色，茶汤颜色红褐或者棕褐色。

　　云南普洱熟茶的加工生产，不属于初制生产，不属于鲜叶加工，不属于基础茶类生产。云南普洱熟茶应归为再加工茶，它是利用黑茶加工的原理来进行的渥堆发酵。表面上看，它们有相似甚至相同的工艺特点，制茶的原理也有很多相似相近的地方，但是在茶类的划分上，不能将普洱熟茶划入基础茶类当中，它是再加工的茶。

　　我们通过介绍红茶的渥红、青茶的做青、黄茶的闷黄、黑茶的渥堆，知道了不同茶类有着各自独特的核心工艺，正是在这些核心工艺的作用下，形成了各种各类的茶叶。朋友们在从事茶叶加工生产的时候，除把握控制好核心工艺核心技术外，在其他的一些技术环节中，不同茶类的工艺技术是可以相互借鉴使用的。比如说红茶的萎凋、白茶的萎凋、青茶的萎凋，它们的方式方法都可以相互借鉴，红茶可以用日光萎凋、白茶也可以用日光萎凋。晒青绿茶的加工生产，可以借用黄茶的闷黄工艺除去过于浓强苦涩的一些不良品质，使晒青毛茶的品质更加醇和，闷黄或轻渥堆都有去苦涩的作用，这些工艺可以相互借鉴。但是，工艺的相互借鉴不等于丢失核心工艺，不等于窜混，不等于将茶类做乱、做错。现在红茶生产，在发酵完成后，有的人采用了"过红锅"，将发酵叶进行杀青的加工方法，我认为是十分错误的。再比如，加工晒青毛茶采用"萎凋"的方法来加工，使得干茶枯而无润，甚至出现了红茶香，这些都是做错茶类的不良措施，要加以避免。

总之，一定要看茶做茶、做对茶类。至于各个茶类怎么去具体加工，我们在接下来的栏目中将分别介绍。我们将把制茶技术理论和茶叶技术的各个零部件组装起来，与朋友们分享六大茶类的加工，朋友们将会更加准确地认识和把握住茶叶技术。

---

思考题

1. 青茶是怎样加工出来的？
2. 什么叫"做青"？有哪几种方式？
3. 摇青过程中要注意哪些问题？
4. 黄茶闷黄根据茶坯对象不同，可分为哪几种闷黄方式？
5. 云南竹筒茶属于哪种茶类？
6. 如何去除茶叶太过浓烈的苦涩味？
7. 黑茶渥堆与黄茶闷黄有何不同？

# 茶叶再加工精制技术

茶叶精制的主要工序和流程分为十二个大的流程，它们是定级归堆、复火、拼配付制、筛分、紧门、筛切（切杂）、风选、拣剔、补火车色、清风割脚、成品成箱、包装入库。

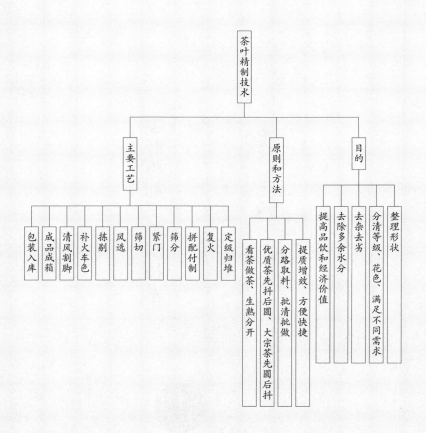

# 茶叶精制技术

我们接着聊茶叶加工技术。在前段时间的栏目中，与朋友们分享了制茶技术理论和茶叶初制加工有关技术的两个知识版块，从今天开始，我想与朋友们进一步分享茶叶再加工，也就是精制加工的有关技术和知识。今天，话题的重点是看看茶叶的精制技术。

朋友们知道，鲜叶加工成可以饮用的产品，我们称之为毛茶。由于鲜叶的来源不同、采摘标准不同、采摘季节不同、初制的设备以及初制工人的技术水平的不同，往往使毛茶出现形态各异、品质不齐、夹杂不净和干湿不匀的特点。这些产品属于粗放的产品，因此把它称之为毛茶。从这个意义上说，毛茶是茶叶生产的初级产品，是相对粗放的产品。随着现代社会的进步，对茶叶品质的要求越来越高，越来越精细，有必要对毛茶进行进一步的加工，这种进一步的加工就叫精制或者叫作毛茶再加工。

毛茶的特点和它存在的缺陷无论哪个茶类，绿茶、黄茶、白茶、青茶、红茶、黑茶都有。精制是六大茶类都可使用的再加工方法和手段，每一个爱茶或从事茶叶加工的人们，都有必要了解茶叶精制的相关知识。

## 一、精制的目的

现实生活中许多毛茶是未经精制加工直接成为商品。很多朋友喝到的茶就是毛茶，比如普洱生茶当中的散茶、毛茶，大家饮用到的就是未经精制加工的毛茶。一些特种茶，如龙井、碧螺春，也会经常以毛茶的形态直接上市交易。茶叶到底该不该精制，精制有什么目的？这是一个需要探讨和思考的问题。

概括起来说，茶叶的精制，其目的有五个方面：

第一，通过一定的方法整理毛茶的形状。由于采摘标准不同，季节不同，机械和工艺水平不同，如陆羽所说"茶有千万状"；精制的目的就是将不同形态的毛茶分别整理，使之完全符合标准，成为合格的标准茶；使同一产品中的茶，尽可能地做到长短、粗细、大小、厚薄、轻重统一。

第二，分清等级、分出花色，满足不同的需求。在同一批毛茶当中，它的物理结构是不同的，长短、大小、粗细、轻重、厚薄都不同，通过精制加工以后，将毛茶的这些差异性分离开来，重新组合成不同等级的茶叶。通过精制分清等级，从而形成各种形态、多种多样的花色品种，能满足消费者的不同需求，弥补毛茶的品质单一的不足。

第三，去杂去劣，去除茶叶中的夹杂物。没有经过加工的毛茶，常常夹杂有茶类和非茶类两种东西。其中属于茶的，有老叶、鱼叶、粗梗、老梗、茶花、茶果或受到病虫伤害的茎、叶等，它们是在茶叶采摘时带到产品中来的。通过精制加工，将这些属于茶但又不符合标准的杂劣去除，提升茶叶的品质。另外一类是非茶类的夹杂物，如沙、石、竹、木和加工过程中带进的非茶类物质，属于污染物质，如果不将这些污染去除，作为食品的茶叶来说就是一种缺陷和遗憾。因此，精制加工的第三个目的就是去杂去劣，净化品质。

第四，去除多余的水分，发展香气。茶叶的初制生产有春、夏、秋三季之分，不同的季节遭遇的气象条件是不尽相同的，不同季节加工出来的毛茶其水分含量也是不统一的。干季加工的毛茶茶叶的干燥度得到保障，而在雨季加工的许多毛茶，特别是千家万户生产出来的晒青毛茶这一类的产品，它的含水量往往比较高，毛茶的含水量超过 10% 就容易发霉变质。从规范生产的角度来说，茶叶精制生产的一个目的是去除多余水分，确保食品的安全，也是便于后期整形加工的一个工序需要。

第五，提高茶叶的品饮价值和经济价值。换句话说，整理形状、分清等级、去杂去劣、去除多余的水分，最终的目的就是要提高品饮价值，多渠道、多花色的去满足消费需求，实现茶叶更大的经济价值。如果没有实现提质增效的目的，精制加工是没有意义的。

## 二、茶叶精制的原则和方法

对于许多爱好茶叶的朋友来说，如果收购到 3 斤、5 斤、10 斤、8 斤甚至 100 斤、200 斤的毛茶，可精制，也可以不精制，它属于个人爱好、个人收藏。而对于规范的量产的茶叶企业来说，毛茶再加工是一个必须的工作，茶企面对成百上千吨的原料，如果不进行后期的妥善加工和处理，品质管理一定是非常混乱的。

怎么进行精制加工呢？需要注意的原则和方法是什么呢？

归结起来有四点：

第一，以提质增效，方便快捷为原则。茶叶精制加工的程序、流程、方法、方式可以不同，但一定要体现在提质增效上。采用的工艺线路、工序过程一定要方便快捷，而不是人为地制造麻烦。要用最少的投入换取最大的效益，不是凭空地增加劳动成本，而是要有提质增效的目的性。

第二，要坚持分路取料、批清批做的原则。从事过精制生产的朋友都知道，精制生产一旦开动机器分筛以后，会出现本身茶、圆身茶、轻身茶和长身茶四路产品，这四路产品一旦分开，就要坚持分路取料、分路加工、批清批做，做干净一批再做下一批，防止窜混。

第三，设计工艺线路时，要坚持优质茶"先抖后圆"、大宗茶"先圆后抖"的原则。所谓"先抖后圆"，就是先用抖筛机抖，将细嫩的芽叶取出来，集中处理抖头部分，防止细嫩芽叶被割断而损伤品质；大宗产品为了提高功效，要坚持"先圆后抖"的原则，先过圆筛，后过抖筛，保留部分芽毫在叶面上，照顾到圆身茶的品质，以求得品质的均衡性。

第四，要坚持看茶做茶、生熟分开。所谓生熟分开，是指精制加工遇到的两种情况：一种是茶叶不需要补火，直接可以上机分筛的，这种加工方式叫"生做"；另外一种是"熟做"，面对一些含水量高的毛茶，先进行烘或炒，去掉水分，使体形收缩，便于穿过筛网。这种先烘或者先炒，失去水分，再进行分筛的加工方法称为熟做。精制生产要看茶制茶、生熟分开加工，设计好工艺线路，避免生熟不分，干湿混合的加工方式。

这些加工原则和方法，不同的茶企根据各企业自己的特点，合理的运用。但万变不离其宗，总体围绕着这四个原则展开生产。

### 三、精制生产的主要工艺

精制生产是工业生产，使用的工艺也比较复杂，有许多工艺是交叉、套混着使用的。生产上经常看见单机作业的，也能看见多机作业的，还能看见多机联合组装在一起的联合加工机组。如果按照不同的工艺性质和工艺重点划分，则可以将茶叶精制的主要工序和流程分为十二个大的流程，分别是定级归堆、复火、拼配付制、筛分、紧门、筛切（切杂）、风选、拣剔、拼配、补火车色、清风割脚、成品成箱、包装入库。

这些工序和工艺，构成了精制生产的全过程。因为茶叶企业规模不同，有的企业配套程度高，有的企业配套程度低，有的特种茶精制加工生产非常简单，比如龙井茶、碧螺春、君山银针等，这些特种茶采摘认真，它的精制加工没有那么复杂的过程，只进行一些简单的拣剔就完成了；有的企业用单机作业进行精制生产，只进行某一道工序的分离，撩头割脚就结束了；有的可能只是补补火，让茶叶干燥一下就结束了……情况千姿百态，但它的方式方法都离不开十二道工序特点。

我们期待在接下来的栏目中，与朋友们逐一分享精制加工生产的各个工艺和它们的技术要点，将以规模化生产的茶企为例，以完整规范的加工工艺为解析重点，帮助朋友们开阔视野，深入地认识再加工茶叶的各种特点和风格。喜爱茶叶的朋友，通过对茶叶精制加工工艺的认识，你会发现茶叶加工生产更多的秘密、更多的惊喜。

茶味生活，好茶无限，期待你的参与。

---

思考题
1. 什么是茶叶精制加工？它的目的是什么？
2. 茶叶精制加工应坚持哪些原则？
3. 高档茶精制为什么要"先抖后圆"？
4. 什么叫"生做"？什么叫"熟做"？
5. 茶叶精制生产的十二大工艺流程是什么？

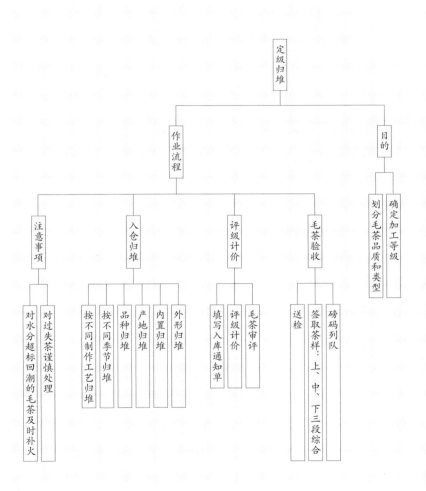

定级归堆

作业流程

目的

注意事项

入仓归堆

评级计价

毛茶验收

划分毛茶品质和类型

确定加工等级

对水分超标回潮的毛茶及时补火

对过失茶谨慎处理

按不同制作工艺归堆

按不同季节归堆

品种归堆

产地归堆

内置归堆

外形归堆

填写入库通知单

评级计价

毛茶审评

送检

签取茶样：上、中、下三段综合

磅码列队

# 茶叶精制与定级归堆

我们接着聊茶叶精制加工技术。今天分享的重点是精制加工作业的第一道工序——定级归堆，我们从两个方面展开思索和讨论。

## 一、定级归堆的定义和目的

"定级归堆"是毛茶入仓的作业方式，将收购回来的毛茶放入仓库，有序地管理。

朋友们知道，任何茶厂，无论规模大小，每年都要收购大量的毛茶，少则几十吨，多则数百、上千吨，甚至上万吨。面对数以万计的毛茶，由于它们来源不同、产地不同、季节不同、等级不同、风格不同，如果不摸清楚它们的等级和品质，不能做到了然于心，势必带来生产管理的混乱。面对一个个来之不易的订单，将无从知道从哪个库、哪堆茶里去取料加工。指挥生产、调节生产时，就会失去方向，指挥失灵，整个企业的物料管理将陷入一片混乱之中。

"定级归堆"的目的是集中地体现在确定加工等级、划分毛茶品质和类型两个方面。首先，摸清楚收购回来的毛茶能加工什么等级的成品茶叶，将能加工出相同等级的茶叶归集到一个库或一个堆里面去。在此基础上，要了解收购的毛茶的品质和风格，对于有特殊品质特征的茶叶，单独地列堆归放，生产出具有独特品质特征的产品；对于有劣变现象的茶叶，及时处理如含水量过高、发霉、受污染的茶叶。

这些年，在很多中小规模的茶厂里，经常看到收购回来的毛茶堆积混乱，没有明显的标识、标牌，好坏不分。不同等级的茶叶混堆、串堆在一起的现象非常的普遍，一些具有独特风格的毛茶被掩盖在浩瀚的茶堆里，着实可惜。所以，我要在这里呼吁我们的茶叶企业，加强毛茶定级归堆工作，增强对毛茶入仓的管理。

### 二、定级归堆的作业流程

茶叶企业在从事毛茶收购的时候，就定级归堆的流程来说，将它分为三个步骤，即毛茶验收、评级计价和定级归堆入仓。

毛茶验收，可分成三个工序环节：一是磅码列队，将一车车收购回来的茶叶卸货、过磅，将过完磅以后的茶叶排列起来，等待抽样送检，摸清数量。二是扦取茶样，将列队待检的毛茶，逐件、逐袋、逐箱地扦样，开箱验货，指定专门的扦样员、抽样员，逐箱逐箱、逐件逐件地开箱取样，从每一件的上、中、下三段，分别抽取样茶。先用一个小的竹盘，将上、中、下三段茶混合，形成这一件茶叶的综合样，然后将这个综合样放置到更大的簸箕（容器）里，呈点状螺旋排列，每一个点就是每一件茶的综合样，这个工作就叫"扦取茶样",也称"开箱扦样"。如果签样不准,如扦取过多的上段茶,茶条肯定粗大松泡,如果过多扦取下段茶,则茶条会比较细碎,所以扦样一定要注意扦取上、中、下三段样,并且在一个小的容器里进行混合,形成该件毛茶的综合样。三是送检,指定专门的人员,将扦取的茶样送入毛茶审验部门进行毛茶审评。建议每个环节都有专门的人员负责,尤其是有规模的企业更要指定专人负责,熟能生巧,各负其责,为后期的工作打好基础,创造条件。

定级归堆的第二个环节是评级计价,通过三步完成:第一步是完成毛茶审评,将送入审检室或检验科的毛茶,以序号开汤,完成毛茶感官审评,同时做出水分检测。这时毛茶审评的重点要放在不合格产品的检验上,发现可能有污染的、有劣变的各种烟、焦、馊、酸毛茶,剔除这些过失茶,避免污染正常的茶品。

第二步是评级计价。通过毛茶审评以后,确定毛茶的等级,做出价格评定,以便财务结算。其中,毛茶的定级十分关键,定级的依据,以所审评的这批毛茶能加工出来的最高成品为依据的。举个例子说:二级毛茶可以加工出一级成品,这个二级毛茶在定级的时候,可以将它定为一级堆,进行归堆;毛茶审评的目的是要为精制创造条件,必须知道一级成品茶从哪些地方去取料,因此,定级的方法是以毛茶所能加工出来的最高等级为依据的。计价则与此相反,是以毛茶的实际等级来与财务进行联络,来通知财务付多少款。定级是内部管理工作,计价是外向型管理,要注意它们之间的区别。

第三步是填写好入库通知单。审检科通过毛茶审评、评级计价以后，将毛茶怎么入库的方法，填写好入库通知单。入库通知单是磅码卸货部门（原料库）依据质检部门的通知，进行归仓、进仓的指令性文件，一定要填写清晰，告知哪一箱、哪一袋毛茶归入哪一个库，归入哪一个堆。

定级归堆的第三个环节是入仓归堆。仓库车间人员根据接收到的入库通知单，将收购回来的毛茶归入指定的仓库和茶堆里。

毛茶归堆的方式大致有六种：

第一种是根据外形归堆。即将相同外形、相同等级的茶叶归堆，在这个大堆的基础上又要分清季节。比如一号库堆积一级茶，原料包含春、夏、秋的一级，在每一堆茶上要做好标识、标牌。

第二种方式是根据内质来进行归堆。比如有特殊花香的归聚到一个堆里，有特殊滋味的单独归为一个堆……这样，便于加工出有特色的产品。

第三种方式是根据产地进行的归堆。将那些来源于相同产地的毛茶归集在一起，在此基础上，进一步分清标明相同产地、不同等级的堆别。

第四种方式是按品种归堆。不同的茶树品种会表现出不同的品质风格，比如像云南大叶种中的云抗 10 号，加工出来的红茶或绿茶或晒青毛茶都有独特的香气、外形特点；一些群体种有自己的种性特点，将相同品种的产品归集为一个堆或进入一个库。

这种方法在现在市场细分的情况下，尤其要注意使用。

第五种方法是根据不同季节进行的归堆。将春、夏、秋茶分别归入不同的库或不同的堆，分别进行管理。

第六种方法是根据不同的制法进行的归堆。比如对于那些水分超标、回潮的毛茶，将它归集到一个库里面去，采取熟做（即补火、复火）的方法进行及时的处理；又如许多名优茶是使用一个单芽或一芽一叶加工出来的，数量不大、品质独特、不需要复杂加工体系的，这些产品可以单独地堆积起来。

云南普洱茶的生产，根据毛茶再加工方向，哪些要做生茶的，哪些要做发酵的熟茶，分别归堆。这样，整个生产管理就有序，使用起来非常方便。

总而言之，毛茶的定级归堆是一个茶叶企业进行生产管理非常重要的工艺环节，绝不能掉以轻心。至于每一个茶企如何开展这项工作，可以根据自己的仓储条件、仓储情况来因厂制宜、因地制宜地组织实施，我们所给出的六种归堆方式只能供大家做参考。总的原则是：将相同类型、相似品质的茶归集在一起，分清仓库、分清堆别，做好标识、标牌，为后期生产创造条件。

特别指出的是，一定要注意对过失茶的处理，对那些有烟、焦、馊、酸等过失的毛茶，一定要单独地列放、单独地处理，千万千万不能让它们裹入正常品质的茶叶里面去。对水分超标、回潮的毛茶，要进行及时的补火，防止霉变。

一个好的茶企、一个好的茶叶技术工作者、一个管理者，如果不了解、把握不好茶叶归堆的技术是十分不应该的，甚至是不能原谅的，很可能带来整个生产的混乱，将很多优异的茶叶埋没在茶堆当中。

衷心祝愿我们的茶叶企业搞好毛茶的定级、归堆、入仓工作，为生产出更好的茶品奠定基础、创造条件。

思考题
1. 什么叫"定级归堆"？它的目的是什么？
2. 茶叶精制为什么要加强"定级归堆"工作？
2. 毛茶验收时，如何扦取茶样？
3. 毛茶"定级归堆"的定级依据是什么？
4. 毛茶归堆有哪几种方式？
5. 有特殊品质优势的茶或有瑕疵的过失茶，如何归堆？

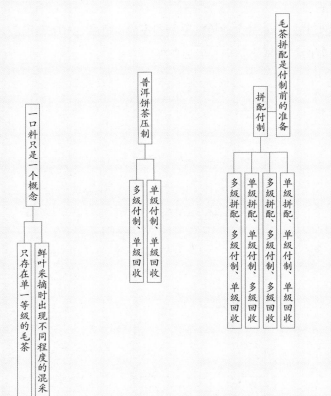

复火（干燥作业）
├─ 复火 提香（4%～6%）
└─ 补火 熟做（8%～10%）

毛茶拼配是付制前的准备
└─ 拼配付制
    ├─ 单级拼配、单级付制、单级回收
    ├─ 多级拼配、单级付制、多级回收
    ├─ 单级拼配、多级付制、多级回收
    └─ 多级拼配、多级付制、单级回收

普洱饼茶压制
├─ 多级付制、单级回收
└─ 单级付制、单级回收

一口料只是一个概念
├─ 只存在单一等级的毛茶
└─ 鲜叶采摘时出现不同程度的混采

# 精制复火与拼配付制

我们接着聊茶叶精制加工技术，今天要分享的重点是精制加工的复火和拼配付制两个工艺的相关知识。

## 一、复火

复火是毛茶再加工精制生产的干燥作业，分为烘和炒两种方式。红茶再加工常常使用的是烘的方法，绿茶再加工则烘、炒兼用，比如烘青绿茶使用的是烘干的方法，炒青绿茶使用的是炒干的方法，长炒青、圆炒青还是平炒青，使用的是炒干的方法。

就目的而言，复火主要有两个目的：

第一，蒸发水分、收缩形体、便于分筛。许多毛茶含水量都较高，形体因含水较高而松粗，通过补火、复火，使含水量下降、形体收缩，便于在分筛的时候，毛茶顺利穿过筛网，减少刮筛的数量，提高付制品的提条率，减少碎茶的比例。面对含水量较高的毛茶，朋友们要学会采用熟做的方法先进行补火，将毛茶的含水量下降到8%~10%，使形体收缩，为后期的精制筛分提条率的提高创造条件。

第二，发展香气。尤其是许多红绿茶加工，在成品成箱之前的复火，更是以提高香气、趁热装箱为目的。在生产中，复火有两种情况：一种是尚未加工时候的复火，我们称这种复火称为"补火"，对象是未开始精制的毛茶，是对毛茶加工前的准备处理；第二种是装箱之前的最后一次的补火，我们称这一次补火称为"复火"，以发展香气为目的；使茶的含水量下降到 4%~6%，然后趁热装箱，进行干坯热装，充分利用干热作用发展茶叶香气。

具体操作时，要看茶做茶，把握好复火的温度。如果是以走水收缩形体为目的的熟做的复火，采用的温度一般是在80~100℃；而以提香为主的最后一次复火，以发展香气为目的，温度就要适当高一些。不同的茶类温度不同，等级高的、嫩度高的、含芽量高的茶，一般使用 60~80℃，进行低温长烘提香；对等级比较低的茶，则采用高温快烘、趁热装箱温度可达100~120℃；春夏茶复火温度适当高一些，秋茶由于叶片薄，复火温度可以适当低一些。

## 二、拼配付制

拼配付制是毛茶付制前的一种准备工作，也是付制毛茶的一种处理方式，是根据加工的目的所做的相关准备。通常有四种方式：

第一种方法叫作"单级拼配、单级付制、多级回收"。将不同产地、不同季节生产的同级毛茶拼合为一个级，比如说春茶的一级、夏茶的一级、秋茶的一级，或者是春夏秋茶的二级、三级，将它们合并成一个级，然后再交予付制的方法。先进行多批次单级拼合，形成一个统一的级别，叫单级拼合。然后，将拼合出来的这个单级茶交付再加工，通过分筛以后，形成了多路筛号茶，这些多路筛号茶，又可以拼配出多个产品、回收到多个级别的加工方法，这种方法就叫作"单级拼配、单级付制、多级回收"。它最大的特点是投入一个等级、回收多个花色，便于多花色产品的连续出厂。

第二种方法叫作"多级拼配、多级付制、单级回收"。将同一季节或不同季节、不同产地的多个等级的毛茶合并起来交付制作，通过分筛以后回收一个等级的加工方法。比如，将春茶生产的二、三、四级毛茶合并，然后进行分筛，最后加工出一个二级或一个三级成品茶。优点在于付制量大，便于短时间生产出数量较多的同级成品，集中供货。普洱紧压茶加工中的饼茶，如果是有撒面、包心和底茶的毛茶，实际上它是三个等级的茶同时在付制，回收回来的是一个等级的饼茶，这种方法就叫作"多级付制、单级回收"。

第三种方法是"单级拼配、单级付制、单级回收"。投入一个等级、回收一个等级的加工方法。可以将不同季节的同一等级先拼合起来，拼成一个级付制，付制完了以后，也只是回收一个等级，我们叫"一对一"的加工。这种方法在许多高档绿茶、高档红茶的加工中使用最多。它不需要做太多的处理，进行撩头割脚、清风选别去掉其中的一些碎片、粗大的和细小的部分，回收出成品的这种加工方式。普洱茶生产中，所谓的"一口料"加工，实际上说的是单级拼配、单级付制、单级回收的再加工方式，投进去一个茶，回收的还是这个茶。

第四种方法叫作"多级拼配、多级付制、多级回收"。将若干批不同等级的毛茶拼合交付付制，通过加工形成多种花色品种出厂的加工方式，叫作"多级拼合、多级付制、多级回收"。这种方式的特点是拼合的毛茶是多级混杂在一起的，然后通过筛网的分筛，形成不同的筛路、不同的筛号茶，不同的筛号茶又可以拼配出多种花色品种出厂。

总而言之，拼配付制是精制生产的毛茶准备过程，这个过程，涉及生产的速度，涉及各个花色品种供应的及时性。当需要多花色品种及时出厂供货的时候，就要采用"单级付制、多级回收"或"多级付制、多级回收"的方法。如果是遇到批量订货，比如说某个客户只要100吨三级茶，那么就要使用"多级付制、单级回收"的方法，将不同季节的不同等级的茶叶拼合，最后回收一个等级来保证短时间大批量单一等级的供货。可想而知，如果没有前期的定级归堆做准备，如果没有精心设计的加工线路和加工方法，精制生产的车间管理、现场管理是十分困难的，一不注意就会出现在制品（即处在分筛状态的在制产品）越堆越多，使生产没有针对性，增加了在制品管理的难度。所以每一个精制加工厂，每一个有规模的茶叶企业，一定要学会拼配付制的方法，根据不同的要求，组织管理好生产。

对于许多喜爱普洱茶的朋友们来说，你进山买了100斤、200斤的茶，直接加工压一个饼、压一个砖的小量生产，属于单级付制、单级回收的加工方式，所付制的是同一等级的毛茶，并不是所谓的一口料。

提醒喜爱普洱茶的朋友们，一口料、纯料这种提法只是一个概念。鲜叶采摘的时候，几乎没有"一口"的说法，一芽一叶、一芽二叶、一芽三叶，通常情况下都会出现不同程度的混采，都会将群体种中的不同品种、不同等级的鲜叶混在一起，因此"纯料"是不存在的，存在的只是单一等级的毛茶。面对市场上，纷纷攘攘的古树纯料、一口料等陷阱，爱茶的朋友，您得注意了。

**思考题**

1. 什么叫"复火"？它的目的主要是什么？
2. 精制茶复火提香，不同等级的茶如何进行？
3. 茶叶精制拼配付制有几种方式？如何进行？
4. 普洱茶中所谓"一口料"，属于哪种拼配付制方式？
5. 遇到大批量订货时，茶叶精制企业应采用哪种拼配付制方式？为什么？

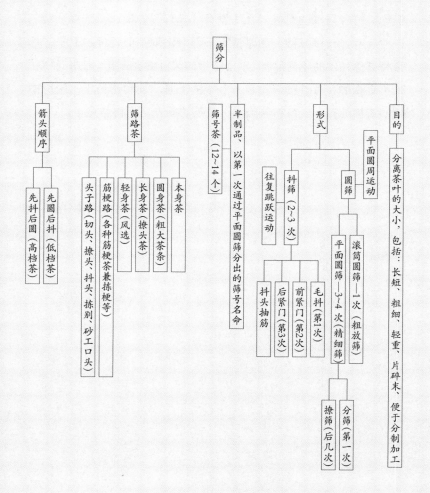

# 茶叶精制之筛分技术

我们接着聊茶叶精制加工技术。今天要分享的重点是精制加工中的筛分技术的有关知识。

当我们走进有规模的、规范的茶叶企业的时候，会看到很多复杂的茶叶机械在不断地分筛着茶叶，可以说，精制就是由复杂的、庞大的筛分机械构成的加工过程。无论如何复杂的筛分，它都是从手工分筛、手工加工发展而来的。换句话说：茶叶精制的现代化技术，源于最初的手工分筛技术。

如果从手工分筛技术来说，筛分主要有飘、撩、抖、撼四种方法。"飘"就是飘筛，演化为现在的以风选为主的加工方式；"撩"主要是指撩筛，演化为现代的平面圆筛；"抖"就是现在的抖筛；"撼"，就是撼盘，类似于风选分轻重的作用。由于手工分筛使用的频率已经不是很多，今天在这儿主要分享的是大规模的机械制茶。

让我们从五个方面来了解精制加工的筛分知识。

## 一、筛分的目的

精制筛分无论采用什么样的筛分方法，就其目的来说，它主要是分离茶叶的大小，其中包含长短分离、粗细分离、轻重分离、片碎末的分离，便于各路茶的深入的加工。筛分的过程实际是将一个茶原料不断地进行分离的过程，在充分分离的基础上，创造条件为成品拼配做好准备，从而进行再一次的成品合并。因此，精制生产常表现出"先分离、后合并"的特点。

## 二、筛分的形式

精制筛分根据筛网、筛子的运动形式，可以将它分为圆筛和抖筛两个类型。

（一）圆筛

圆筛，是做平面圆周运动的筛分方式。大家看到的平面圆筛机，看它的转动拐背是做平面圆周旋转运动的，目的主要起到分清茶叶的长短的作用，在分长短为主的基础上分出粗细、大小。

根据圆筛的筛分效果，可以将圆筛分为"滚筒圆筛"和"平面圆筛"两类。

所谓滚筒圆筛，就是用滚筒筛进行初步分离的方法，一般是第一次的毛分筛分使用，筛网配置筛孔比较大，常常在3~4号，小叶种加工常是5~6号，大叶种3~4号，这种方法叫"滚筒圆筛"，我们将滚筒圆筛称为粗放筛分，进行初步的分离。

第二种是平面圆筛。平面圆筛也称精细筛分，分为分筛和撩筛两种类型。"分筛"是通过滚筒圆筛初步分离的茶坯，再进行第一次的筛分，也叫作平面分筛；第二次、第三次的圆筛称之为"撩筛"，就是撩头的意思，撩出各个筛号茶中比较长的、粗大的茶叶。

（二）抖筛

抖筛，是筛网做往复跳跃运动的筛分方式。可以将它分为毛抖、前紧门、后紧门和抖头抽筋四种类型。

"毛抖"就是第一次抖筛，它通常配置4~6号筛网，小叶种筛网要越收紧2号，即配置5~6号的筛网进行抖筛，经过毛抖初步分离出茶叶的粗细。毛抖以后的第二次抖筛，我们称之为"前紧门""紧门"。

不同的茶叶等级，紧门的设置就是标准的筛孔孔号，不同等级的茶，紧门的规格是不尽相同的。云南滇红茶或传统的绿茶精制，一级茶的紧门常常在7~7.5号；特级茶的紧门一般都高于8号，常常使用8~9号来提取特级茶；三级、四级的茶通常用6.5~7号筛作为紧门筛；五、六级的茶叶一般用5号作紧门。

通过第二次抖筛以后，再进行一次抖筛，也就是第三次抖筛的，我们称之为"后紧门"，它起到补充前紧门筛号不清的作用。朋友们常常会看到很多茶厂，它的抖筛机上面上层筛和下层筛的筛网规格是相同的，这种筛分方式，第一层筛网起到了前紧门的作用，第二层筛网起到了后紧门的作用；还有一种情况是上一层筛用的筛孔比较粗大，常常用4号或者5号做上一层的紧门，而第二层筛收的比较紧，甚至用到了10号、9号这样的很细的筛网，跳跃很大的，这种抖筛方式我们把它称之为"抖头抽筋"，它的作用上层是去掉茶头和粗大茶条的，下层是抽出细小的茎梗，是去梗的，这种筛分方式我们叫作"抖头抽筋"。

浙江富阳生产的抖头抽筋筛一般有四层，前两层起到的是毛抖和前紧门的作用，下边的二层筛起到的是后紧门和抽筋（茎梗）的作用。这种机型在绿茶加工中比较常见，云南使用得比较少，但是有。

无论哪一种抖筛，请朋友们记住，抖筛起到的作用主要是分粗细的，紧门的"紧"，相当于设置一个规格，如果能通过这个筛孔，那么就达到了标准，通不过筛孔的茶就是粗大的茶、不符合等级的茶。因此，紧门起到规格化的作用，这种规格化就是我们说的标准，在精制中称为"紧门"。

### 三、筛号茶

茶叶通过圆筛和抖筛以后，会产生许多的"茶路"，这些茶路通常是用筛网的网孔大小来进行命名的。通过第一次圆筛一般以第一次圆筛的筛网为起始命名的依据，比如说5孔筛筛出来的茶就叫5号茶，6孔筛筛下来的叫6号茶……依次类推。通常，分筛和撩筛后会产生12到14路的茶，有的茶厂分筛的更细，茶路会更多。朋友们参观茶厂的时候，进入精制车间听到的几号茶或茶号，实际上指的是它通过了几号筛网。

### 四、筛路茶

筛路茶不是筛号茶，筛号茶是每一个茶路都会有的。筛路茶一般有五类，就是本身茶、圆身茶、长身茶、轻身茶、筋梗路。

"本身茶"是一次性通过抖筛的直接下来的茶，它是各路茶加工中的最好的茶，我们把它叫作本身茶。

"圆身茶"是圆筛、抖筛筛不下去，处在面上的部分的茶，它条型比较粗大，我们称为圆身茶，它的品质不如本身茶。

圆身茶和本身茶通过风选机，进行风力选别，分出轻重的时候所产生的轻飘的片茶和细小的茶条，这些身骨比较轻的茶，称为"轻身路"。

"长身茶"是指各级茶撩筛撩出来的形体比较长大的茶，是这些长大型体茶的统称。

"筋梗路"是通过抖头抽筋，抽出来的筋梗以及捡梗机捡出来的茶梗，还有人工捡梗捡出来的茶梗，这部分茶的统称，就是筋梗路的茶。

朋友们细想就不难发现，在规模化生产的茶企当中，本身茶、圆身茶、轻身茶、筋梗茶和长身茶，都会有相当的数量，因此在生产管理的时候，各路茶要分别加工，不能混串在一起。我们讲的"批清批做"，主要是对本身、圆身、长身的一次性处理，一批一批做干净。而对于数量相对较少的轻身茶，即片、细条茶和筋梗茶，则可以将同类茶集中到一定程度，进行再次的集中加工处理，要把它们分清晰、保管好，不要混堆，不要串混。

### 五、精制筛分的顺序

茶叶精制筛分有圆筛和抖筛两种形式，那么加工起来的时候，究竟应该是先圆筛还是先抖筛？是"先圆后抖"还是"先抖后圆"？回答这个问题得学会看茶做茶。

凡属于高档茶加工，要保住锋苗、保住芽毫不被机器切断，要"先抖后圆";中低档茶则可以使用"先圆后抖",先把一部分嫩芽、细条通过圆筛的方式分离出来,再进行抖筛、过紧门,提条率就会高。所以高档茶"先抖后圆"、低档茶"先圆后抖"是精制生产的一个加工法则。

总而言之,精制筛分是一个复杂的工序,作为茶友和一般的茶人,做一个粗放的了解就可以了。

我想请大家记住的是"圆筛分长短、抖筛分粗细、风选分轻重、撩筛取长茶",你记住了这些方法,在现实的生产中,无论面对多少数量的茶叶,哪怕几斤、几十斤、几百斤,就可以根据你自己的目的进行处理。比如想分出茶叶的长短,就用圆筛;想分出茶叶的粗细,就使用抖筛;想分出轻重,就用飘筛或撼盘,去掉黄片、朴片和细小的茶条。

现在使用手工筛进行精制筛分的情况越来越少,有些手筛技术面临失传,在云南尤其明显。我想在这里呼吁有条件的茶友朋友,学一学手工分筛,如果你掌握了这门技术,一定会得到更加精细、更加精致的茶品,把茶做出特色。这一点,在普洱茶名山茶、小众茶、小产区茶的加工中,尤为重要。

---

思考题

1. 什么叫"筛分"?它的目的主要是什么?
2. 手工筛分有几种方式?各起什么作用?
3. 茶叶精制中,圆筛的作用主要是什么?
4. 茶叶精制中,抖筛的作用主要是什么?
5. 什么叫"紧门"?不同等级滇红茶精制如何配置紧门筛?
6. 什么叫"抖头抽筋"?它的作用是什么?
7. 茶叶精制中,什么叫本身茶、圆身茶、长身茶、轻身茶、筋梗路?
8. 高档茶"先抖后圆",低档茶"先圆后抖"是精制筛分的法则,为什么?

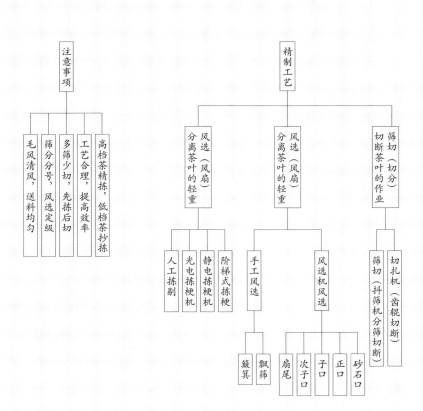

注意事项
- 毛风清风，送料均匀
- 筛分分号，风选定级
- 多筛少切，先拣后切
- 工艺合理，提高效率
- 高档茶精拣，低档茶抄拣

精制工艺
- 风选（风扇）分离茶叶的轻重
  - 人工拣剔
  - 光电拣梗机
  - 静电拣梗机
  - 阶梯式拣梗
- 风选（风扇）分离茶叶的轻重
  - 手工风选
    - 簸箕
    - 飘筛
  - 风选机风选
    - 扇尾
    - 次子口
    - 子口
    - 正口
    - 砂石口
- 筛切（切分）切断茶叶的作业
  - 筛切（抖筛机分筛切断）
  - 切扎机（齿辊切断）

# 茶叶精制之筛切风选和拣剔

我们接着聊茶叶精制加工技术。今天要分享的重点是精制加工生产中筛切、风选、拣剔三个要害工艺的有关知识。

## 一、筛切工艺

所谓"筛切",又称为切分,它是切断粗大的茶叶或无法通过规定筛孔的筛头的作业工序。主要由切扎机和抖筛机两种机型完成这一作业。通过筛切,使粗大的茶叶通过标准的筛孔,提高精制的制率。

茶叶通过毛茶拼堆付制,通过各种各样的分筛,总会有一些茶叶无法通过筛网,对于这些无法通过筛网的筛号茶,在茶路上把它归为圆身路,这些圆身路的茶由于形体比较粗大,无法通过筛孔,这个时候就需要使用切扎机或抖筛机进行筛或切,来改变茶叶的形体。

切扎机切扎,是一种由两个相对旋转的齿辊高速旋转以后,茶叶投入其中进行的切断作业,起到大改小、粗改细的作用。毫无疑问,这种作用对茶的损伤是比较大的,产生的碎片末茶会比较多,因此要慎用。开始切扎的时候,切扎机两个齿辊之间的间隙尽量地调大一些,随着切的次数增加,逐渐地收紧齿辊的距离,减少对茶的损伤，尽量保持切后的茶条完整，这种方法我们叫作"切扎"，也叫作切分。

有一种方法就是利用抖筛机切扎，将通过圆筛机分筛，平面圆筛无法通过的筛网的茶，用抖筛的方法来进行切分。使用过抖筛机的朋友都知道，抖筛是一种跳跃的往复运动的机械，茶叶在筛面上做跳跃运动，使茶叶直立起来穿过筛网，一些无法穿过筛网的粗大茶条，会挂在筛网上，这个时候常常会使用刮筛的方法来进行切断，是一种边筛、边刮、边切的分筛方式。这种方式对茶的损伤没有齿辊切扎的严重，但是时间长了、次数多了会使抖筛的筛网变形，也要慎用。在刮筛的时候，要学会对筛网轻敲轻击，就是我们常说的"拍筛"，拍一拍筛子，使之振动切断茶条，不要硬刮。要尽可能地做到既提高茶的提条率，又要保护好机械，延长机械的寿命。

## 二、风选工艺

"风选"也称风扇，它是利用茶叶的重量、体积、形状和挡风面大小的差别，在一定的风力条件下，分离茶叶的轻重，去除茶叶当中的非茶类夹杂物的作业方式。老百姓又把风选作业的这道工序称之为"过风柜"，把风选机称为"风柜"，是一种利用风力进行茶叶选别的作业。它有两种方式：

一种是机械风选，我们说的风选机风选。风选机风选以后常常出现五口茶，这五口茶分别命名为砂石口、正口、子口、次子口和风扇尾。

砂石口是离送料入料口最近的一个口，它起到隔离砂石的作用；砂和石是最重的，它掉落在送料口最近的地方。

第二口称为正口，出来的茶就是正品的茶。

第三口茶的重量次于正口茶，含有较多的细条和粗大的片，我们把这口称为子口。

子口后面的茶的体形更加的轻，多数是片茶和细小的芽尖，这一部分，我们称之为次子口。

次子口之后的茶，是一些非常轻的茶类或杂物，比如说筋皮毛衣或碎末。

在规模化生产的茶叶企业中，这五口茶要分别收集、分别加工。正口茶可以通过再次复风，然后正常投入下一个工序生产；其他口路的茶（子口和次子口），可以分别堆集以后集中处理，也可以交汇到轻身路，单独分筛处理。

第二种方法是手工风选。我们俗称的飘、簸和撼，是利用一个簸箕或者是一个撼盘，进行上下波动，扬去茶叶中的轻片、茶末或混入在茶叶中的细小的筋皮毛衣或其他杂物的作业方式。飘的叫飘筛，簸的叫簸筛，撼的叫撼盘，它们是传统的手工精制茶叶的风选方式。

### 三、拣剔作业

所谓"拣剔"，淘汰茶叶中的夹杂物、纯净茶叶品质的作业，俗称"拣茶"。有机拣、电拣和人工拣剔三种方式。

在规模化的企业生产中，常常先使用机拣，再使用电拣，最后使用人工辅助拣剔的方法来完成拣剔、净化茶叶品质。这种工艺顺序的设置，主要是为了提高生产力。

其中的"机拣"，就是使用阶梯式拣梗机拣出各号茶中较为长大的茎、梗和杂质，如各筛路茶当中的4号、5号、6号茶，常常先上阶梯式拣梗机进行拣梗、除杂，然后交付下一道工序。

所谓"电拣"，指我们常说的静电拣梗机拣梗，它是利用一种静电的作用分离茶叶和梗的作业方式。茶叶在静电的作用下，由于茶梗的含水量往往高于叶条，它感应电量较大，受电机吸收的力量较大，容易被旋转的静电辊或静电棒所吸附，从茶叶中分离出来，这种方法在传统的红茶、绿茶生产中使用得比较多。

电拣的另外一种方式是"光电拣梗机拣梗"，光电拣梗机的工作原理是利用茶叶对光的反射率剔出茶梗的方法。由于梗和叶的颜色不同，它们对同一波长的光波具有不同的反射率和反射光强度，通过光电元件就可以将光能转变为电能，产生弧度和宽度不同的电脉冲信号，经过电讯线路的控制，带动执行元件区分出梗、叶和不同颜色的其他的朴片等，从而达到良好的除杂效果。在云南茶区，大家又习惯地称之为"除杂机"，效果非常好，除了拣出茶梗外，还能有效地去除黄片和红变叶。

第三种拣梗方式就是人工拣梗。

无论多么先进的机械，在规模作业的情况下，它不可能将茶叶当中所有的杂质都去除干净，必须辅之以人工拣梗的方法进行把关，从而将机拣、电拣中无法除去的硬梗、黄杂和黄头等其他杂劣产品剔除干净，使成品茶达到整齐、美观、纯净，品质高度一致的要求。尽管现代茶叶生产中人工拣剔是一种辅助手段，但这种辅助手段是不可或缺的。

### 四、筛切、风选、拣剔的注意事项

第一，在筛切的时候要尽量做到"多筛少切，先拣后切"。就是说尽可能地多筛，少用切扎的方式切断茶，以保证茶条的完整性。对于筛不下去的筛头，要先拣剔、后切扎，原因是粗大的茶梗或者粗大的黄片，如果直接把它切断、切碎，它就会变出很多来，增加了拣剔的 难度，所以要坚持一个先拣后切的原则。

第二，要牢记"筛分分号，风选定级"的原则。请朋友们记住，无论多么精细的筛分，它起到的只是分离的作用，将茶的长短、大小进行了一个分号，但它还不能叫作"定级"，这些分号的茶叶中常常夹杂着同重量、同粗细而不同规格的碎片茶因此一定要在分筛的基本上进行风选，只有风选以后，这些筛号茶才能最终的定格下来，所以叫作"筛分分号，风选定级"。未经风选的，依然只能叫作在制品。

第三，"毛风清风，送料均匀"，使用风选机风选的时候，无论是进行第一次风选（毛风）还是第二次风选（清风），下料、添料、送料的时候一定要均匀，不要忽多忽少。因为在风力固定的情况下，如果送料不均匀，势必影响风选的效果，产生混杂，使正口茶当中串有子口茶，子口茶当中串有正口茶，要注意添料均匀。

第四，在拣剔的时候要注意做到"高档茶精拣，低档茶抄拣"。

许多高级茶，尤其是芽茶类和一芽一叶的名优茶，它们对含梗量有非常严格的要求，甚至有些产品是不允许出现茶梗的。高级茶一定要精拣，一定要把这些不允许出现的夹杂物去干净。不同的茶类都允许含有部分的粗纤维，允许含有一定数量的茶梗，要分别对待。低档茶可以使用抄拣的方法，快速地拣一遍，使之均匀、统一而不超出限制标准，这属于看茶做茶的范畴。

总而言之，筛切、风选、拣剔是精制加工当中精益求精的作业，但是，这种精益求精又不要求繁琐，一定要强调合理而精准。朋友们在组织生产的时候，在不违背品质要求的前提下，这些工艺环节一定要以提高工效为主，一定要以保证较高的正品率出厂为主，特别是其中的筛切，处理不好，就会增加大量的碎末茶，降低经济效益。

所以，要量质兼顾，设计出最合理的加工线路，加工出深受消费者喜爱的产品。

思考题

1. 何谓"筛切"？使用切扎机切分茶叶时，如何操作？
2. 何谓"风选"？风选有几种方式？
3. 风选机风选以后出现的五口茶是怎样命名的？
4. 光电拣梗机拣梗的工作原理是什么？
5. 筛切、风选、拣剔作业时，应注意什么？
6. "筛分分号，风选定级"的含义是什么？

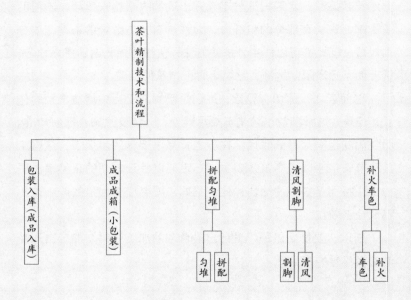

# 清风割脚与拼配成箱

我们接着聊茶叶精制加工技术。今天要分享的重点是茶叶精制加工技术中的补火车色、清风割脚、拼配、成品成箱和包装入库五个方面的知识。

## 一、补火车色

补火和车色是精制加工的最后一次茶叶干燥工序。

补火是传统大宗红绿茶、乌龙茶、黄茶和黑茶精制最后干燥的工作，将各路茶、各筛号茶或各种半成品茶进行最后一次干燥，称"补火"。朋友们知道，精制是一个过程，有的茶叶从开始付制到拣剔结束等待拼配，可能历时半个多月甚至更长的时间，在加工中会出现受潮的情况，尤其是在雨天，这些筛号茶或半成品茶有必要进行一次补火，使它的体型收缩，香气得到进一步的发展。一般使用的是烘干的方法，能起到发展茶叶的香气、收缩茶叶的形体，使品格规格化的作用。

另外一种干燥方式叫车色，车色是特指炒青类的茶而言的。一些炒青茶，尤其是卷曲形的圆炒青或珠茶，如果毛茶储存的时间比较长，比如说隔年的毛茶，或雨季天加工，由于时间较长，它的形体会松泡起来，圆形会变得松散。通过滚筒炒干机车色的方法进行滚炒、车干，使之出现灰绿匀润的色泽，使外形光滑，达到珠茶或圆炒青该有的品质要求，这种工作叫车色。

### 二、清风割脚

清风割脚指两个方面：一是清风，二是割脚。

精制加工生产无论是筛分、拣剔还是匀堆，都可能使在制品茶产生碎茶和碎末。通过清风，即用轻微的风再次进行风力选别，使这些碎茶、末茶分离出去，这种方法叫"清风"，是成品茶、筛路茶最后一次风选，它和正常的风选不同的是风力比较小。

割脚指的是用圆筛机将精制过程中或拼配匀堆过程中产生的碎末茶，以圆筛的方式把它筛离出来的作业方法，俗称"割脚"。"脚"是下段茶、碎茶的意思。

不同的精制茶厂清风割脚工艺顺序不同，常在匀堆之前。自动化程度比较高的企业，整个拼配或匀堆作业靠输送带，在匀茶斗内完成，没有人工翻拌，这种情况下，常常在匀堆之前完成清风割脚；而手工匀堆，尤其是数量比较多的人工拼配匀堆的时候，会产生比较多的碎末茶，因此手工匀堆作业常常将清风割脚放置在拼配以后。不同的企业，清风割脚的工艺设置点是不尽相同的。

### 三、拼配

我们所说的拼配，主要是指精制加工过程中各种筛路茶、筛号茶的拼配。

请朋友们记住，拼配是一门复杂的学问，它可以分为毛茶拼配（即付制之前的毛茶拼合）、半成品拼配（即在制品拼配）、成品拼配三种。今天我们重点分享的是第三种，即筛号茶的拼配。

茶叶通过分筛以后，它分别产生了长身路、轻身路、本身路、圆身路四路茶，有些茶企还分出"头子茶"和砂石口的茶，如何将不同茶路的茶拼合在一起，是一门非常考究的技术。要想办法使本、圆、轻茶、砂石口茶、头子茶几路茶相遇在一起，按照品质要求进行拼合。

拼合通常是对样进行"对样拼配"的，是企业根据订单或固定茶样，对照着这个样品进行的一种拼配，这种拼配叫"对样拼配"，相应的生产叫"对样加工生产"，这是精制企业常常遇到的一种加工形态。如果不是订单和客户特指的产品，企业根据自己的标准（即企标），连续不断的生产历史上曾经生产过的茶。比如曾经生产的某级茶需要重复再出产，对照以往的样品进行的拼配，依然属于对样拼配。由于是对照自己历史上的标样进行的对样拼配，因为企业有了自己的固定的筛路和风格，有了经验，相对容易。只要多比较、多摸索，还是能够完全把握的。

在具体的拼配中，除注意筛路茶、筛号茶的使用外，还应该注意上段茶、中段茶和下段茶的搭配。

"上段茶"是成品茶中"把筛""把盘"以后，漂浮在上面的形体相对粗长的这部分茶的总称，它形体比较大；"下段茶"就是把盘以后沉淀在茶盘下边的这一部分体型比较小的茶的总称；"中段茶"是把盘以后处在上段茶和下段茶中间的这部分茶的总称。就一个成品茶来说，中段茶是最好的茶，也是主配茶，要使上段、下段、中段衔接得相当好，如果上边的上段茶过长过大，或下脚太重，即碎茶、体型小的细茶过多，都不好，一定要衔接得非常的紧密。这类似于开车，不能从一挡一下挂到五挡，一定是一档、二档、三档、四档、五档顺序的过渡，顺序的咬合，这样配出来的茶无论怎么把盘，它才不会出现上、中、下段三段分离。

除此之外，在具体拼配的时候，要养成先拼小样、后拼大样的习惯，我们将拼小样的工作又叫"预拼"或"试拼配"，先进行小范围、少数量的拼配，看它能不能比对上样品。如果可以了，对样了，再来放大样、下大堆。

在具体操作中，请朋友们注意：小样拼配和大样拼配之间存在着些许误差。大样拼配无论是机械拼配还是人工匀堆，都会出现茶条的部分的断碎，翻堆匀堆以后，茶条会比投入拼配之前变小、变短，因此，小样拼配要稍微的留有余地。如果小样完全的对上了标样，匀堆下来以后常常会达不到标样，会变得更细更短，要留有余地。这一点在毛茶拼配时尤其要注意，既不要出现"脱档"，也不要出现拼配不对样。一旦拼配不对样，几十吨几百吨茶很可能就得返工重来，劳动成本和生产强度就大了，成本也就上去了。

在匀堆的时候，要注意放料的顺序。通常是粗大的茶叶垫在底层，或者说圆身茶打底，轻身茶因为轻，不容易掉落沉底，轻身茶要覆在圆身茶的上面，再之后是本身茶，最后是头子茶或长身茶。重的体型放在上面，体型小的最后放，在翻堆的时候、在匀堆的时候它才能够往下掉，匀堆时放料很关键。先粗后细，先轻后重，按照这个方法尽可能地把它放匀，以确保拼配的品质均衡。

### 四、成品成箱

"成品成箱"，是指成品装箱或包装的工作。规模性的茶厂其装箱的工作是在匀茶斗、匀茶机的下方，直接用纸箱或者连体箱成件成件地盛装，然后通过振动机进行振动、摇紧、封箱。手工匀堆在匀完堆以后，经过清风割脚，然后装箱。

从事小包装生产的企业，手工匀堆完成以后或者机械匀堆以后，送入小包装车间进行小包装，有的包成了几十克，有的人包成了几克或者是几百克，不同的企业业态不同，我们无法一一列举，方法和原理是相通的。

### 五、包装入库

茶叶精制企业成品的包装入库，与毛茶的入库管理有类似性。不能串堆，不能混堆，要注意标识标牌的清晰，这些基本的注意事项是相似的。

需要注意的是，成品入库意味着商品茶入库，它可以直接投放到市场上去，也可能长期存储下来。成品入库更要注意批次、等级、花色、品种的清晰，要堆放有序，便于出库。许多精制茶厂有专门的仓库，也有丰富的管理经验。规模比较小的企业混堆、串堆的情况比较多见，提醒朋友们加以注意，使生产管理更加规范。

　　总而言之，补火车色、清风割脚、拼配匀堆、成品成箱和包装入库是精制加工的重要的生产工序，每一个工序都有自己的目的性和指向性，都需要加强生产中的现场管理。至于拼配技术，我们将在以后的栏目中分两期专题叙述，帮助朋友们更多地了解茶叶拼配，更全面地把握精制茶的相关知识。

　　在此，请朋友们记住，茶叶的精制加工生产是一个先分离后合并，不断地分离又不断地合并的过程，生产的现场管理比什么都重要。在掌握了精制生产的有关知识以后，更多地是强调现场管理。衷心祝愿从事茶叶精制加工生产的茶友朋友们，一定要加强生产的现场指导和现场管理。

思考题

1. 何谓"清风"？何谓"割脚"？它们的目的各是什么？
2. 根据拼配对象不同，拼配有哪几种类型？
3. "对样拼配"的含义是什么？
4. 上段茶、中段茶、下段茶分别指的是什么？
5. 拼配匀堆时，如何安排投料顺序？
6. 小样拼配为什么要留有余地？

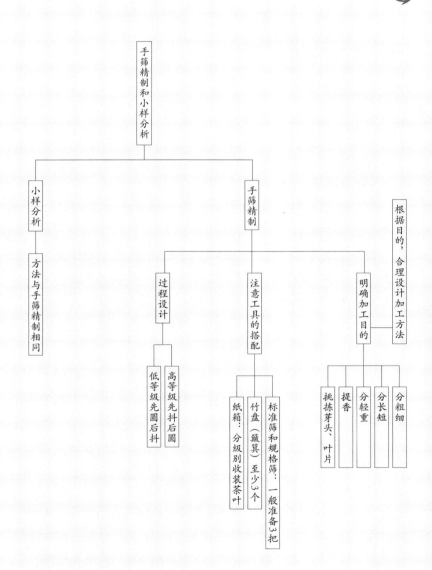

手筛精制和小样分析

小样分析
└ 方法与手筛精制相同

手筛精制
├ 过程设计
│  ├ 低等级先圆后抖
│  └ 高等级先抖后圆
├ 注意工具的搭配
│  ├ 纸箱：分级别收装茶叶
│  ├ 竹盘（簸箕）至少3个
│  └ 标准筛和规格筛：一般准备3把
└ 明确加工目的
   ├ 挑拣芽头、叶片
   ├ 提香
   ├ 分轻重
   ├ 分长短
   └ 分粗细

根据目的，合理设计加工方法

# 手筛精制和小样分析

我们接着聊茶叶精制加工技术。今天要分享的重点是手筛精制和小样分析的有关知识。

## 一、手筛精制

现代化的茶叶生产，无论是单机作业或联合机组的作业，都源于手筛精制，都是从最古老的手筛、分筛中发展而来的。对于绝大部分喜爱茶叶的朋友和茶人来说，没有多少条件和机会接触到茶叶工业化大生产，对联合机组的作业方式，大家没有太多的机会接触到，茶叶精制的知识相对较少。

随着互联网时代的到来，尤其是云南普洱茶的名山茶的兴起、小产区茶的兴起，以及家庭作坊工业的兴起，小批量、少数量的交易模式、交易业态频繁地出现。许多来到云南茶区进山采购普洱茶或者是红条毛茶的朋友，购买的数量往往不多，面对这些毛茶，如何进行后期的整理，就是一个非常现实的问题。

很多茶友将购到的毛茶进行简单的拣剔，即行付制，把它称之为"一口料"加工，这实际就是我们前面说过的"单级付制单级回收"，纯粹的一口料或者是纯料是不存在的。那么，如何将这些单一的产品、单一的毛茶加工得更加精细呢？有必要从手工筛制、手工精制的角度去分析了解有没有分筛的必要性，能不能做得更好？

如果掌握了手工精制的分筛技术，对小产区毛茶的分级整理是大有帮助的。可以把富有特色的各个小产区茶，从现在的单一产品提档升级，生产出品类更加丰富、更能满足多层次的需要产品，具有一定的现实意义。

在组织手筛精制的时候，请朋友们注意三个方面。

首先，要确定手筛精制的目的。

手工筛分精制茶叶，其目的分为五类：一是分粗细，二是分长短，三是分轻重，四是提香，五是从中挑拣芽头或单叶。要根据不同的加工目的，设计不同的分筛方式。

如果是以分粗细为目的加工整型，那么使用的方法主要是抖筛，用"抖"的方法来把茶的粗细分开。具体操作的时候，手持竹筛进行来回地往复式抖动，使茶叶立起来,穿过筛孔,分开粗细，细的掉落在筛的下边，粗的覆在筛的上面，从而完成粗细的分离。

如果加工的目的是为了分清茶的长短，尤其是一些春尾茶，叶片发育成熟度高，也会参伴着比较细嫩的芽叶，老嫩混杂在春尾茶里不论红绿茶都是比较多见的。这种时候，如果是要分长短，就得使用撩筛或圆筛的方法，使用2号~4号筛孔比较大的筛子，进行圆周式筛分。操作时，两个手腕要做圆周的旋转运动，通过这种运动使茶叶上下分离，短的茶叶就会沉到筛的下面穿过筛孔，长大的茶条留在筛面上，实现长短分离。

如果手筛加工的目的是要分轻重，那么方法上就可以使用拣剔的方法，大的黄片、大的朴片通过拣净。如果片茶和条茶大小不明显，或者是茶条中混入比较嫩的朴片，尤其是早春春茶里，蕊片（即鳞片）比较多，这种情况下可以用撼盘，用簸筛进行撼盘或飘筛，使这部分小的蕊片剥离出去。

如果精制的目的是为了发展香气的，就得使用烘烤的方法，以"熟做"的方法进行补火、提香。可以使用焙笼，目前的家庭可以购买恒温箱进行小规模的焙干，还可以使用家庭用的电烤炉进行烘焙等方式，来发展茶叶的香气。

如果加工的目的是要从毛茶当中挑拣出芽头的（实际上也属于区分粗细的方法），使用人工挑拣或者使用抖筛的方法抽取芽头，用"抽筋筛"进行抽抖，抽筋筛抽抖筛离下来的筛号茶，可以进一步使用纱布或毛巾张贴，用张贴的方法提取芽头。云南滇红的"外事礼茶"，很多就是从高档的筛号茶的本身茶中，用毛巾或纱布去张贴，把芽头挑拣出来。

这些就是根据不同的加工目的，使用不同的加工手段。总体说来，手工分筛的手段主要是飘、撩、簸、撼、抖等方式，大家要根据自己的加工目的合理地设计加工方法。

第二，使用手工筛分的方法，要注意工具的搭配。

手工筛分工具主要是规格筛、竹盘和纸箱三种工具。标准筛和规格筛一般要准备3把。通常是筛孔粗大的（如2号筛、3号筛）一把，规格筛（5号~7号筛）一把，割脚筛（10号或12号筛）一把，即粗筛一把、中等筛孔一把、细筛一把。粗筛起到毛撩、毛抖的作用，细小的筛子起到割脚的作用。

　　另外是承接茶叶的竹盘，也就是簸箕的准备，至少要准备三个簸箕。其用途是：一个用作毛茶盛入筛子里、分筛前或刚刚分筛的时候，我们叫作"毛盘"，刚刚筛离下来的茶往往筛号是不清，不论抖筛还是圆筛，筛号是不清晰的，各种茶会交织在一起，要在"毛盘"里面进行毛筛。毛筛完了以后，尽快转入第二个簸箕里面进行净筛，这承接干净整齐茶叶的第二个簸箕，我们称为"净盘"。筛到中间的时候，筛下来的茶就是符合规格的茶。如果筛的时间比较长，一些不该筛下来的茶条会掉落下来，使规格不清，要适可而止。第二个盘起到的是"净盘"的作用，承接符合规格的茶。手筛到后期快结束的时候，在转移到第三簸箕里再筛一下，让该筛落二未掉落的茶掉落下来，尽可能地把正品茶取出来，便于第二次的净抖复筛（类似于机械制茶的后紧门）。

　　相应地，要准备好存放成品、筛头的纸箱（容器），把筛出来的毛盘茶、紧盘茶和茶头等分别收集在一起，便于第二次做净、做透、做匀。要尽可能避免毛抖、净抖不分，只用一个簸箕在下面盛接的这种情况的发生，这是很多从事手筛的朋友不太注意的，提醒朋友们加以完善。

　　第三，手工筛分需要注意的事项。

　　还是那句话，是"先圆筛后抖筛"，还是"先抖筛后圆筛"？这与机械精制加工的原理是一样的。

　　等级比较高的茶，尽可能"先抖后圆"，先把细嫩的芽头和嫩叶取出来，再来处理筛头，因为筛头可能需要使用轧断、捏断的方法来使茶的形体改小。先取走幼嫩的，保持茶的锋苗，这是过程的设计。

等级低一点的茶，可以使用"先圆后抖"的方法，先把短细的茶全拿下来，然后再在这些茶当中去取更好的茶。在此基础上再进行簸撼，类似风选的方法来把茶叶做净，其过程，要看茶做茶。

## 二、小样分析

"小样分析"一般适用于大批量的购买。面对着几吨、几十吨的一批毛茶，如要购买这批毛茶来进行精制加工生产，但又不知道这批毛茶能够取出哪些等级，不知道最后的成品比例……这种时候，在大货中、大堆茶中抽取典型样品进行小规模的手工筛制，以少量的茶分析推演筛制效果，这种方式叫作"小样分析"。

小样分析能分解、研究出大批货品究竟能够加工出哪些等级来，而且每一个等级所占的百分比也可以清晰分析出来。只要小样分析做得好，随之购买的批量货品能够生产哪些等级，能实现多少价值也就能够分析出来。所以小样分析对于批量购买的企业或个人来说很重要，建议朋友们一定要养成小样分析的习惯。

我看到很多朋友购买批量茶叶的时候，只是抓一把样，用肉眼来看一看，就做出购买决策，这对后期不再精制企业问题还不大，如果要从事后期的分级加工，这批茶哪个等级究竟能是多少？效益怎样？不进行小样分析就做出购买决定是非常危险、非常盲目的的，要加强小样分析工作。

小样分析的方式方法和手工精制筛分是一模一样的，只要掌握了手筛精制，小样分析就不难，只要把小样分析的各个筛路茶、筛号茶分清，将来这批茶将出现什么样的成品，就非常清晰、非常明了。

可以说，小样分析是精制茶企从事规模性购买的看家本领，希望朋友们掌握好它，运用好它。

思考题
1. 手工筛分能达到哪些精制目的？
2. 以分粗细为目的加工，应使用怎样的手筛方式？
3. 以分长短为目的加工，应使用怎样的手筛方式？
4. 如何从筛号茶中抽取出峰苗秀丽的芽头？
5. 手工分筛时，为什么要设置"净盘"？
6. 何谓"小样分析"？有何作用？

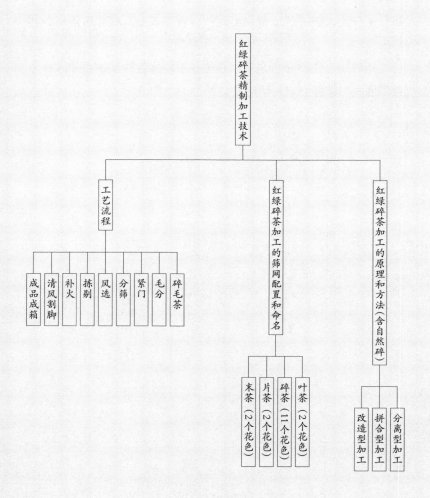

# 红碎茶绿碎茶精制

我们接着聊茶叶精制加工技术。今天要分享的重点是红碎茶等碎茶类的精制加工技术，让我们从三个方面展开讨论。

## 一、碎茶精制的原理和方法

朋友们知道，红碎茶、绿碎茶是茶叶生产中的重要的茶类，特别在我们云南，红碎茶的比例，尤其是分级碎茶的比例已经达到了年产几万吨。由于使用的机型不同，红碎茶的初制加工生产，其毛茶也存在着一些品质上的瑕疵。比如说早期的红碎茶加工在CTC没有出现之前，我们使用大量的是谷包机、羊艾型转子机等机型，这些机型目前在临沧茶区、保山茶区、德宏茶区、普洱茶区和版纳茶区依然有保留，加工出来的红碎茶，也常常能够看到片茶和呈短条形的叶茶，还伴随有一些筋皮毛衣，这些情况在CTC碎茶中虽然比较少见，但还是有，因为CTC的齿辊使用一段时间以后也会出现钝化，切碎得不彻底，产生片茶夹杂其中。因此，红碎茶的精制加工或者绿碎茶的精制加工是有必要的。

在我们滇红的红碎茶里面，有叶茶、片茶、碎茶、末茶四大品名。其中叶茶又有1号、2号两个花色；分级碎茶中又有1到5号，其中2到4号根据品质优劣又分出了11个花色，有高、中、低三个档次；片茶又有 1 号到 3 号两个花色；末茶有末茶 1 号和末茶 2 号两个花色。传统的滇红碎茶有 17 个花色品种，这些花色品种都是通过精制加工以后形成的。

红碎茶加工就其原理和方法来说，无外乎是三种情况：

一种属于分离型加工，比如粗细分离、长短分离、大小分离、杂异分离。粗细分离就是将它的颗粒大小分别开来，采用的依然是抖的方法；长短分离，是将红碎毛茶当中所夹带的叶茶和可以升级为条茶的短型茶分离出来，常使用圆筛的方法；大小分离分轻重依然是使用风选、撼盘、飘筛等方法去掉其中的筋皮毛衣或细小的片；杂异分离使用的是静电拣梗、关电拣梗和人工拣梗等方法，所以分离型加工是碎茶类加工最常见的一种情况。

另外一种情况是拼合型加工，拼合型加工一般有同形拼和和分号拼合两种加工方法。所谓"同形拼和"，是将形体相似、接近的红碎茶或者绿碎茶拼合起来统一加工。比如，将一个企业早春、中春、春尾以及夏茶、秋茶生产的形体比较相似、接近的这部分茶合并在一起进行统一加工，也可以将两三个企业加工的红碎茶或绿碎茶集中起来统一加工的这种方法，我们称为拼合加工。分号加工是将初制所在切茶以后产生的筛头、筛中、筛底几个筛号，分别合并进行的加工叫分号加工、也称分号拼合，这种加工方式属于拼合型加工。

第三种方法属于改造型加工。改造型加工就是通过圆筛、抖筛等方法，将长改短、粗改细、大改小的作业。这种长改短、粗改细、大改小的加工就属于改造型加工；它的手段和方法跟我们说到的传统的红绿条茶的加工基本相似。

## 二、碎茶加工筛网配置和命名

大家知道，碎茶的加工不像条茶，它使用的筛网比条茶细小，筛孔比较小。

在云南通常是用 4 号或 4.5 号的筛号作为毛分平圆的第一把筛子，然后依次为 4 号、5 号、6 号、7 号、8 号、10 号……这样序下去。一般在规模性的茶厂生产中，毛分平圆用三台机器进行，这三台机型在 10 号以下，分别跳两孔（号）设一把筛，也就是 10 号以下就直接是 12 号、14 号、16 号、18 号，逢双设网，比条茶细小得多。

第一个圆筛机上，常常就使用 4 号（4.5 号）、5 号、6 号、7 号四把筛子。

第二部圆筛机上，通常是 8 号、9 号、10 号、12 号四把筛。

第三部圆筛机上使用的是 12 号、16 号、24 号、30 号的筛网组合，这就是红碎茶分筛的是筛网设置。

就命名而言，不同筛网分筛出了不同的茶，有叶茶、碎茶、片茶、末茶四种。从事过生产的朋友都知道，4 号和 4.5 号的毛分平圆撩筛出来的茶常常是叶茶，红茶的叶茶就是 4 号的筛面或 5 号的筛面这两个号。

碎茶是指 5 号筛底以下 10 号筛面以上的茶，依次为 4 号碎茶、3 号碎茶、2 号碎茶、1 号碎茶碎茶。14 号筛以下的就属于碎茶中的副产品茶，称为"副茶"，这是碎茶的命名。

片茶是通过风选机风选以后的碎茶的子口茶，经过再一次合并分筛以后出来的各个筛号茶。它的命名方式是：

8号以下10号以上是1号片；

10号以下12号以上是2号片；

12号以下16号以上的是3号片；

16号以下24号以上的是副片。

末茶通常是32号以下的所有茶的统称。我们把32号以下40号以上的叫末茶1号，40号以下60号以上的叫末茶2号，60号以下80号以上的叫末茶3号，这是末茶的命名方式。

对于这种命名，朋友们有个了解就行了，不一定死记硬背，因为不同的企业它的命名方法不尽相同，我们所说的是以凤庆茶厂传统的命名方式，供朋友们做了解的。

这些年以来，随着CTC红碎茶的出现，随着生产的简化、流程的简化，红碎茶的筛网配置经常会将刚才说的两个筛网之间的茶合并在一起，减少了许多花色。我们见到的花色品种远不如原来那么复杂，没有那么多。

### 三、碎茶加工的工艺流程

总体来说，红碎茶、绿碎茶的精制加工和红条毛茶的传统加工基本相似，它最大的区别只是筛网配置上的不同。其流程通常是：毛分→紧门→分筛→风选→手拣→匀堆→拼配→复火→成品成箱。

这个过程和我们所介绍到的传统的大宗红绿茶的精制加工是

一样的，区别在于它将其中的类似于圆身茶的部分称之为叶茶，本身茶的部分称之为碎茶，轻身茶的部分称为片茶，将 32 号以下的茶称为末茶，这就是它最大的不同。

朋友们经常接触到的袋泡茶，通常就是使用 12 号以下 24 号以上的碎茶加工出来的。在选购袋泡茶的时候要注意观察袋泡茶的茶汤是不是浑浊，如果出现茶汤过浑，那就说明它的筛号用细了，可能拼入了比较多的 24 号以下的末茶或副 1 号碎等这些产品，使得茶汤浑浊，这是劣质品的表现，多加提防、多加注意。

对于其他红碎茶的选别，通过对红碎茶筛网设置的介绍，喜爱茶叶的朋友们就不难了解，选购红碎茶和绿碎茶，由于它的筛网是由粗变细，逐渐收紧减小的，无论它叫什么名称、几号产品，都应该是汤清明亮的，它的筛网规格设计相当规范。成品的碎茶当中是不该加入茶末、茶灰的，所以没有茶汤浑浊的理由，把握住这一点，就能选到合格的碎茶产品。

思考题
1. 红碎茶可细分为哪四个品类？
2. 传统红碎茶有几个花色品种？
3. 红碎茶中最畅销的 2 号碎、5 号碎是怎样命名而得的？
4. 袋泡茶一般使用多少规格的筛号茶入料？
5. 选购袋泡茶时，如何通过茶汤色泽判断品质的优劣？

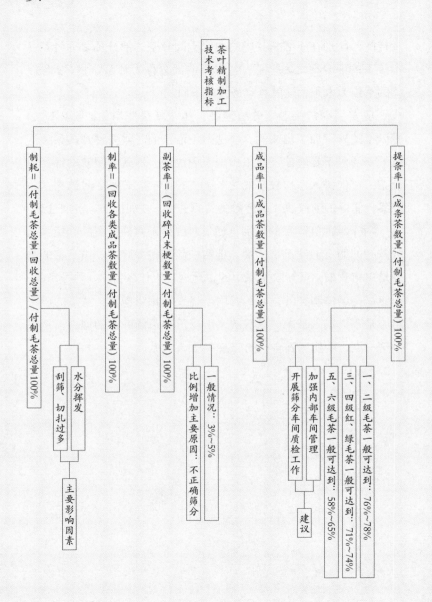

# 精制技术评价及考核

我们接着聊茶叶精制加工技术。今天要分享的重点是评价茶叶精制加工技术的考核指标，让我们从五个方面展开讨论。

## 一、提条率

"提条率"是指精制加工以后所有成条形的茶占付制毛茶总量的百分比。毫无疑问，提条率在大宗红绿茶的精制加工生产中是至关重要的考核指标。因为大宗红绿茶通常是条形茶，经过精制加工生产以后，如果提条率很低，说明在精制加工的时候，要么筛网设计不合理，要么工人操作不合理，必须引起每一个从事茶叶精制加工的企业的高度重视。

精制加工提条率受制于毛茶的质量，毛茶越优质，提条率越高。等级高的毛茶常常条形秀丽、紧结，便于穿过筛孔；等级低的毛茶条索一般比较松抛、粗大，片的含量也比较多，在精制中它穿过筛网的能力较弱，势必就有比较多的头子茶，即圆身茶、长身茶比较多，这一部分粗大的茶条常采取切扎的方式再处理，将它大改小，势必产生比较多的碎片，怎么切断、切扎几次？这是一个技术问题，要有提条率的概念。通常情况下，一、二级毛茶的提条率可以达到 76%~78%；三级、四级左右的红毛茶和绿茶，提条率基本能达到71%~74%；而夏秋茶，尤其是秋茶，提条率会比较低，毛茶等级越低，提条率就越低；五级、六级的毛茶，提条率一般只能达到58%~65%，毛茶的等级决定了提条率的高低。

从事精制加工的企业，在选购优质毛茶的同时，应该注意加强内部的车间管理来提高精制加工的提条率。过去凤庆茶厂和临沧茶厂，为了让车间工人提高1%的提条率，设置了重奖。由此可知，在我们传统的茶叶精制加工中，对提条率是相当重视的。

制茶行业中还有一句经典名言"制茶佬、制茶佬，不是抬就是扫"，意思是指一个制茶的工人，应该自觉地养成勤扫地的习惯，要将散落到地面上的茶叶尽快地收集起来，减少人为的踩踏。一个大规模的企业，如果能够提高1%~2%的提条率，或者说如果减少车间现场的人为踩踏或者是不必要的刮筛引起的断碎，长期下来、它的经济效益是不可估量的。我们建议各个茶叶生产企业，要加强车间工人的关于提条率的宣传教育。

与此同时，要开展筛分车间的质检工作，在每一个筛分的环节、切扎的环节设置质量控制点，比如在圆筛机口、或抖筛机口、或切扎机口，设专人进行定时抽查。可以用一个茶盘将筛下来的茶、切出来的茶盛接出来，每隔几分钟观测一次，从而发现前后筛分或切扎是否一致，如果出现了投料过快，该筛下来的茶没有筛下来，就意味着茶头、圆生茶增多了，交付切扎的量增大，势必增加碎茶的比例，发现问题就要及时的纠正。如果发现投量过少，一些不该筛下来的茶也筛了下来，在复筛的时候又会增加长身茶的数量，长身茶也是需要切扎的，一旦切扎，也会增加碎末茶。如果设置了车间的自检观测控制点，就能有效地避免不当的操作，从而提高提条率。

## 二、成品率

"成品率"是指通过精制加工以后拼配出来的所有成品的总量，占付制毛茶总量的百分比，也叫"商品茶比率"。

茶叶的精制加工生产，最终拼配加工出来的成品不完全是由条形茶构成的，它是由条形茶、一部分碎茶、片茶、拣剔出来的头子茶以及茶梗等多茶路、多筛号茶合并的最终结果。所以成品率实质上是指回收回来的精制茶的有效率，成品率越高，损耗就越少，副产品也就少，经济效益自然就会好。

对于精制加工企业来说，成品率的高低取决于筛分车间工人的作业态度和作业质量。为什么这样说呢？举例说明：同是三级毛茶，这个月付制的和下个月付制的，以及再下个月付制的，不同的付制时间不一定会出来相同的结果，有的比率会悬殊，这就意味着车间管理和现场管理一定有潜力可挖。因此，要用"成品率"这个指标约束车间，尽可能使同级付制的毛茶保持在一个较高的成品率上。

## 三、副茶率

副茶，指的是精制加工生产中产生的碎、片、末、梗等副产品。"副茶率"指精制加工生产以后，所回收到的碎、片、末、梗占付制毛茶总量的百分比。在正常情况下，一般毛茶的碎、片、末副茶的含量一般是 3%~5%，如果突破了 7%，一定与后期的精制加工生产增加副茶有关。精制加工生产中，造成碎、片、末茶产生的原因主要是不正确的筛分，因为不正确的筛分，会产生比较多的头子茶，头子茶如果付切、切扎，就势必增加了碎末茶的比例。因此，精制加工的现场管理中，要注意对副茶率的考核、监督、把关。在筛分的时候，无论是抖筛还是圆筛，都要尽可能地减少刮筛；在切扎的时候，一定一定要先松后紧，逐渐地调紧齿辊，不能一上来就重切。通过这些措施，就能有效地减少碎茶的比例，从而增加成品率，增加提条率。

### 四、制率

"制率"是指通过精制加工以后回收到的各种成品茶、副茶的总和占付制毛茶总量的百分比；通俗地说，就是回收了多少茶，很显然，不同的毛茶等级精制加工以后，它的回收率肯定是不相同的。

茶叶精制加工企业，一定要建立起自己的技术档案，将每一年的不同等级的毛茶加工的回收率建立起档案来，形成经验，就能够有效地指导今后的生产。

在这里，建议我们的茶叶企业尽可能地将提条率、成品率、副茶率、制率，这些关乎经济效益的关键指标变成车间的考核指标、奖励指标，进而从管理制度上、机制上形成一个激励生产好茶、激励提高制率、提高提条率的良好机制，有利于车间职工迅速地成长起来。某种程度上说，制茶企业职工是否敬业、是否爱茶，是不是将自己从事的茶叶精制加工生产做好了，这些是重要的考核指标。此属于管理的范畴，提请朋友们高度重视。

## 五、制耗

制耗的"耗"就是消耗、消失了的部分。我们投入一百斤茶叶进行加工生产，不可能回收一百斤成品，总会有一些消耗，所以，制耗是指总的付制毛茶减去回收总量后，其数量占付制毛茶总量所得到的百分比。通俗地讲，就是损耗的数量占付制毛茶总量的百分比。

茶叶精制加工过程产生损耗的原因是很多的。首先，是毛茶的含水量，如果毛茶含水量过高，采用了熟做的方法或采用了后期的补火，势必因水分挥发而产生比较多的损耗。正常情况下，云南大叶种茶区精制加工的制耗在 1.8%~2.6%，这是由于水分挥发、灰分飘散等损失掉的。如果毛茶水分超标，制耗的比例会更大；如果精制加工生产中刮筛过多、切扎过多，增加了茶叶的碎末比过大，粉尘过多，损耗也会相应地增加。因此，制耗的规律摸索，是每一个精制加工企业要去积累经验的地方。

总而言之，提条率、成品率、副茶率、制率、制耗这五个指标是评价茶叶精制加工技术的考核指标。我们每一个茶叶加工企业都应该在这五个指标上形成经验、积累经验，要从制度上和技术上两个方面去引导车间生产，它们是向管理要效益的重要途径。如果朋友们有志于成为一个好的茶叶企业管理者，那么，这五个考核指标就是你打造铸就有战斗力的职工队伍的重要抓手，也是获得好的经济效益的保障。

**思考题**

1. 什么叫"提条率"？提条率与毛茶品质有何关联？
2. 什么叫"成品率"？如何提到精制成品率?
3. 什么是副茶？精制过程中导致副茶增多的原因有哪些?
4. 精制茶企车间考核指标主要有哪些？如何考核?
5. 什么叫"制耗"？云南大叶种茶的制耗一般是多少？如何减少制耗?

# 茶叶再加工技术

茶叶的再加工，是指将毛茶或精制以后得到的各种成品茶通过再次加工的方法，使之形成各具特色、各有风格的茶品的再一次加工过程。

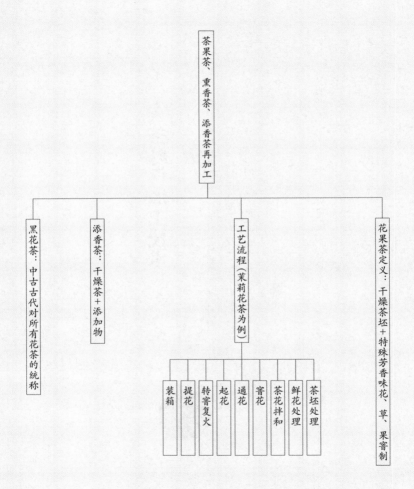

茶果茶、熏香茶、添香茶再加工

黑花茶：中古古代对所有花茶的统称

添香茶：干燥茶＋添加物

工艺流程（茉莉花茶为例）

装箱
提花
转窨复火
起花
通花
窨花
茶花拌和
鲜花处理
茶坯处理

花果茶定义：干燥茶坯＋特殊芳香味花、草、果窨制

# 花茶熏香茶添香茶加工

我们在系统地介绍了茶叶精制加工技术以后，从今天开始，与朋友们继续分享茶叶的再加工。

茶叶的再加工，指将毛茶或精制以后得到的各种成品茶通过再次加工的方法，使之形成各具特色、各有风格的茶品的再一次加工过程。比如，将成品茶用鲜花进行窨制加工出花茶；将晒青毛茶或通过筛制以后的各种晒青毛茶的圆身茶、长身茶或各筛号茶，通过"渥堆发酵"的方式进一步加工成普洱熟茶的熟茶；将晒青毛茶或晒青毛茶加工出来的各种成品茶加工成紧压茶，即饼茶、砖茶、沱茶、茶柱等；再如将精制筛分以后得到的各种碎、片、末茶，用提取、浓缩、干燥的方法加工成各种速溶茶，将这些茶品进一步用提取配料的方式加工成各种功能型的茶饮料；也可以在各种成品茶当中加入中草药形成各种保健茶……凡此种种，就是我们说的茶叶再加工。今天，我们以茉莉花茶为例，重点分享花茶、熏香茶、添香茶的再加工，让我们从四个方面进行分享。

## 一、花果茶的定义

所谓"花果茶"，以干燥的茶坯和具有特殊芳香气味的花、草、果实为原料，进行窨制加工成的各种成品茶。用鲜花加工出来的称花茶；用香草类加工出来的叫香草茶；用果实类加工出来的叫果茶。它们都属于熏香类的茶叶。

## 二、花茶加工工艺流程

花茶类的加工最具代表性的莫过于茉莉花茶，茉莉花茶也是广大消费者最熟悉的花茶。其加工工序，是通过了茶坯处理→鲜花处理→茶花拌和→窨花→通花→起花→转窨复火→提花→装箱九道工序。

茶坯处理：是将需要窨制花茶的茶坯进行必要的处理的过程，主要有整形、干燥两种方法。将茶坯进行外形形状的整理和烘干，使茶坯保持干燥和一定的温度。茶坯的温度要高于室温，一般用于窨花的茶坯的温度最好控制在 30~33℃。

香花处理：是将需要窨制茉莉花茶的茉莉花进行必要的处理。首先，是选料，茉莉花茶加工对茉莉花的要求是选择"含苞待放"的材料，尽量避免使用已经开放了的茉莉花，开放了的茉莉花它已经吐香，蓄香能力、保香能力和吐香能力都已经下降了，要选择含苞待放的茉莉花备用。在此基础上，对收购回来的茉莉花要进行适当地处理，适当地摊放，使其丧失水分，去掉一些青气或鲜花中的杂异气味，待到有 80% 左右的花蕾出现，"含苞欲放呈虎爪状"的时候，就可以用于熏花。使之按一定的比例与茶坯相遇，进行茶、花拌和的作业。

茶花拌和：是将茶和花按一定的比例配和在一起、相遇在一起。在具体的作业中，要根据窨花的次数来确定每一次投放茶叶和鲜花的数量，采用三次熏花的方法进行的窨制，第一次放茶的时候，可以将总茶量的 1/3 进行打底，然后一层茶一层花、一层茶一层花地往上放，最后放一层茶进行压盖。每次放茶量因为生产规模的不同而不同，要均匀使用，这个过程称之为"茶花拌和"。

茶花拌和，茶花相遇以后，静置熏香的过程，我们叫"窨花"。每一次窨花的时间一般是 6~8 小时，要根据鲜花的鲜活度，如果鲜花比较干，不是太潮湿，时间可以适当长一点；如果鲜花是很潮湿的，时间长了就容易糟、容易沤，时间要适当短一点。

窨花的方法有四种，即箱窨、囤窨、堆窨、机窨。"箱窨"是用专用的窨花箱、纸箱、木箱或者金属类的箱子，将茶叶放入一个箱体里面进行的窨花；也可以用"囤窨"，比如数量比较大的一两百斤、两三百斤的窨花就可以用一个"囤"进行窨制；"堆窨"是数量更大的花茶的窨制方法，把茶叶一层茶一层花、一层茶一层花地堆积起来窨制的叫堆窨；"机窨"是用专用的窨花机械设备，比如在"窨花斗"里面完成的窨花。

窨花的过程叫"浸窨"，浸窨的时间长短，一定要根据茶坯和鲜花的状况灵活掌握，中间通花一到两次。

所谓"通花"，就是茶花拌和浸窨以后，将窨堆扒开，让鲜花通气散热的工序。朋友们不难想象，窨花过程中茶花堆积在一起，由于茶坯的温度在 30~33℃，高于室温，堆积的时间长了，堆中的鲜花随着水分的散失就会出现枯萎，花色逐渐转暗、转黄；如果堆温超过 48℃，许多茉莉花的生理机能就会受损，从而丧失吐香能力。因此，当堆积到一定时间以后，就要进行通花散热，散热的时间一般是半个小时到一个小时，等到堆温下降到略高于室温 2~3℃的时候，又可以将它堆积起来，进行再一次的窨花浸窨，就是我们说的"收堆去窨"。

完成了窨花、通花以后的茶坯要进行"起花"。所谓"起花"，也称为"出花"，将窨堆中的茶、花分离的工序，将茶和花分离开，把茶坯中的花隔离出来，也称"出花"。通过十几个小时窨花以后，鲜花的吐香能力已经逐渐丧失，如果继续往下窨制，效果越来越不明显，有些鲜花还会因为茶堆的温度导致糟沤、发酸，所以要将茶堆里面的花渣隔离开。

与此同时，窨制过程中茶堆中的茶在吸附鲜花的香气的同时，也会吸附到鲜花的水分，会回潮、变软，对鲜嫩的花茶的品质不利。窨花到一定程度就要出花，起花。起花以后对回潮的茶坯要进行及时的复火，即干燥、烘干。如果是单窨花茶，即只窨一次的花茶，就可以进入沉香的过程了；如果是双窨花茶，即两次窨花的花茶或三窨花茶（即三次窨化的花茶），还要进行"转窨"，再一次的茶花相遇。具体操作的时候，应根据企业的生产目的来确定是复火还是转窨。

要提醒朋友们注意的是，每次转窨之前都要进行一次复火，要使茶坯回到足够的干度，使它的含水量在 6% 左右，只有茶叶达到足干，并且具备一定的温度的时候，再一次窨制的时候，它才能够更好地吸附到鲜花的香气。

完成了窨花，达到了熏制目的的茶坯，就要进行提花。所谓"提花"，就是在最后一次窨花的时候，用少量的鲜花与茶坯相拌和，通过六个小时左右的时间起花，然后不再进行复火而直接装箱，这个过程叫"提花"，具有补香的作用。

通过这些工艺以后，茉莉花茶就算制成了，就可以装箱、入库，这就是茉莉花茶的加工过程。

在现实生活中，我们购买的茉莉花茶中，常常会看到茶叶当中有花渣，茶叶中看到的花渣，称之为"压花"，将一部分品质比较好的干花和茶混在一起，一起销售，带着花渣的是经过压花处理的。一般高档茶是不见花渣的，要进行出花，要将花去干净，中低档花茶是允许压花的。

### 三、添香茶

"添香茶"是以茶叶为主体，加入各种食用香料、鲜花或者是对人体有益的添加物的一种加工制法，得到的茶品称为"添香茶"。历史上用龙脑、葱、姜、橘皮等与茶拌和在一起的这种方法，叫作"添香"。简单地理解，添香茶就是茶里面有添加物。

### 四、熏花茶

熏花茶是中国古代对所有花茶窨制的统称，其原理和方法跟花茶的加工基本相似，果茶的加工也与花茶的加工方法基本类似。虽然所用的鲜果无法加温，但茶坯一定要加温。无论哪种熏花茶，在一次次的转窨中，要使茶坯复火、干燥，保持茶坯的干度，增加它的吸香能力。

总而言之，花果茶是人类利用茶叶富有情趣的一种利用方式，在欧美地区广泛盛行的调饮茶，某种程度上说就是一种添香茶或花草茶的衍生品。除茉莉花茶外，现代的加工还有菊花、栀子、代代、玫瑰、苹果、香蕉、桂圆等，类别不胜枚举。

喜爱花果茶的朋友们，可以结合我们前边所讲到的茶的吸附作用，去更全面地把握领会花草茶的加工原理和加工方法，我们相信在花草茶的加工中，你会得到许多的生活乐趣。

思考题
1. 茶叶再加工的含义是什么？
2. 花果茶的含义是什么？常见的花果茶有哪几类？
3. 茉莉花茶加工经历了哪些工序？
4. 窨花前应对茶坯进行怎样的处理？
5. 茉莉花茶加工，对鲜花有怎样的要求？
6. 什么叫"浸窨"？什么叫"通花"？什么叫"起花"？
7. 花茶中看到花渣好不好？为什么？

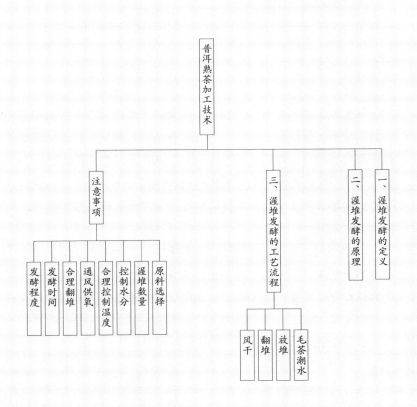

普洱熟茶加工技术

注意事项
- 发酵程度
- 发酵时间
- 合理翻堆
- 通风供氧
- 合理控制温度
- 控制水分
- 渥堆数量
- 原料选择

三、渥堆发酵的工艺流程
- 风干
- 翻堆
- 放堆
- 毛茶潮水

二、渥堆发酵的原理

一、渥堆发酵的定义

# 普洱熟茶加工技术

我们接着聊茶叶再加工技术，今天要分享的重点是普洱熟茶的加工技术。普洱茶分为普洱生茶和普洱熟茶两类，普洱生茶是利用茶树的鲜叶、茶青一次性加工成的晒青毛茶制成的产品；而普洱熟茶则是利用晒青毛茶为原料进行的再一次的加工，是通过渥堆发酵等有关技术以后形成的产品，所以普洱熟茶的加工属于再加工的范畴。

前期提到，通过精制以后的晒青毛茶所产生的长身茶、圆身茶或部分轻身茶等，都可以作为熟茶发酵的原料。熟茶的加工，它的原料可以来源于晒青毛茶，也可以来源于精制以后的各个晒青茶的筛号茶或筛路茶，因此说它是再加工茶类。让我们从四个方面展开讨论。

## 一、渥堆发酵的定义

渥堆发酵是云南普洱熟茶加工的专业名词，它的意思是将一定数量的晒青毛茶或精制以后的晒青毛茶的各个筛号茶、筛路茶添加适量的水分堆积在一起，利用微生物的作用或茶叶基质间的氧化聚合作用或整体的酶促作用，使茶坯发生复杂的化学反应，进而使茶坯形体收紧、滋味变得醇和、茶汤变为红褐明亮、叶底转为红褐色的工艺过程。

　　需要指出的是，"渥堆"不是普洱茶仅有的。在湖南、湖北的黑茶的生产也使用渥堆的技术，和普洱茶加工的区别在于湖南、湖北的安化黑茶、老青砖、茯砖等茶，它的对象是揉捻以后的揉坯，是属于基础茶加工当中的揉捻叶渥堆；而云南普洱熟茶的加工，它的作用对象是已经成为可饮用的晒青毛茶或精制以后的筛号茶、筛路茶。从这个意义上说，普洱茶熟茶是借用了黑茶的加工技术和加工原理进行再加工的产品。

　　此外，"发酵"一词也不是普洱茶的专有名词，在发酵类的茶叶中，红茶和青茶都使用发酵一词。区别在于红茶和青茶的"发酵"，不是工业意义上的微生物发酵，它是茶叶利用多酚氧化酶的酶促反应形成的色变作用。而普洱熟茶，则是真正利用微生物并在微生物酶的作用下加工出来的产品，普洱熟茶的加工才是真正意义上的发酵的概念。因此，茶学教科书里，都在红茶青茶发酵一词使用时打了引号，以示区别。

　　**二、渥堆发酵原理**

　　普洱熟茶的渥堆发酵，其原理是在微生物作用、酶促作用和湿热作用三大作用下，使茶叶中所含有的茶多酚发生氧化聚合反应，蛋白质和氨基酸发生了水解、降解，茶叶中碳水化合物消耗、分解以及各产物之间相互聚合、缩合等一系列反应。通过这些反应，使茶坯的色泽由原来晒青茶的墨绿色转为红褐色，滋味由原来的浓酽型转为醇和型，并引发一系列的香气物质的改变，从而形成熟茶特有的色、香、味、形。

这个过程的酶促作用和湿热作用，在其他的茶类生产中也是有的。比如红茶、青茶是多酚氧化酶的酶促作用，黄茶是湿热作用。因此普洱熟茶和其他茶类的区别主要就在于它有微生物的参与。

在云南普洱茶渥堆发酵过程中，主要的微生物有黑曲霉、青霉素、根霉素、灰绿曲霉、酵母、细菌等类型，其中黑曲霉始终处于优势地位，并以其优势菌群作用于茶坯，它可以产生胞内、胞外两类霉，有20种左右的水解酶，其中的葡萄糖淀粉酶、纤维素酶和果胶酶可以分解出包含多糖、脂肪、蛋白质、天然纤维、果胶和可溶性的化合物。这些分解出来的可溶性化合物，大多数为单糖、氨基酸、水化果胶和可溶性的碳水化合物，从而使普洱茶具备了甘滑醇厚的品质特色，奠定了普洱熟茶特有的品质基础，这就是普洱熟茶的渥堆发酵原理。

### 三、渥堆发酵工艺流程

普洱熟茶渥堆发酵有四个主要的工艺，即毛茶潮水、放堆、翻堆和风干。毛茶潮水是在晒青毛茶里面添加适量的水分的作业，称之为毛茶潮水。通过潮水以后的毛茶进入第二工序，即放堆作业，将受潮茶坯堆积起来，通过一定的时间，茶坯发热、微生物滋生，从而引发各种化学反应。翻堆是普洱熟茶加工的第三种工艺作业类型，在具体的生产中通过翻堆作业，使渥堆中的茶坯内外、上下交换位置，进行翻堆，放堆和翻堆是反复交替的两种工序。当渥堆发酵到具备了普洱熟茶的品质特征以后，就要进行"风干"，风干我们又称开堆，就是将渥堆好的茶坯打开来，进行薄摊、晾干的工序作业。

**四、渥堆发酵的注意事项**

渥堆发酵是形成和奠定普洱熟茶特殊品质的关键工艺，处理的好坏直接决定着普洱熟茶的质量。生产过程中要注意协调好八个方面的问题。

第一，要选择使用好的原料。

普洱熟茶是一种利用微生物作用、微生物酶参与进行发酵的茶，最终形成的外形品质是红褐的外形色泽和红褐明亮的茶汤以及红褐的茶底。选择原料的时候，应该选择茶坯中富含微生物以及保蓄了比较多的茶多酚的这一类型的茶。由于晒青毛茶加工，揉捻以后在阳光下直接晒干，在阳光下摊晒的过程，茶条吸附、附着了大量的空气中的微生物，所以晒青毛茶茶坯本身富含的微生物基质是比较多的。不仅如此，晒青毛茶的杀青温度相对于其他绿茶偏低，保蓄了比较多的茶多酚和多酚氧化酶，它能为熟茶的渥堆发酵创造微生物和多酚氧化酶两个基质条件。因此，用于渥堆发酵的普料只能是晒青，从茶叶的适制性原理来说，我们反对使用其他茶类入料，一定要选择云南大叶种晒青毛茶。

第二，要注意渥堆茶坯的数量。

普洱熟茶加工，茶堆茶坯数量的多少、堆的大小、堆的高低关系到发酵时茶坯的温度、微生物种群的活跃程度，以及微生物数量、茶堆的透气性和酶促氧化的程度等。如果渥堆茶的数量过少，堆温起不来，多酚氧化酶的活性不足，整个发酵过程就会变得漫长起来，其他不利品质的因素就会显现。如果数量过多、堆积过厚，容易形成无氧的环境，产生无氧呼吸，使茶坯出现大量中间产物，从而影响到熟茶的品质。在具体生产中要确定好渥堆发酵的茶坯数量，就工业生产来说，一般采用3~5吨的这个数量比较合理，有条件的企业也可以用更大的堆、更多的数量进行放堆，根据各自的作业条件来进行适当地调整和处理。对于个人爱好性的熟茶渥堆发酵，数量较少，要确保其他指标的满足，即要满足温度、水分、氧气等指标的要求。

第三，要合理控制水分。

熟茶发酵，毛坯添加多少水是发酵的关键技术。水分过多，堆内的透气性差、缺少氧气，使它在少氧环境下产生大量的厌氧菌，甚至出现腐败菌，叶底软而糜烂，甚至会腐烂；如果水分过少，茶堆中充满了空气，温度起不来、茶堆热量不足转化慢，也不能取得好的发酵效果。因此，要特别注意发酵茶坯的含水量。一般来说，要掌握"高档茶适量偏少、低档茶酌情增多"的水分控制原则，二级以上的毛茶，它的回水量最好控制在26%~32%，低档毛茶可以将水分补充到36%~42%。如果在干季进行发酵，水分可以酌情增加，如果在雨季进行发酵，水分可以酌情减少。

第四，要合理控制发酵温度。

茶坯温度的高低影响到堆内微生物的活跃程度，温度过低，微生物的活性是不够的，温度过高也会起到杀菌灭菌、杀灭微生物的作用，对多酚氧化酶的活性而言，在堆内温度达到40~55℃

的时候，多酚氧化酶的活性是最强的，因此低于或高于这个温度都不利于发酵，要注意控制好堆内温度。

第五，要注意改善通风条件。

在一定温湿度作用下，渥堆发酵着的茶坯发生着剧烈的化学反应，微生物大量滋生繁殖，高分子化合物在微生物酶和多酚氧化酶的共同作用下逐渐分解、聚合、降解。如果没有氧气的参与，茶叶中的多酚类化合物、醛类、酮类等难以充分地氧化分解，特别是多酚类物质中的脱氢氧化更加难以完成。要注意茶坯的通风透气，要提供一个相对富氧的环境。除车间环境的通风外，要注意及时翻堆，因为翻堆的过程其实是一个补氧的过程，是一个氧气调节的过程。

第六，要注意合理翻堆间隙。

翻堆是熟茶发酵中调整发酵部位，使内外交换、上下交换的一种工艺作业，对发酵的进程起到调节和控制的作用。翻堆太勤、太多、太频繁，许多微生物还没有滋生，许多多酚氧化酶的活性刚刚起作用进行翻堆，反而阻止了氧化，不利于发酵。如果翻堆过慢，茶坯长时间的堆积，由于堆内缺氧也会导致许多转化中的中间产物的堆积，从而使得发酵的茶发沤、发酸……要掌握好翻堆的间隙，通常情况下，5~6天翻一次茶堆是比较合理的。低热地区进行发酵，温度升得快，翻堆的间隙时间短；温凉地区进行发酵，由于堆温起的慢，翻堆的间隙可以适当延长，6~8天翻一次比较合理，根据气候条件和车间环境条件灵活掌握、灵活确定。

第七，要注意合理发酵时间。

熟茶发酵时间是指晒青毛茶补水、增湿开始，一直到渥堆发酵结束的整个过程。这个过程的时间长短受制于许多因素，气候因素、茶堆数量的多少、水分的多少、翻堆频率和次数等。也受制于不同季节的茶坯，春茶叶子比较厚，发酵时间比较长；秋茶叶子比较薄，发酵的时间比较短，无法固定统一时间。在组织生产的时候，要善于观察茶坯的变化，确定每一堆茶的发酵的时间。通常情况下，春茶的发酵时间大约需要 40~60 天，而秋茶的发酵只需要 40~50 天，要因地制宜、酌情而定。

第八，是掌握好发酵程度。

这几年以来，随着普洱茶的兴起，消费的多样性变得复杂起来，有的朋友喜欢"半生熟"的茶，有的朋友喜欢"六七成熟"的茶，还有的朋友喜欢发酵重一点的茶，这些喜好无可厚非，但就工业生产本身来说，还是应该按标准来指导生产。普洱茶的定义，它限制性地规定了普洱茶的品质，要求其外形的颜色是"色泽褐红"，俗称猪肝色，它的茶汤要求是"红褐明亮"，我们应该把这个标准作为指导生产的依据，过生、过熟都不好。因为发酵浅、发酵不足，茶汤红明欠褐，滋味往往带苦，甚至还会有涩味，叶底冲泡到几泡以后就会出现黄褐泛青；如果发酵过熟，茶汤又过于红褐、发暗、发黑，滋味变淡、少韵，茶汤醇厚度减弱，带上了品质上的瑕疵。

总而言之，普洱茶，特别是普洱熟茶，是云南特有的茶类。在组织生产的时候，一定要按照技术规范、技术标准进行。普洱茶属于地理标志性产品，原料产地有限制性要求，衷心希望广大的茶友树立法治观念，凡离开地理标志区所生产的普洱茶，应予以杜绝。我是反对使用云南省以外其他省的茶、老挝茶、越南茶等来进行发酵的。提醒广大普洱茶爱好者，普洱熟茶属于再加工茶，不建议将普洱熟茶纳入六大茶类的分类中，进行无休止的讨论。好好喝茶、喝出品位才是我们追求的方向。

---

思考题

1. "渥堆发酵"含义是什么？
2. 简述普洱熟茶渥堆发酵原理。
3. 普洱熟茶渥堆发酵有哪些主要工艺？
4. 为什么说晒青毛茶是熟茶发酵最理想的原料？
5. 渥堆发酵"八项注意"是什么？
6. 如何把握普洱熟茶的发酵程度？

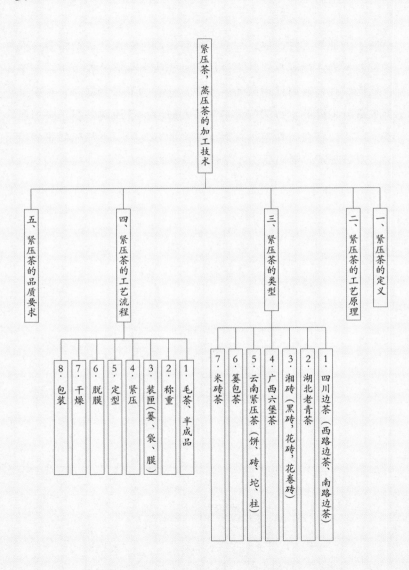

# 茶叶再加工之紧压茶

我们接着聊茶叶的再加工技术。今天要分享的重点是紧压茶类的加工技术。

中国是世界茶的祖国，茶的加工技术，它脱胎于中医制药技术，以中医制药的造粒造型技术息息相关，早在晋、汉时期就有了紧压茶的加工，那个时候的人们把茶叶加工成为一种名曰"饽"的产品。所谓"饽"，就是扁平状的物体，它是最早的饼茶的雏形。在《广雅》中，记录了中国最早的茶叶加工形制："荆巴间采叶作饼，饼成以米膏出之。"这段文字透露出一个信息，即那个时候已经有很明确的制茶形式，就是饼茶。紧压茶类的茶叶加工在我国具有悠久的历史，让我们从五个方面展开分享。

## 一、紧压茶的定义

紧压茶又称蒸压茶，是指将毛茶或者经加工以后的各种半成品茶或精制加工以后的各筛路茶、筛号茶，经高温蒸汽蒸压、压制而成的具有一定形状的茶。紧压茶（蒸压茶）也是聚合型、合并型加工的有一定固定形状的茶的加工方式的统称。大家熟悉的普洱茶中的饼茶、砖茶、沱茶、柱茶，包含云南各民族生产的各种竹筒茶，它们都属于再加工的紧压茶或蒸压茶类。

### 二、紧压茶加工的工艺原理

从古至今，无论哪个省份生产的紧压茶，就其加工工艺原理来说，基本上是利用高温蒸汽，快速地使茶坯吸热受潮，增加茶坯的黏着性，从而使茶坯在湿热作用下引起一系列化学反应，形成各具特色的品质风格。可以说，紧压茶的加工原理，是人工施加外源热并施加一定的压力，使之在湿热作用下形成特殊品质的加工方式。

### 三、紧压茶的类型

我国茶叶的加工，尤其是唐宋时期，全国茶叶的加工基本上都是以饼茶、龙团凤饼等形式为主要方式的。唐朝将饼茶穿成串，在饮用的时候进行煮饮；到了宋代的时候，先把它制成龙团凤饼，然后再用金法槽把它碾碎进行点茶；直到明代朱元璋废饼茶兴散茶以后，饼茶等紧压茶才在江南茶区、华南茶区逐渐地退出主导地位。

悠久的制茶历史，奠定了紧压茶（蒸压茶）在中国的广泛性，有许多种类，根据产地和形制的不同，它大致可以分为四川边茶，湖北老青砖、湘砖、篓包茶，广西六堡茶，云南紧压茶、米砖等七个类型。

四川边茶是中国四川茶农创造的一种传统名茶，产于四川，属于黑茶类；在历史上不同的时期有着不同的名称，元朝的时候把它称为"西蕃茶"，明朝的时候把它称为"乌茶"，现在大家习惯地把它称为"藏茶"，有南路边茶和西路边茶两类。南路边茶过去主要生产在雅安和乐山一带，现在已经扩大到了四川的全省境内，主要集中在四川的雅安、宜宾和重庆的江津、万州等地区；西路边茶主要产于重庆和四川的邛崃、都江堰、平武、大邑、北川等地区，大家熟知的茯砖和方包就属于四川边茶中的西路边茶，而毛砖茶和做砖茶两类，则属于习惯上的南路边茶。

湖北老青砖主要生产于湖北省的赤壁地区，它一般是以一级、二级茶做撒面，三级茶做里茶，每斤茶叶加工成2千克左右的砖，也称为二级砖。湘砖是湖南产的所有砖茶的统称，将它分为黑砖、花砖、花卷茶等类型。除此之外，还有非常有名的篓包茶，篓包茶随着技术的推广，广泛地产于湖北、湖南和广西地区，是用一个类似于箱状的"篓"，将茶叶紧压在其中的加工方式。

大家熟悉的广西六堡茶，产于广西壮族自治区的梧州市，也习惯把它称为梧州六堡茶，有特殊的槟榔香，从清代的嘉庆年间至今，一直享誉海内外。

云南紧压茶产于云南全境内的所有紧压茶的统称，它包含了大家所熟悉的普洱茶当中的生茶和熟茶两类紧压茶，饼茶、砖茶、沱茶、茶柱以及各种竹筒茶就是云南紧压茶的代表性形制和加工方式。

此外，还有一种朋友们不太熟悉的米砖茶，它是利用红茶的末茶蒸压以后加工出来的红茶类的砖茶。重量一般是1125克，也用撒面，分为头面和二面，加在一起的总量大概是250克，大约占20%左右的撒面。过去，它通常以48斤为一箱（件），习惯上也称为48斤砖。这种茶现在在四川和湖南偶有生产，但数量总体来说已经不多了。

### 四、紧压茶类工艺流程

由于紧压茶的类型很多、产地广泛、形状不一。它的加工方法和方式千姿百态，但总体来说，经历了八个主要的工序，即：毛茶或半成品茶的整形（整理准备），这是第一个工序；第二，是称重蒸压，将所要压制的茶称重，然后付制，进行蒸茶，使之回软增加黏性便于压制；第三，是装匣子，将蒸软后的付制茶坯装入篓、袋或模具内的工序，在此基础上进行必要的造型，然后紧压、定型、脱模、干燥、包装。

无论形式有多少，无论哪个省生产的蒸压茶（紧压茶）类，它大致就是毛茶→称重→蒸压→装匣→紧压→定型→脱模→干燥→包装八个工序。只是因为制茶品类不同，风格习惯不同，历史以来形成的习惯不同，在其中的某些工序和工艺上有所调整、有所偏重，各具特色。

### 五、紧压茶的品质要求

由于紧压茶品类繁多、产地广泛，紧压茶类的品质要求很难用三五句话描述清楚，但总的规律是"形体端庄、边缘周正、松紧适度、无松散、无澄泥、美观大方，能满足所要加工的茶品品类的品质要求"。以云南普洱茶饼茶为例，要求茶品浑圆饱满、松紧适度，不能太松，也不能太紧，松的叫"竹箨"，紧的叫"澄泥"。这些鉴定经验，可以远溯到我国的唐宋时代，在唐朝陆羽的《茶经》里，能够找到他对茶饼的评价标准，怕紧、怕松，松紧适度，要符合所加工茶类的品质要求，无论是外形的还是内质的要求，都应该得到满足，在此基础上，尽可能地做到美观大方。

总而言之，紧压茶是我国制茶形制中重要的一个大类，它历史悠久，源远流长。我要提醒我的同事们，提醒爱好普洱茶的朋友们，饼茶、砖茶、沱茶等紧压茶的形制，不单云南有，也不是普洱茶的专利，社会发展到今天，紧压茶的形制除上述所举例的外，还有许多的形状，比如近十多年以来兴起的各种小型化的紧压茶，小饼、小砖、小龙珠等，它们都属于紧压茶的一类，都属于再加工的茶类。云南茶界的朋友不能故步自封，要打开眼界，向兄弟省份学习优秀的制茶经验，把我们的茶做得更好。

---

思考题

1. 何谓"紧压茶"？加工紧压茶的原料有哪些？
2. 简述紧压茶加工的工艺原理。
3. 中国最早的茶叶加工形制是哪种茶？出现在何时？
4. 湘砖是湖南所有砖茶的统称，有哪些代表性类型？
5. 六堡茶主产于广西何处？其香气的最大特点是什么？
6. 紧压茶品质总体规律性要求是什么？

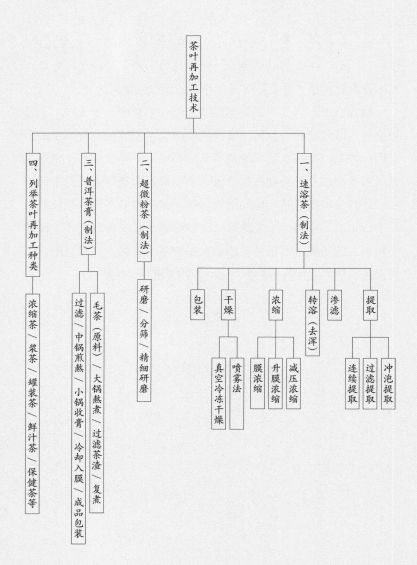

# 速溶茶茶膏罐装茶加工技术

我们接着聊茶叶再加工技术。今天要分享的重点是茶叶再加工中速溶茶、超微粉茶、茶膏以及浓缩茶、浆茶、罐装茶等再加工茶的加工技术，让我们依次展开分享。

## 一、速溶茶的制法

速溶茶是一种呈粉状或颗粒状的固体饮料，速溶茶的加工就是将茶叶中的可溶物通过提取、过滤、干燥的方法，使之成为速溶性的固体饮料的加工工艺、加工方法。它有热溶性和冷溶性两个大的类型。

就其工艺来说，主要有精剔、过滤、转溶、浓缩、干燥、包装、储藏七道工序。这些工序和工艺，无论是加工红茶类、绿茶类、青茶类或普洱茶的速溶茶，基本上都围绕着这七种工艺展开。我们挑其中重点的五个核心工艺与朋友们做介绍。

第一，是提取。提取也叫精剔，利用水或者有机溶剂作为溶剂，以茶叶或鲜叶为溶质，通过浸泡最大限度地提取其中可溶性物质的工艺作业。它有三种方式：一是冲泡提取，二是过滤提取（也叫渗滤提取），三是连续提取。

冲泡提取是最常见的一种方法，就是将茶叶装入一个罐式的提取器中，然后注入 4~6 倍于茶的沸水、开水，浸泡 10~15 分钟以后滤出茶汤，再加入两倍的沸水进行第二次过滤，再取得茶汤，如此 2~3 次反复提取茶汤溶液的加工工艺，我们把这种方法称为冲泡提取，这是最常见的。

"渗滤提取"也叫渗透提取，就是将茶叶放入一个过滤袋中，再将过滤袋放入提取罐里，自上而下淋入沸水，不断地将茶叶当中的可溶性物质溶出，然后将先后滤出的茶汤收集起来进行加工的提取方式。由于它使用的是连续不断地淋入沸水，到后段淋出来的茶汤浓度是不如前段的，可以将后段的茶汤再次注入茶坯中进行淋洗，以增加茶汤的浓度，再把先后获得的茶汤合并起来进行加工。

"连续提取"就是用若干个提取罐，将它串联地摆放起来，将一数量的茶叶分别置入提取罐中，以一定的压力将沸水从第一罐注入，第一罐流向第二罐，第二罐流向第三罐，依次流入反复不断地浸泡，最后得到很浓的茶汤的提取方式，叫连续提取。根据生产规模的不同，连续提取的提取罐可以是五个、六个甚至更多，八个、九个也行，规模性的茶厂数量还会更多。很明显，连续提取出来的茶汤浓度是很高的，但是它的后段随着浸泡的次数和时间的延长，后段的浓度不够，也可以将后段提取到的茶汤提取液再次进行回流、再次注入，再次提取，以增加茶汤浓度，可以反复使用，这是提取的方法。

速溶茶加工的第二个核心工艺是过滤。过滤就是利用不同的过滤介质，将提取液或者是浓缩液中的固态物、悬浮物等过滤出去，以获得澄清的茶汤的工艺。过滤的介质可以是滤纸、纺织类的纺织物（如棉布、麻布、尼龙布、毛毯、毛巾等），也可以是150~200号的丝网或者是多孔性的滤纸，进行多层重复过滤，以获得澄清明亮的茶汤为目的，茶汤越清澈效果越好。

第三，是转溶。转溶也叫去浑，是避免提取液变浑的作业，将茶溶液中低温不溶的那些物质转变成为低温可溶的物质。大家知道，茶汤当中茶多酚和茶多酚的氧化物，一旦与咖啡碱发生化学反应，生成一种络合物，从而使茶汤变浑，所以转溶的目的就是要切断茶多酚及其氧化物与咖啡碱的结合，从而达到冷溶性好，汤色清澈明亮，没有沉淀物的要求，这个作业叫转溶，也叫去浑。方法上可以采用酶促降解法、冷冻离心沉淀法、添加法等，可以添加果糖、木糖、乙醇、儿茶素等来去浑防沉淀。

第四个关键工艺是浓缩。就是利用加热或膜浓缩的方法，排出提取液中的溶剂（如水分或者是其他有机溶剂），使茶汤浓度更加黏稠，增加茶汤浓度的作业工序，有减压浓缩、升膜浓缩、膜浓缩三种方法。减压浓缩就是将提取液、浓缩液放入专用的浓缩罐、浓缩器里，使浓缩器保持在一定的真空条件和温度条件下，使水分有机溶剂蒸发挥发出去的浓缩方式。升膜浓缩是利用一定的专用设备，使提取液在减压的情况下，使提取液沿着加热管、加热管的管壁上升，形成一层液膜增加液体的气化表面积，提高蒸发速率的工作方式。简单地理解就是用加热的方式使提取液沿着加热管挥发水蒸气或有机溶剂，使之蒸发的方法叫作升膜浓缩。"膜浓缩"是一种通过反复渗透进行浓缩的方法，是在常温或低温下进行的，主要是通过高压的方式使水分通过膜片，即过滤膜片，可溶性物质被阻隔在膜内，通过不断的循环以达到浓缩的效果的工艺方式。可见，提取液经过浓缩以后，它的浓度变得很高，最后通过干燥就可以得到固态的速溶茶。

干燥是速溶茶加工中的第五个核心工序，有喷雾干燥和真空冷冻干燥两种方法。喷雾式干燥，是将浓缩液在机械力的作用下，使之以雾状的方式分散成极细小、极微小的雾状颗粒，这些颗粒在 200~250℃ 的温度条件下，使水分快速地挥发，水分瞬间挥发以后，那些不会挥发的固态物形成颗粒沉淀下来，便得到了我们见到的粉状、颗粒状、固体态的速溶茶。"真空冷冻干燥"是将通过浓缩以后的茶汤入料，在零下 25℃ 到零下 30℃ 的低温情况下冻结，在高真空条件下使其中的水分升华排出，在温度回升到零摄氏度以上的时候排出残余的水分，留下的干物质便是速溶茶，这种方式叫真空冷冻干燥。

将喷雾干燥或真空冷冻干燥以后形成的干物质收集起来、包装起来就是我们见到的速溶茶，把这些工艺串联起来、串接起来就是速溶茶的加工方法。

## 二、超微粉茶的加工

超微粉茶俗称茶粉，其工艺核心实质上是将茶研磨成颗粒在 5~10 微米以下的粉状物的加工方法。它的工艺关键就在于不断地研磨和不断地精筛，精筛以后粗大部分再进行研磨，反复进行。要使颗粒通过 5~10 微米的筛号，而且颗粒之间不发生黏连，具有较大的分散能力，所以研磨、分筛、精磨就是超微粉茶的加工要点。

### 三、茶膏熬制

茶膏熬制是一种古老的方法，它跟中医的煎药方式十分相似，与朋友们熟悉的传统红砂糖的熬制方式也非常相似。就是通过原料→大锅熬煮→过滤茶渣→复煮→除杂过滤→中锅煎煮→小锅收膏→冷却入膜→成品包装九道工序加工而成，是一个反复熬煮，通过过滤，再进行煎熬慢慢收膏的一种非常传统的加工方式。

这几年以来，云南普洱茶中有大量普洱茶膏的生产，这个技术已经得到了广泛的运用。在具体加工中，建议可以在提取方式上、浓缩方式上加以改良，可以借鉴速溶茶的提取方法和浓缩方法，以减少前端的工序和劳动强度。

除此之外，茶叶再加工还有浓缩茶、浆茶、罐装茶、鲜茶汁、保健药茶等加工方法，其原理和方式几乎跟速溶茶的加工方式或者说超微粉茶的加工方式有相似相通之处，许多工艺可以借鉴，大家把握了速溶茶的加工方法，其他这些茶的加工方法基本上也就能够把握到脉络。

总而言之，中国茶叶的再加工是丰富多彩的，除上述的这些再加工茶类外，随着工业的进步，现在茶叶生产已经进入茶多酚、茶褐素等功能性茶叶饮料的开发中，茶的利用方式已经不再是千百年来大家习惯的固体的、固态的茶的单一形式的饮用方式，迎接着一个工业时代的到来。未来茶叶的加工，一定是传统加工方式和工业化加工方式并行的时期。喜爱茶叶的朋友们可以在传统的茶制品中，在现代化的茶叶工业化深加工、再加工中获得乐趣、找到方向。从这个意义上说，中国的茶生活是多姿多彩的，茶家族的浩瀚，由此可见一斑。

思考题

1. 何谓"速溶茶"？其加工方式有哪两种？
2. "冷后浑"使茶汤变浑的原因是什么？
3. 速溶茶是怎样加工出来的？
4. 茶粉（超微粉茶）是怎样加工出来的？
5. 茶膏如何熬制？主要工艺有哪些？

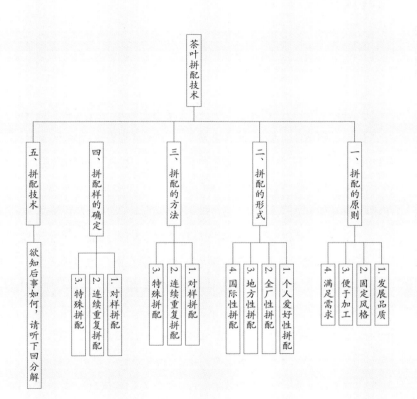

茶叶拼配技术

一、拼配的原则
1. 发展品质
2. 固定风格
3. 便于加工
4. 满足需求

二、拼配的形式
1. 个人爱好性拼配
2. 全厂性拼配
3. 地方性拼配
4. 国际性拼配

三、拼配的方法
1. 对样拼配
2. 连续重复拼配
3. 特殊拼配

四、拼配样的确定
1. 对样拼配
2. 连续重复拼配
3. 特殊拼配

五、拼配技术
欲知后事如何，请听下回分解

# 茶叶拼配技术（一）

在前段时间的栏目中，我们与朋友们系统地分享了茶叶从鲜叶到初制、到精制、到再加工的各个工序环节的有关技术和知识，帮助朋友们初步建立了茶叶加工的完备体系。在接下来的栏目中，将用两期的时间与朋友们分享茶叶拼配的有关知识，以兑现我们在讲到茶叶精制加工各筛路茶、筛号茶拼配时候所留下的伏笔。

一直以来，拼配是广大爱好茶叶的朋友们关注的一个重要话题，在网上、微信里也常常能够看到有关的文章。很多朋友说，拼配是茶叶加工的艺术，对这种观点我持不同意见，我认为茶叶拼配是技术而不是艺术。技术讲的是科学性、严谨性、唯物性，是根据茶叶的各种特点、特征，将作为原料的茶发挥到极致的一种技术，它不是艺术。艺术是唯美的、是唯心的，是可以想象的，由于茶叶拼配不是一个想象性行为，它不是花式拼配，所以我们不能把茶叶拼配当作艺术来看。至于拼配的奥妙，它带来的无穷的乐趣，那是另外一番话题，是人们享受茶叶的一种精神感受。客观地说，拼配就是一种技术。

让我们从拼配的原则、拼配的形式、拼配的方法、拼配样准备以及拼配技术五个方面展开分享。

## 一、拼配的原则

所谓"拼配"，就是根据待拼茶叶的品质特征或市场消费者的特殊需要，将各种毛茶、成品茶原料整合起来，朝着符合商品茶的品质要求以及消费者要求的方向发展的一种工序作业，是茶叶加工中画龙点睛的一笔。

拼配技术的好坏，改变着茶叶的品质，它可以使品质变得更好，也会将品质变得很差。对一个生产企业来说，拼配是指导生产、调剂品质、稳定质量、维护品牌、创收增效和保持可持续发展的核心工作。就其原则来讲，无外四个目的：一是发展品质，二是固定风格，三便于加工，四是满足需求。

任何茶企、任何茶叶生产单元或每一个喜爱茶叶的朋友，都会利用拼配的手段来使自己的产品发挥到极致。比如作为农户的茶农，生产的春茶就可以分出早春茶、中春茶和春尾茶。早春茶又有不同的生产时间，对这个农户来讲，有必要将三天、五天、八天、十天的茶，以一定的方式拼和起来，形成它固有的品质。以一个企业来说，也会将所生产的早、中、晚茶或跨年的茶按照一定的商业目的拼合在一起，这些行为无一不是围绕着发展品质、发挥品质的目的展开的。拼配的目的就是要朝着有利于品质发展的方向去实施，这是第一原则。如果拼配把品质反而搞坏了，这种拼配显然是无效的、徒劳的。

通过拼配固定风格，是一个茶企或农户，有必要将自己生产的茶叶品质固化下来，才能便于消费者识别。如勐库茶究竟是什么风格？班章究竟什么风格？昔归究竟什么风格？生产企业有必要将这些品质固化下来，在年复一年的生产中不断地重复，不断的可复制。拼配的第二个目的就是要固定风格。从品牌的角度来固定，便于消费识别，从而建立起一个品质上的识别系统。

拼配要便于生产加工，有利于复制生产，就是重复生产。比如，各精制茶厂组织的多级付制、单级回收的毛茶拼和加工方式，其"多级付制"的目的就是为了后期好加工，要以最少的投入去获得最好的效益。成品拼配尤其是较为复杂的拼配，将一定数量的茶梗或朴片、轻身路的茶、口子茶等拼入正品中时，要特别谨慎，如果拼配不合理，反而会增加后期的整形工作、除杂工作。拼配要讲合理性，要便于加工生产。

所有的拼配是为了获得一个好的口碑，为了满足消费者需求。

### 二、拼配的形式

由于拼配广泛地存在于茶叶生产的各个环节，比如鲜叶采摘当中的不同等级鲜叶的拼和、几家农户的鲜叶拼和，这是鲜叶的拼合或者初加工时期的原料拼配；又如精制生产前的毛茶拼配，紧压茶加工之前的撒面茶、包心茶、底茶的拼配等，它们广泛存在于生产的每个环节，表现形式多种多样。归纳起来，可分为个人爱好性拼配、全厂性拼配、地方性拼配和国际性品拼配四种类型。

"个人爱好性拼配"是消费者个人或生产者个人以自己的

爱好或者自己心目中好的品质方向，将原料按一定的方法进行拼合的行为。这些年以来，随着普洱茶的热，茶区旅游得到了蓬勃发展，进山旅游的爱茶者众多，这些茶朋友都会买上一点茶，有的几斤、有的几十斤，当购买到几十斤以后，势必就出现了一个拼合的问题，可以将这些不同生产日期的茶，按照自己的喜爱进行拼合，甚至可以将多个产区的原料拼合在一起，朝着自己喜爱的方向去培育品质，这种行为我们称之为"个人爱好性拼配"。

"全厂性拼配"是以一个茶叶生产企业为单元组织的拼配行为。通俗地说，就是一个茶厂组织的拼配行为，将不同季节、不同农户、不同产区，甚至是隔年的茶，以企业的品质要求进行调和拼合，这些行为就是我们所说的全厂性拼配。它的表现形式多种多样，可以是小产区茶，可以是不同季节的茶，可以是多年的茶合并等，从而形成不同的花色品种，满足市场上多种层次的需求。有些规模性的茶厂产量大、批次多，需要将春、夏、秋茶搭配使用以稳定自己的品质，比如凤庆茶厂、下关茶厂、勐海茶厂，这些体量大的企业，它们的生产甚至要调剂到产地、等级、风格诸多因素，其拼配难度比小微企业要难得多，但它依然属于全厂性拼配。

第三种拼配方式，我们称为"地方性拼配"，以一个地区、一个市或一个省为单元进行的大范围的拼配。如云南省茶叶公司计划经济时期，将云南省内生产的所有的红茶调集在跑马山一带，进行大面积的整合拼配，生产出驰名中外的滇红，这种拼配就属于地方性拼配。其他省茶叶公司的生产也是如此。

第四种拼配形式是"国际性拼配"，比如立顿公司的拼配就属于国际性拼配。在计划经济时期，中国茶叶公司出口的中国红茶是将祁红、滇红等各个省生产的茶调集在一起、拼配在一起统一组织出口。这种跨省甚至跨国家的拼配，就是我们说的国际性拼配。

爱茶的朋友、从事生产的朋友对拼配一词的理解，要从宏观和微观两个方向上去把握。微观的拼配，有微观拼配的特点，有小茶区小众茶的一些特征；有时，宏观拼配可以获得品质的恒定性，也能取得众多企业无法达到的品质效果，独领风骚。

### 三、拼配的方法

茶叶拼配虽然形式众多，就其方法来说，主要有三种：一种是对样品配，一种是连续重复拼配，还有就是特殊拼配。

对样拼配是根据消费者或企业曾经生产过的各种等级为样品，对照着一个具体的样品进行的拼配的方法。有"样品"作为参照，比对匹配样品，就达到了拼配的目的。

连续重复拼配是一个公司、一个茶企多年来连续生产出品的产品（如勐海茶厂的 7542，历史上的 421、79562 以及滇红的一级功夫红茶、二级功夫红茶等），是常规产品连续不断、重复作业的一种拼配。

特殊拼配是根据特殊需要或者是新产品研发时，既没有参照物，也没有典型性，属于一种研发性拼配的方式，它是朝着设定的一个目标去进行的工作。比如想配出甜茶、苦茶、涩味重的茶或有特殊香味的茶等一类的拼配，我们称之为特殊拼配。

### 四、拼配样准备

无论哪种茶叶的拼配，都离不开原料的准备，这个原料就是拼配对象，我们又把它叫作"待拼样"。根据待拼样的作用和功能不同，可分为主拼样、调剂样和拼带样三种类型。

"主拼样"是每一次拼配行为当中，以它为主的这个茶样，叫作主拼样。"调剂样"是每一次拼配中，品质优于主拼样整体水平的部分，对拼配产品起到一种调剂提升的作用，相当于是"味精茶"，品质优于主拼样。"拼带样"是每次拼配中，品质弱于主拼样、需要"带走"的这些茶，是"顺带带走"的意思。不难看出，每一次茶叶拼配，首先就是确定一个主拼样，然后找到调剂样，确定拼带样，把品质略次的茶叶带起来、带出去，以发挥最大的经济效益。所以，拼配其实就是三个样的合并。

### 五、拼配技术

当确定了主拼样、调剂样以及拼带样，确立了拼配方法以后，具体的拼配工作就可以开始了。由于拼配对象和拼配目的不同，毛茶拼配有毛茶拼配的要求，成品茶拼配有成品茶拼配的要求，再加工紧压茶有紧压茶的拼配要求，特种茶有特种茶的要求，它们的技术重点是不尽相同的，这些问题，容许我们下期接着分享。

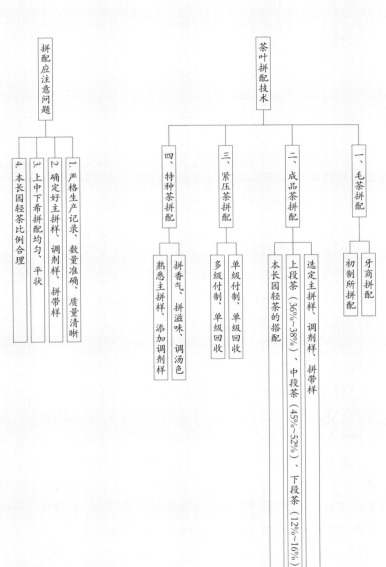

拼配应注意问题

4. 本长园轻茶比例合理

3. 上中下希拼配均匀、平状

2. 确定好主拼样、调剂样、拼带样

1. 严格生产记录、数量准确、质量清晰

茶叶拼配技术

四、特种茶拼配

熟悉主拼样、添加调剂样

拼香气、拼滋味、调汤色

三、紧压茶拼配

多级付制、单级回收

单级付制、单级回收

二、成品茶拼配

本长园轻茶的搭配

上段茶（36%~38%）、中段茶（45%~52%）、下段茶（12%~16%）

选定主拼样、调剂样、拼带样

一、毛茶拼配

初制所拼配

牙商拼配

# 茶叶拼配技术（二）

我们接着聊茶叶拼配技术。今天，要分享的重点是毛茶拼配、成品茶拼配、紧压茶拼配和特种茶拼配的有关技术，以及在拼配中需要注意的相关问题，让我们一一展开分享。

## 一、毛茶拼配技术

毛茶是指从茶树体上采摘下来的鲜叶，经加工制成的成品，它可以是绿毛茶，可以是红毛茶，也可以是黄茶、青茶、白茶、黑茶中的任何一个类型。

毛茶拼配是茶叶生产中源头上第一次调整品质行为。就其类型来说，可以将它分为牙商拼配或初制所拼配两个类型。

所谓牙商拼配，是指活跃在茶区内的第一级经销商收购到千家万户茶农所生产的各种毛茶对其进行的拼配，叫牙商拼配。初制拼配是合作社或专业的对茶叶初制加工进行的拼配。前者，由于原料来自千家万户，情况复杂，对象众多，优劣混杂，波动性大。初制所拼配，是一个生产单位前后季节不同，等级不同的拼配，相对来说，它单一一些，质量也好控制得多。可以说，牙商拼配和初制所拼配是茶作为商品的第一次品质相遇，第一次品质调整，对整个茶叶品质基础的奠定十分重要。有必要将茶叶拼配的有关知识和注意事项，告诉这些从事经营活动的朋友们，为整个茶行业品质的提升打下更好的基础。

毛茶拼配主要有两种方法，即同级合并和同质合并。"同级合并"是将源头上等级相同的原料合并在一起的拼配方法；"同质合并"就是将质量相同、风格相似的一些茶合并在一起，它涉及形体和质量两个方面，前者更多的是形状的合并，后者更多地强调的是质量的合并。形体合并好理解，主要是将形体相同、等级相近的茶合并在一起。但同质合并需要对毛茶进行必要的开汤审评，合并那些品质相同相近的茶，剔出杂劣（如带瑕疵的各种过失茶）。无论是牙商拼配还是初制所拼配，要将有瑕疵的这部分毛茶剔捡开来，单独地储存，单独地销售，绝对不要将有问题的茶（过失茶），混入大货当中去，一颗老鼠屎搅坏一锅汤的教训很多，甚至会导致整批茶严重损失。建议多自律，特别是在现在茶叶生产过剩，竞争日益激烈的情况下，一定要养成毛茶开汤的习惯，将源头上的把关工作做好。对于生产规模比较小的初制所，可以借鉴古人的经验（如宋代生产的贡茶，将春茶分为早春茶、明前茶、春尾茶三个阶段，还将早春茶进一步细分，按照不同的生产日期，生产批次进行合并，从而形成了头纲茶，头帮茶，又叫头火茶……），将两三天、某一个时期的茶适当地进行合并，以避免季节差异的这些方法借鉴过来，灵活使用，为后期茶叶企业的生产加工奠定好基础。这一点，无论是春茶、夏茶、秋茶，都是可以借鉴的，在精细化上求效益。

### 二、成品茶拼配

成品茶主要指茶叶精制加工企业完成精制分筛以后的拼合，主要是各种筛号茶、筛路茶的再次拼配。我们在介绍到茶叶精制加工的时候，提到过精制加工之前的毛茶拼合，有"多级付制、单级回收""多级付制、多级回收"等形式，但毛茶拼合的目的只是为精制生产创造条件，便于统一工艺。各个筛号茶的合并，才是成品拼配。

在具体拼配中，要注意四个问题：

第一，要严格车间记录。对每一批加工茶的数量和质量，要了然于心，尤其是对每一批分筛以后的茶，各个筛号茶的数量和质量要精确把握，只有知道了各个筛号茶的数量和它们的质量，才能确定出拼配所使用的量和质，做到心中有数。车间记录相当关键，这是必须注意的一个问题。

第二，要确定好拼配样。上期提到，任何一次拼配，都有主拼样、调剂样、拼带样的确定，对加工中等待拼配的茶，以哪一个筛号为主进行拼配，要首先确定出来，先确立主拼样。与此同时，要考虑这批茶能带走什么茶，确定拼带样，再平衡需不需要用别的茶来弥补，即确定调剂样。在此基础上，将拼带样、调剂样、主拼样按一定的比例合并起来，进行拼配才有基础。

第三，是要注意上中下段茶的搭配。成品茶把盘以后，浮在上面的叫上段茶，处在中间的叫中段茶，沉到底上的叫下段茶。只有将上中下段茶咬合和在一起，紧密地衔接在一起，在任何翻动和任何运输的过程中，才不至于出现脱档，成品茶也才能平伏美观。所谓"平伏"，就是把盘以后的茶条，用手触摸，不扎手，没有刺痛感，这样的茶形体，称为"平伏"，拼配得好的茶，平伏度是很高的。

不同等级的茶，上中下段茶的比例是不尽相同的，越是高档的茶，形体越小，锋苗越加秀丽，中下段不能露出碎茶来。在计划经济的时候，滇红工夫一级的上段茶的总长度一般是控制在1.2厘米以内，下段茶最短的不能短于0.3厘米；而五级茶的上段茶的长度通常是1.8~2.2厘米，下段茶的长度约0.6厘米。不同等级的茶，形体上的要求是不近相同的，在拼配的时候，要确定哪一个筛号作为上段，哪一个筛路作为中段或作为下段来使用，将它们有机地整合起来。

通常，上段茶比例是36%~38%，中段茶是46%~52%，下段茶是12%~16%。只要朋友们照着这个比例，不同的等级略微调整，总的来说就不至于出现大的脱档现象，就能获得比较好的拼配效果。

第四，要注意本、长、圆、轻茶的搭配。本身茶是精制加工中品质最好的茶，体型重。圆身茶是分筛以后下不去的茶头，通过切扎以后形成的茶路，这一类的茶，它条形松粗，冲泡时常常浮在茶汤面上，滋味不如本身茶浓，但能增加茶汤亮度，用适当的圆身茶和本身茶搭配，可以获得比较亮的茶汤。轻身茶主要是子口茶、大号片、中号片等，形体轻飘，但芽尖的含量比较多，滋味淡而香气高。适当地将轻身茶加入本身茶、圆身茶中，处理得当，会提升显毫度，也能获得比较好的香气。

因此，要处理好本身、长身、轻身、圆身这四路茶的搭配。通常情况下，三级以上的成品茶，本身茶的比例比较大，然后是长身茶，再次是圆身茶，最后是轻身茶。轻身茶的比例应控制在5%左右，本身茶可以使用到70%，等级越高，本身茶使用的量就越大。等级低的茶，主要以圆身茶做主配样，调剂以长身茶、部分本身茶和轻身茶。只要注意好这四点，成品茶的拼配，相对来说也是容易的。因为，精制茶厂加工生产往往进行的是对样拼配，有一个参照物，在这个参照物的指导下，将本、圆、轻茶搭配好，上、中、下段茶处理好，就不难获得理想的拼配效果。

### 三、紧压茶的拼配

在云南，紧压茶主要有饼茶、砖茶、沱茶三种形制。有"单级付制、单级回收"和"多级付制、单级回收"两种生产方式。"单级付制、单级回收"就是俗称的"一口料"加工，只要注意到同级同形或同质拼配就可以。

"多级付制、单级回收"则是将不同等级，不同形体的茶按照加工要求进行合并拼配，将毛茶或成品茶分别拼配成面茶、包心或底茶三类。它们的拼配方法和成品茶拼配方法是一致的，可以将毛茶拼配、成品茶拼配的经验运用到面茶、底茶、包心茶的拼配中。

### 四、特种茶的拼配

特种茶拼配，是针对市场上特殊要求的一种特殊拼配行为。

比如，高香茶的拼配、高亮度茶的拼配、高甜度茶的拼配等。这种拼配方法依然运用毛茶拼配和成品茶拼配的知识和技术，不同点在于强调一个特殊的品质方向。

比如，要将普洱熟茶的茶汤配亮起来，怎么办呢？首先，要了解哪些茶路的茶汤更亮，哪些茶路的茶汤是浑浊的，或者是亮度欠缺的等，摸清"家底"后，将明亮的茶汤，调剂到厚重的茶汤里，就可以增加茶汤的亮度。

再如在滋味上，如果要突出滋味的苦，就得知道哪个茶苦味是最重的，哪一类型的茶它的浓烈度是最强的，把具备这些特殊指标或要求的茶，作为调剂样，将它拼入其中，就能获得好的效果。

又如高香茶的拼配，可以是跨季节的，甚至是跨产区的拼配。在计划经济时期，用祁门红茶和滇红配在一起，就能够有效地解决茶汤和香气两个问题，祁红提香，滇红增加茶汤的亮度和润度。这些都是很好的经验。

总之，特种茶的拼配关键要建立在对所有茶都熟悉的基础上，必须对所要拼配的茶了如指掌，对每种茶的风格特征充分的把握和了解以后，才能得心应手地确立主配样和调剂样。在主配样的基础上，将调剂样调剂到其中去，能得到想要的效果。这需要丰富的经验，需要朋友们在生产实践中，不断地积累和摸索，我们只能从理论上帮朋友们厘清思路，提供参考。

总而言之，拼配是一门复杂的技术，它需要拼配者具有丰富的经验和长期在实践中对茶的熟悉程度。不同的生产者、经营者，不同的茶叶企业有着各自的优势，有各自的品质设计线路，需要熟悉和把握的知识和技术要领不尽相同，我们只能给到大家一把钥匙。请记住，任何茶叶的质量都是设计出来的，它可以对鲜叶用料，到初制生产，到成品拼配各个环节进行设计，只要把握好，就能生产出美妙的品质。

思考题

1. 什么叫"牙商拼配"？
2. 何谓同形拼配？何谓同质拼配？
3. 成品茶拼配应注意哪些问题？
4. 什么是"平伏"？平伏的茶叶好不好？
5. 通常，上中下段茶按怎样的比例进行拼配适宜？
6. 特种茶拼配的含义是什么？如何拼配出明亮的茶汤？

# 茶叶的审评与品鉴

「品评」是在饮用茶叶的过程中对茶叶作出评价，「鉴赏」是在饮用的同时，对茶叶的好坏作出鉴别、鉴定的行为判断。

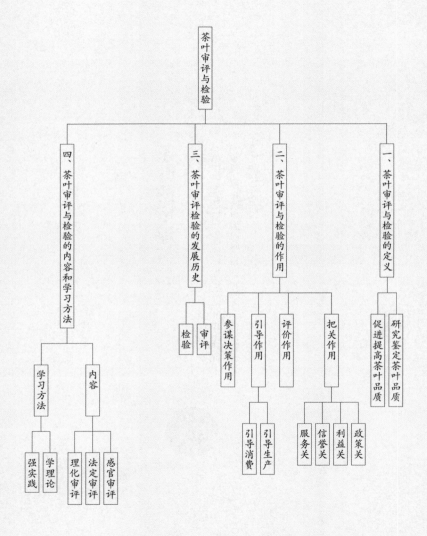

# 茶叶审评品鉴基础知识

　　从今天开始我们将与朋友们系统地分享茶叶品鉴的有关知识。

　　我们通常所说的"茶叶品鉴"，主要是指茶叶的品评和鉴赏。"品评"是在饮用茶叶的过程中对茶叶作出评价，"鉴赏"是在饮用的同时，对茶叶的好坏作出鉴别、鉴定的行为判断，这实际上就是茶叶学科领域中所说的茶叶审评与检验。

　　这几年以来，随着生活水平、生活质量的提高，喜爱茶叶的人越来越多，学习了解茶叶知识，尤其是茶叶品鉴知识的人群越来越广泛。特别是云南普洱茶，它越陈越香的特性，为消费者提供了不同年份、不同年代的认识对象，也提供了不同时期各种风格的欣赏空间，于是对它的认识、把握的难度变大，你一言我一语众说纷纭、莫衷一是。在许多年的说不清、道不明以后，最近又出现了"适口为佳"的言论，把"我喜欢的就是好的"抬了出来。仔细分析"适口为佳"，其实是非常不严谨的，因为适口的这个"口"，是千人千味的，千人千味的好和坏，会出现评价的混乱、认识的混乱。这一点对于一个消费者个人来说可以理解，无可厚非，但是对于一个行业来说，这是绝对不允许的。行业是有规则、有标准的，不能以个人的爱好去替代标准和规则，这个道理是显而易见的。让我们用几期的时间，与朋友们分享茶叶审评与检验的有关知识，去找到不同茶类的评判标准，提升我们的茶叶品鉴水平。

今天，我们从四个方面展开茶叶审评与检验的知识讨论。

### 一、茶叶审评与检验的定义

茶叶审评与检验，是研究鉴定茶叶品质和促进提高茶叶品质的一门学科。我国是茶叶的祖国，在中国有着六大基本茶类，各个茶类有着不同的花色品种，这些花色品种可以通过再加工进而生产出各种花茶、紧压茶和速溶茶等，每一个茶品都有自己的风格和特点，这些风格和特点怎么界定？品质的优劣、价格的高低、等级的确定如何完成？都有赖于茶叶的审评和检验。从这个意义上说，茶叶审评与检验是关于茶叶品质的鉴定规则、鉴定标准。因此我们说它是研究鉴定茶叶品质和促进提高茶叶品质的一门学科，它不能是一种感觉，不应该是个人的感受，要在尊重个人感受普遍认同的基础上形成规律性的认知，是一门大的学问。每个喜爱茶叶的朋友，在自己喜好的基础上，去把握这种规律性，把握这种标准性。

### 二、茶叶审评与检验的作用

茶叶审评与检验的作用，可以从宏观和微观两个角度去认识和理解。宏观角度就是从一个行业、一个企业的视野下去认识茶叶的审评与检验，微观角度是个人的爱好性行为。无论是宏观的认识还是微观的认识，茶叶审评与检验的作用可以概括为把关作用、评价作用、引导作用、参谋和决策四个作用。

所谓"把关作用"，通过对茶叶的审评、检验、检测，从而把住政策关、利益关、信誉关、服务关。任何一个茶叶企业或一级政府，对优质产品的要求有相应的价格体系，优质优价、好茶好价是共同的法则，对一个企业来讲，就是价格政策。这种价格政策的体现，是通过对茶叶作出判定以后去实施的，每个茶叶企业的收购政策、销售政策、服务政策等，都与茶叶审评有着直接和间接的联系，所以审评把握第一关就是政策关。

审评要把握的第二关是利益关，价格政策实际上连接着茶农、茶企和消费者各个环节的利益，审评的结论直接涉及每个环节的利益关系，从行业和企业的角度来说，它是一产二产三产，上中下游连接的枢纽，审评的结论联系着价格，价格联系着各方的利益，审评的一个重要作用就是把住利益关。

审评的第三个作用是把握信誉关。优质优价、好茶好价是企业体现价值认识，体现性价比，传达企业价值认同的直接方法。一个个具体茶叶单品的价格制定，以及对产品所做出的产品介绍、产品说明，都体现着这个企业是否诚信，虚假的宣传、夸大的台词，会给人留下欺骗消费的印象；科学的评价、合情合理的定价，传达出企业的信用。所以审评直接体现了企业的信用，它把握的不仅仅是茶叶的品质，它还把握了企业的信誉关。

同时，茶叶审评工作还把握了企业的服务观。比如一个企业联系茶农的时候，对茶农所提供的各种毛茶在审评以后作出结论，对存在的问题、需要改进的地方提出指导意见，这种指导意见就是对上游的服务；通过审评以后，介绍饮用方式，是对下游的服务，是企业服务体系建立的依据来源。茶叶审评与检验，在起到评价、引导作用的同时，也帮助企业完善了服务，对企业品牌、企业信用建立起着至关重要的作用。

茶叶审评的参谋和决策作用，主要体现在科研和新产品开发上。企业从事新的科研项目，生产出来新的产品，肯定要通过审评和检验鉴定。审评检验得到的结论，对科研的结论、对新产品研发的结论以及企业的态度有着直接的影响。审评也影响着企业的最终决策，体现了审评参谋和决策的作用。

历史以来，茶叶企业流传着这样一句话，就是"端盘子的才是管厂子的"。意思是茶企内部几乎都是围绕着茶叶品质的审评和鉴定展开工作，我们把这种企业内部管理工作称之为企业的全面质量管理。质量的问题，确实是企业竞争的核心竞争力，靠质量求生存，靠质量求发展。从这个意义上说，茶叶企业全体上下听从质量管理是没有错的。

### 三、茶叶审评检验的发展历史

茶叶审评与检验（即茶叶品鉴），在中国具有悠久的历史。

远古时代人们对茶叶的认识，更多地受到了"神农尝百草，日遇七十二毒，得茶而解之"的茶的药用价值的指导。在晋汉之前看到的茶叶的认定方式，较多的是对茶的药用价值的认识。在《神农本草经》、华佗《食经》里面，我们所能看到的是茶的功能性，这从一个方面传达了那一时期人们对茶叶价值的认知方式，即它的功能性，它的药理性。

进入唐朝，随着陆羽《茶经》的问世，人们对茶的品评和鉴定有了新的认识。《茶经》一之源、三之造、四之器、五之煮、六之饮、八之出等章节，都记录和描述了那一时期好茶的产育环境、好茶的产地、怎么评价好茶、怎么去认识好茶的各种观点。可以说，是《茶经》奠定了唐朝人对茶叶品鉴的基础。

到了宋代，随着宋徽宗《大观茶论》，蔡襄的《茶录》以及后来黄儒的《品茶要录》的问世，宋代对茶叶的品鉴越来越精细，尤其是饼茶的鉴别、饼茶八病辨析等知识，即使到今天依然有借鉴价值，依然有指导意义，构成了我们认识茶叶的评价体系。感兴趣的朋友，可以沿着这些线索去探索古人的方法，学习茶叶审评品鉴的历史经验。

茶叶检验的历史最早诞生在 1725 年，英国首先从立法的层面颁布了一个取消茶叶掺假的法律，面对那一时期英国境内假茶泛滥的局面制定了法律，这是最早的检验的开始。我国的茶叶检验始于 1915 年，在浙江的温州设立了茶叶检验处。1931 年以后，开始了全国性的茶叶出口检验，在上海、汉口、广州等口岸设立了茶叶商检局。我国茶叶的检验是从 1931 年全面启动铺开的。理化检验是从 20 世纪 50 年代开始的，理化分析的检验方式是在茶叶的内含物各种成分的含量上，对茶叶作出深入的判定。

这就是茶叶从感性认识到理性认识，从药用到饮料的检验评价发展的历史。

### 四、学习茶叶品鉴审评检验的方法

从我国茶叶评价历史的发展过程中，不难发现，我们所说的茶叶品鉴、审评、检验，主要包含了感官的审评、法定的检验和理化的分析三个方面。在这三个方面中，对于大多数消费者而言，法定检验和理化分析做不到，大家学习的重点，应该把精力放到茶叶的感官审评上，从感官审评的规律性上进行突破。就学习方法而言，无外乎多学理论、加强实践两条途径。

茶叶的种植环境、品种、不同的生产工艺、技术措施，影响和改变着茶叶的品质，对茶叶的品鉴做出正确的判断，必须具备相应的知识。换句话说，茶叶审评，它要建立在茶树栽培学、制茶学、茶叶生物化学等多个学科的基础上，有了这些学科做基础，学习茶叶的审评就不难。这也是我们"亚和说茶"前段时间使用大量篇幅介绍茶树栽培学知识、生理学知识、初加工、精加工、再加工等相关知识的用意。打好了基础、强化了理论，才能走上坦途，才能更好地分析和解决我们所遇到的一个个具体的茶叶品鉴、评价的问题，找到茶叶鉴别的方法。

思考题
1. 茶叶审评与检验的作用是什么？
2. 我国汉晋时期是怎样认识茶叶价值的？
3. 我国茶叶检验始于何时？

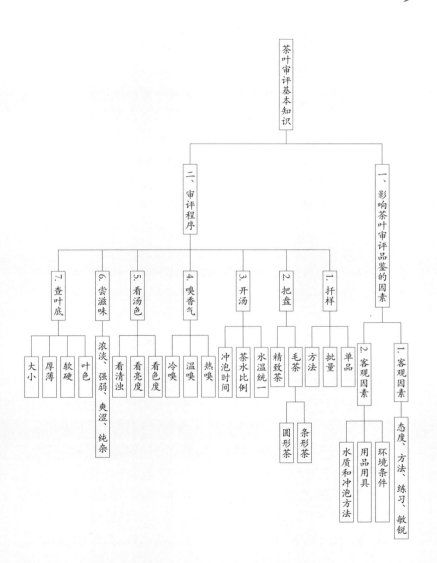

茶叶审评基本知识

二、审评程序

7. 查叶底
- 大小
- 厚薄
- 软硬
- 叶色

6. 尝滋味
- 浓淡、强弱、爽涩、纯杂

5. 看汤色
- 看清浊
- 看亮度
- 看色度

4. 嗅香气
- 冷嗅
- 温嗅
- 热嗅

3. 开汤
- 冲泡时间
- 茶水比例
- 水温统一

2. 把盘
- 精致茶
- 毛茶
  - 圆形茶
  - 条形茶

1. 扦样
- 方法
- 批量
- 单品

一、影响茶叶审评品鉴的因素

2. 客观因素
- 水质和冲泡方法
- 用品用具
- 环境条件

1. 客观因素
- 态度、方法、练习、敏锐

# 茶叶审评品鉴的程序

我们接着聊茶叶审评品鉴的基本知识。在上次的栏目中，与朋友们分享了茶叶审评检验的作用、发展历史和学习方法，我们排斥了个人爱好性喝茶的各种感受，我们尊重"千人千味"的客观存在，但是作为一门学科，不能主张一盘散沙式的百花齐放，必须从历史的、科学的、客观的角度去寻找探索评价茶叶好坏的普遍规律，在这种规律的指导下形成审评评价茶叶的标准，并反作用于茶叶审评品鉴的具体实践，从根本上提高我们全民饮茶、全民品茶的质量。今天，我们从影响茶叶审评品鉴的因素和茶叶审评基本程序两个方面与朋友们展开分享。

## 一、影响茶叶审评品鉴的因素

作为一门学科，茶叶审评具有较强的技术性和公正客观性，要做到公正客观，必须杜绝干扰审评品鉴的不利因素，使品评品鉴活动更具科学性、更具说服力，这些影响因素概括起来，无外乎主观因素和客观因素两个方面。

从主观因素的角度来说，主要是从事审评品鉴的主体，即是人为因素。每一个人认识事物的态度和方法，经验的丰富程度、熟练程度、敏锐度，都会影响到审评结论的准确性。在现实生活中，我看到许多爱好茶叶的朋友，在评论一个茶的时候是唯心的、是想象的，也就是说思维的方法论是唯心的、是臆想的，导致包括云南普洱茶在内的舆论混乱，讲故事和各种伪科学现象非常普遍的重要原因。因此，学习茶叶审评品鉴，首先要从态度上、方法上提出要求，必须用唯物的、辩证的、科学的观点来指导我们的行为，在尊重科学的基础上反复练习，多加比较，提高我们对色、香、味、形的敏锐度，提高判断力。只有把这些可能影响到茶叶审评结论的因素重视起来，公正公信具有说服力的审评结论才有保障。

影响茶叶审评品鉴的第二个因素是客观因素。这些客观因素概括起来主要是环境条件、用品用具条件、水质及冲泡方法三个方面。

从环境条件上说，影响审评结论的主要因素是自然光。参观过规范化茶厂的朋友都知道，标准的典范性茶厂的审评室，会设置在背南面北的环境中，其目的是为了获得自然光。在赤橙黄绿青蓝紫七种光谱中，有色光谱的红、黄、紫、蓝、绿等光谱，会干扰到我们对茶叶外形和汤色的判断。尽可能地将墙壁、天花板、灯光等营造成自然色，向自然的光线靠近。审评茶叶的活动，尽量不要在有色的光线或者陈列有色物质的环境中进行，越接近自然光越好。

审评品鉴的用品用具对审评结论也会有干扰。比如审评杯的大小、容水量的多少、投茶量、茶杯的散热性、浸泡和出汤的时间等，对审评的结论有着直接的影响。这些因素中，有操作的因素，也有客观条件的限制。每一次茶叶的审评品鉴，要尽可能地将审评的条件、用品用具统一起来。道理很简单，一个容量不同的茶杯或茶碗泡出来的同一个茶，味道肯定不一样，结论肯定就有误差。这也是每一次茶叶审评活动、品鉴活动，都会将用品用具规范起来、统一起来的原因。爱好茶叶的朋友们在从事品鉴的时候，要注意在用具用品上的统一；时间的计量上，茶水比例等方面的确定和统一。每一个用具用品因素和冲泡因素都要考虑在内，要减少人为因素改变了茶汤质量，从而出现错误的判断。

在影响审评的客观因素中，水是一个十分重要的因素。"水为茶之母，八分之茶遇十分之水，茶亦十分。"古人的这种经验，告诉了我们水对茶叶品质的影响。评茶要选水，用水要统一，要让茶叶在同一种水的冲泡条件下完成，避免因为用水不同而出现不同的判断，尽可能地将每一次审评品鉴统一在相同的条件下，用实验室的态度、实验室的严谨来对待。联想到现实生活中，许多朋友们喝茶，三五成群地在一起品茶，常常是喝完一泡茶，再接着另外一泡茶，一个一个地往下喝……其实，在这种冲泡条件变动的环境下做出来的品鉴结论肯定是有误差的，每一次冲泡的水温、投茶量、出汤时间不尽相同，结论自然不同。因此，但凡带有比较，但凡带有对比鉴定性的喝茶，要尽可能地同时同条件完成，要把它们统一到统一的环境中，统一的冲泡方法下，结论才会相对准确。

"不怕不识货，就怕货比货。"但"货比货"必须建立在同一的条件下，无论多少个茶，必须是分组别一次性完成。这也是很多斗茶赛、茶叶评比的时候，专家们将若干产品依次排开、一次性完成审评的原因。

## 二、茶叶审评品鉴的操作程序

每一次茶叶审评和品鉴，都有一个组织的过程、操作的过程，这个过程是按照一定的顺序进行的，这个顺序称作"茶叶审评品鉴程序"。通常由七个步骤完成，就是扦样、把盘、开汤、嗅香、看汤、尝味、查叶底。

"扦样"是获得审评样品的准备过程。由于品鉴的规模不同，常常看到有两种情况：一种是单品审评，比如审评一个饼茶、一个沱茶、一个砖茶或者某一个散茶小样的时候，取样相对容易，只要将一个饼的撒面、包心、底茶都取下来拌匀即可；如果是一箱装一袋装的茶，尽可能地将上中下三段茶都取到，拌匀待用，这是单品取样。另一种情况是批量性审评，比如企业大批量进货时，面对着几百箱上千箱的茶，这时的扦样就非常的关键。扦样要准，最好是逐箱扦样、逐件扦样，如果做不到，数量太多，扦样的覆盖面应至少达到总量的 30%，将扦取的样品，在一定的场地上进行混合，拌匀以后，再用十字取样法，将茶堆开成"十"字沟，用对角线取样的方法来进行取样。这样的取样方法才有代表性，才有典型性，审评才有保障。扦样工作，千万要准确，要具有典型性。

"把盘"是将取得的茶样放入一个小一点的簸箕或者是木茶盘里，进行摇匀的作业。根据审评对象不同，把盘又有毛茶把盘和精制茶把盘两种情况。其中毛茶把盘又分为条形茶把盘和圆形茶把盘两类：毛茶条形茶的把盘一般选择用簸箕，而不用木盘，因木盘比较光滑，摇盘的时候上中下段茶不容易分开，要用阻力比较大的簸箕进行摇匀。圆形茶的毛茶把盘，如铁观音、碧螺春、珠茶或是圆炒青等呈颗粒状或圆球形茶的把盘，摇盘以后要用一种"削切"的手法进行削切，将它一层层一层层地拨开，拨开以后平撒在簸箕里面，再以一个"飘"的动作，使它平卧出来，就能看到整个毛茶的状况，大小颗粒分散，一目了然。精制茶审评的把盘，如滇红、普洱成品茶的各种散茶、421、宫廷普洱等，可以在木质样盘上进行把盘。茶类不同，把盘的方式不同。要引起注意，有关知识我们以后的栏目中会介绍到。

　　审评程序的第三个作业是"开汤"。开汤是茶叶审评评比的冲泡过程，要注意水温的统一、茶水比例的统一、冲泡时间的统一，在三统一的前提下进行开汤，尽量地减少误差。

　　开完汤以后，第四个程序是"嗅香气"。要先闻香气，后看汤色。闻香气分三个阶段进行，即热闻、温闻和冷闻，趁热闻的时候要注意辨别茶叶的杂异气味、优劣气味，看看茶叶有没有被其他的杂异气味干扰到，这是热闻的主要目的。温闻的时候，重在辨识茶叶的香气类型和香气的优次，判断出茶的香型以及这种香型的优次情况。冷闻的时候，主要判断茶叶香气的持续时间，我们叫做"冷闻香悠长"。嗅茶香的时候要注意不要将杯盖、碗盖打开，香气是一种散溢性的气体，如果杯盖、碗盖打开，气体会很快地散溢减弱。多人审评的时候，第一个闻到香气的和最后一个闻到的香气往往不一样，结论会不一样，要注意操作细节，尽量避免误差。

　　第五个审评程序是"看茶汤"。大家知道，茶汤倾倒出来以后，它和空气接触，会很快地发生化学反应，从而使汤色改变，因此在茶叶品鉴品评的时候，要注意趁热看茶汤。有的茶叶审评甚至把看茶汤放到闻香气之前，就是为了避免茶汤氧化引起判断失误。看茶汤主要从三个方面进行观察：一是看茶汤的色度，看它究竟是绿色、黄色、红色还是红褐色，确定茶汤的基本色调；二是看茶汤的深浅；三是看茶汤的明暗度，判定茶汤是清亮的还是浑浊的，茶汤里面有没有悬浮物等，然后根据不同茶类对茶汤的质量作出判别。

第六个程序就是"尝滋味"。茶叶滋味的鉴定，防止误差在茶汤温度约 50℃ 的时候进行，过烫会影响嗅觉的感受，过冷许多物质被沉吸，影响了茶汤的协调性。无论是哪种茶，从茶汤滋味的浓淡、强弱、爽涩、鲜滞、纯杂这样五个方面去进行判断。浓淡、强弱好理解，爽涩指鲜爽度和涩度的感受，纯杂指滋味的醇和和茶汤有无杂异。

第七个程序是"查叶底"，是茶叶审评的最后一个程序。检查叶底（茶渣），从叶底的颜色、软硬、厚薄、大小、匀整度几个方面去观察。叶底是任何一个茶叶冲泡以后原形毕露的地方，通过对叶底的仔细观察，能够鉴定出鲜叶采摘水平、加工环节对品质的影响等，从而作出正确判断。

总而言之，无论是哪一种茶，它的审评品鉴程序都是通过扦样、把盘、开汤、嗅香、看汤、尝滋味、查叶底七个程序完成的，是一个完备的流程，每一个环节出问题都会影响到鉴定的准确性。朋友们在平时的茶叶品鉴中，一定要注意流程的完整性，许多茶友品茶，只注意香气和滋味两个因素，忽略了取样、忽略了把盘、忽略了开汤改变茶叶品质，不注意叶底，这些习惯都是不好的，得到的结论肯定也是不准确的。

走完流程以后，在作出审评结论时，一定要根据所审评的茶类的要求来进行判定。红茶有红茶的要求，普洱有普洱的要求，生茶有生茶的要求，熟茶有熟茶的要求，冰岛有冰岛的特点，昔归有昔归的特点，班章有班章的特点，易武有易武的风格，要将这些茶类、茶区的品质风格作为判别的依据。要从大品类上去定性，在大品类符合要求的前提下，找到个体的差异化，在强调类别的基础上，找风格、找差异化。审评人员应公正客观地记录差异，完成好审评鉴定的使命。

那些优异指标多的，就是优质品。凡属有污染有杂异的，是过失茶或劣质茶的表现。选优汰劣，就是评比、就是品鉴。

---

思考题
1. 影响茶叶审评品鉴的客观因素主要有哪些？
2. 茶叶审评应按怎样的程序进行？
3. 辨析茶叶香气如何分三个阶段进行？各阶段的任务是什么？
4. 应从哪些方面观察辨识茶叶的汤色？
5. 鉴定茶叶滋味时，茶汤温度控制在多少为宜？如何辨析？
6. 应从哪些方面评价茶叶的叶底？为什么？

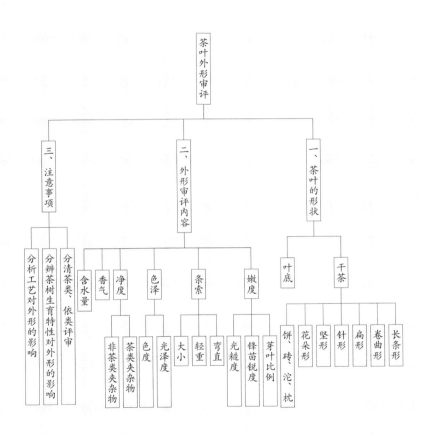

茶叶外形审评

一、茶叶的形状
- 干茶
  - 长条形
  - 卷曲形
  - 扁形
  - 针形
  - 坚形
  - 花朵形
  - 饼、砖、沱、枕
- 叶底

二、外形审评内容
- 嫩度
  - 芽叶比例
  - 锋苗锐度
  - 光糙度
- 条索
  - 弯直
  - 轻重
  - 大小
- 色泽
  - 光泽度
  - 色度
- 净度
  - 茶类夹杂物
  - 非茶类夹杂物
- 香气
- 含水量

三、注意事项
- 分清茶类、依类评审
- 分辨茶树生育特性对外形的影响
- 分析工艺对外形的影响

# 茶叶外形评价方法

我们接着聊茶叶审评与品鉴的知识。茶叶审评与品鉴是对茶叶品质做出评价鉴定，既然是一种评价鉴定工作，就要出于公心，杜绝臆想猜想，提倡用科学的唯物的方法论来指导我们的审评和品鉴。同时还要将审评品鉴工作纳入规范的统一的程序里，统一比赛的规则、统一竞赛的前提下进行比较，其结论才有公正性、才有客观性，我们把它视为茶叶审评品鉴的规则。今天，与朋友们分享的重点是茶叶的外形评比、外形审评。让我们从三个方面展开分享：

## 一、茶叶的外形

我国是茶的祖国，有着六大基本茶类，是世界上其他产茶国家所不具备的。我国茶类品种繁多、花色品种浩瀚的多姿多彩性，给我们对外形的评价和品鉴增加了难度。难怪茶圣陆羽也说"茶有千万状"，在我国从来都有"茶叶学到老，茶名记不了"的感叹。现实生活中，无论是从事茶叶生产工作的还是喜爱茶叶的朋友们，大家三五成群聚在一起准备品鉴一个茶叶的时候，首先映入我们眼帘的就是茶叶的外形。所以，外形的评比是任何茶叶评比品鉴的第一步。

中国的饮食文化强调的是食品的色香味形，形是我们可堪把玩的重要部分。在前段时间的栏目中，在介绍到茶叶分类的时候，与朋友们分享了我国茶叶形状的多样性，我们说中国人制茶体现着中国智慧和中国想象。

从外形上来看，茶叶大致有十八种形状，即长条形、卷曲形、扁形、针形、尖形、蜷曲形、花朵形、饼砖沱枕、颗粒形、粉末形等，它们不受茶类限制，六大茶类的每一种茶类都可以生产出这些形状来。在这些形状中，名优茶类通常看到的是扁形、针形、卷曲形的茶。扁形茶如大家熟悉的龙井，针形茶如南京雨花茶、君山银针，卷曲形的如碧螺春等，还有雀舌、绿牡丹以及太平猴魁等尖形茶等。在大宗红绿茶中，常常看到的是呈条形状的茶，由此可知，条形茶是最常见的茶。

在再加工茶类中，既能看到饼、砖、沱、枕等形状的紧压茶，也能看到颗粒状的碎茶、自然碎茶以及超微粉茶等，它们各有真妙。在不同的制茶路径下形成了自己独特的品质风格。

朋友们在评价茶叶的时候，首先要对不同形体的茶进行大致的归类，根据不同类别的茶的品质要求来进行评价、鉴别。

## 二、茶叶外形审评评价的内容

茶叶外形审评有干评和湿评两种方法。干评是不进行开汤，针对茶叶外形的审评评价；湿评是经过开汤以后观测茶叶品质的审评。无论哪种茶叶，干评主要从六个方向去审评：即嫩度、条索、色泽、净度、香气和含水量。

在这六个指标中，嫩度、条索、色泽和净度是重点，人们习惯地把这四个指标和内质审评的香气、汤色、滋味、叶底加在一起称为茶叶审评的"八因子"。

大家在评定茶叶的嫩度的时候，要从芽叶比例、锋苗的锐度以及光糙度三个方面去把握。

芽叶比例是评价茶的芽和嫩叶的比例关系。看看芽占的比例大还是叶条占的比例大，凡是芽头比较多，芽的比例比较大的就是高嫩度的表现；叶条比例大的，尤其是叶龄比较大的，粗壮的叶条比较多的，品质就次于芽头多的。这是评价嫩度的主要方法。

同时，要注意看锋苗，锋苗是指叶条或芽头芽尖或叶尖的部分保持完好的程度，苗尖的完整性是工艺水平高低的重要表现。凡属于芽尖保存完好、叶尖保存完好的而且紧细锐长的，就是好茶的表现，这是评价嫩度和评价工艺的重要指标，要细心观察。

在此基础上，再对比茶条外形的光糙度。凡属于叶龄大、叶片老、叶质硬的茶，揉捻的时候不容易成条，多在施加一定的压力的情况下才能揉捻成条，这种情况下的茶条往往凹凸不平，呈许多皱褶，叶脉比较隆起，外形显得粗糙。而高嫩度的茶果胶多，叶质柔软，揉捻的时候很容易成条，外形光滑，光糙度就显得光滑而平伏，凡光滑平伏的肯定是优质茶的表现；凡是光糙度比较低、凹凸不平的就是等级比较低的茶。掌握了这个方法，通过嫩度的评比就能够评比出茶叶等级的好坏。

在评定外形条索的时候，朋友们要从松紧、弯直、壮瘦、整碎这四个主要的方面去把握。我们曾经提到过，松紧度实际上是茶叶的条索粗细程度，凡属紧的相对来说就要细一些，凡属松条它就要粗壮一些。这些指标都连接着用料的水平、用料的好坏。紧细、紧实、紧结的茶，往往是优质茶的表现，相反，松泡粗大的茶条往往是低档茶的表现。

看条索的时候还要注意条索的弯直程度。弯条和直条都反映着初制工艺水平的高低，尽管不同的茶在条形的弯直上有不同的要求，但是总的原则是尽量地统一，统一度越高的品质就越好。凡是弯条直条混在一起的，都可能是用料不整齐、采摘不均匀、工艺不精细的反应。

评价茶叶的外形还要注意条索的壮瘦轻重。凡属于壮实的、厚重的都是好茶的表现；凡属于身骨轻飘、体型瘦小的都是品质比较次的，比如说同是芽头，有肥大的和细小的差别，细小的芽头肯定不如肥大的好，轻飘的芽头肯定也没有重实的芽头好。所以通过看条索的壮瘦、轻重就能判别出茶叶品质的好坏。

在此基础上，还要对外形整体的整碎程度进行评估。所谓整碎，是讲它的完整性，指它大小的统一度。毫无疑问，条形完整的、破碎率少的肯定是好茶的表现，任何茶叶都不喜欢碎茶。归纳起来说，条形茶一般都以紧圆直的茶为优质茶，松扁碎的茶是品质较次的反应，这是对茶叶条索的评价。

在评定茶叶外形色泽的时候，主要从两个方面去把握。一是从色度上，二是从光泽度上。色度即茶叶的颜色及其程度的深浅；光泽度是指茶条的色面以及色面的亮暗程度，称作光泽度。不同的茶类对色度有不同的要求，绿茶追绿、红茶是乌润，光泽度是所有茶的共同要求。凡属于色泽油润、鲜活的都是好茶的表现；凡是色泽枯暗、花杂的都是劣次茶的表现。色泽的匀杂程度也是外形审评需要注意的，与鲜叶采摘标准、鲜叶管理水平、工艺技术的精细度息息相关，通过色泽匀整度的审评，能发现上游生产的水平，从而辨别出茶叶的优劣。

茶叶外形净度的评比好理解，是一个卫生指标，主要指茶的干净程度。毫无疑问，没有夹杂物的肯定是好茶，净度较差的肯定是有瑕疵的。在净度较差的茶叶中，通常含有两类物质，即茶类的夹杂物和非茶类的夹杂物。茶类夹杂物主要是茶梗、茶籽、朴片、黄片或者是茶的筋皮毛衣等，它们虽然属于茶但不属于正品的茶，依然把它视为杂异，是需要剔出的。非茶类的夹杂物主要是在采、制、运、储过程中杂入的杂草、树叶、沙石、竹丝、木纤等，要严格把关，坚决剔出。鉴定的时候肯定就要指出或扣分。卫生问题涉及食品安全，要坚决地把住净度关。

大家在评审了茶叶外形的嫩度、条索、色泽和净度以后，还要注意评价干茶的香气和含水量。可以随机抽取茶叶进行干嗅，有条件的适当地对茶进行加热，没有条件的可以用手捧起茶坯，直接对茶呼一口热气，趁势干嗅茶叶的香气，看看有没有污染，有没有烟焦馊酸等常见的弊病。凡有杂异气味的，肯定是劣质茶的表现；凡香气纯正或具有悦人清香的都是好茶的表现。

至于含水量考评，朋友们可以随机抓起叶条，用拇指或食指捻压，如果能够将其捻压成粉末状的，其含水量大约是 6% 左右；如果捻压出现直径在 1~2mm 的小片，其含水量大约是 8%~10%；

如果捻成了直径在 2~4mm 的小片，这种时候要的含水量通常在 10%~12%。绝大部分成品茶的含水量都要求低于 10%。如果手捻成的是比较粗大的片，这个时候的茶的含水量是偏高的，要警惕并采取相应的措施，严防茶叶的霉变。

### 三、茶叶外形审评的注意事项

归结起来，要注意三点：

第一，要分清茶类，依类评审。大家在审评的时候，首先要将审评对象归类，看它是六大茶类当中的哪一类，先从大类上搞明白，在分清茶类的基础上，条形茶、卷曲形的茶、扁形的茶或者是针形的茶，要将它们进行分类分开，相同类型的归在一起审评。因为不同造型的茶，受工艺的影响不同，品质风格和品质特点各有要求，要区别对待。条形茶和条形茶比、针形茶和针形茶比、卷形茶和卷形茶比、砖和砖比、饼和饼比，尽量地统一对比的条件，减少人为误差。

第二，要留意茶树生育特性对茶叶外形的影响。不同的茶树品种如大中小叶种，它们的叶型不一样，揉捻出来的茶条外形的粗壮、轻重肯定不一样。评比的时候，大叶类要和大叶类的比、小叶类要和小叶类的比，这也是我国工夫红茶分为四套样的原因。此外，茶树生长发育的肥水条件、光照条件也会影响和改变着茶的色泽和叶片的大小，影响到外形的形状。大家在审评品鉴的时候要将这些因素考虑在内。

第三，要注意辨析工艺对茶叶外形的影响。评比不同的茶类，用这个茶类的要求去要求它，比如龙井茶是扁的，扁形茶就必须扁；碧螺春茶是卷曲形的，它就要卷曲，不能出现直条或带条形的形状；条形茶就不能有扁曲的，条形茶中要杜绝团块茶的出现。换句话说，就是要用规范工艺去评价一个茶，去要求一个茶，绿茶不该有花杂、红茶不该有花青。每一类茶都应该规规矩矩地服从和满足这一类茶的品质需要。

总而言之，茶叶的审评品鉴，是对茶叶的一种审查、检阅、评定、评价，其中审评的"审"，有审查、考核的意思，类似于纪委对我们的行为进行监督一样，只有拿起严格的标尺，才能规范生产，才能对茶叶作出公正客观、令人信服的评价，而不能将就。我相信无论是从事生产的朋友，还是爱好茶叶的朋友，认识了茶叶外形的这些评鉴方法后，就能够生产出更好的茶，也能够买到你满意的茶。

思考题
1. 如何评价茶叶的嫩度？
2. 应从哪些方面评价茶叶的条索？
3. 如何评价茶叶外形的色泽？
4. 感官审评如何判断茶叶含水量？
5. 茶叶外形审评的注意事项有哪些？

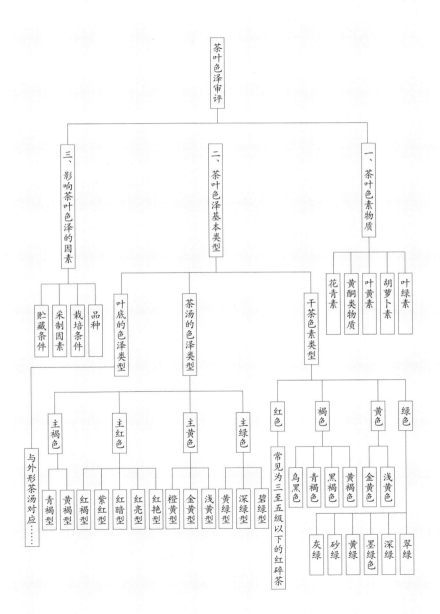

茶叶色泽审评

一、茶叶色素物质

干茶色素类型

绿色
- 浅黄色
- 金黄色
黄色
- 黄褐色
- 黑褐色
褐色
- 青褐色
- 乌黑色
红色
- 常见为三至五级以下的红碎茶

- 翠绿
- 深绿
- 墨绿色
- 黄绿
- 砂绿
- 灰绿

叶绿素
胡萝卜素
叶黄素
黄酮类物质
花青素

二、茶叶色泽基本类型

茶汤的色泽类型

主绿色
- 碧绿型
- 深绿型
- 黄绿型
主黄色
- 浅黄型
- 金黄型
- 橙黄型
主红色
- 红艳型
- 红亮型
- 红暗型
- 紫红型
主褐色
- 红褐型
- 黄褐型
- 青褐型

叶底的色泽类型
- 与外形茶汤对应……

三、影响茶叶色泽的因素

- 品种
- 栽培条件
- 采制因素
- 贮藏条件

# 茶叶色泽鉴别方法

我们接着聊茶叶审评品鉴有关知识。今天要分享的重点，是茶叶色泽审评鉴别的方式方法。我国有六大基础茶类，即绿茶、红茶、青茶、白茶、黄茶、黑茶。不难发现，六大茶类的命名基本上是以色泽为主要线索展开的审定命名。色泽是区分茶类的重要依据，也是审评鉴别茶叶品质优劣的重要因子。不同嫩度、不同等级、不同茶类的茶，在色泽上有着明显的差异，这些色泽上的差异，很容易被我们的视觉发现和感知。因为人类视觉的辨识能力比嗅觉、味觉灵敏得多，从某种意义上说，抓住色泽的辨析，找出其中的差异，更有可能从纷繁复杂的茶叶中辨析出茶叶的好坏。我们从三个方面展开分享。

## 一、茶叶的色素物质

任何茶叶的色泽，肯定是由鲜叶所含的色素物质以及加工生产过程中各种化学反应引起的色素物质的深层变化所决定的。归结起来，茶叶中的有色物质主要有五种：叶绿素、胡萝卜素、叶黄素、黄酮类物质以及花青素。

在这五种物质中，前三种即叶绿素、胡萝卜素和叶黄素是脂溶性的，不溶于水；后两种的黄酮类物质和花青素是溶于水的，属于水溶性物质。叶绿素、胡萝卜素、叶黄素如果没有遭遇破坏，或制茶当中没有发生改变，这些色素是无法溶解到水里面的，茶汤当中是不能直接看到这些颜色的；在没有破坏的前提下，看到的只是黄酮类物质和花青素这两类溶于水的物质。

我们平时品饮茶叶所喝到的茶汤，是经过加工以后的茶叶溶解物，茶叶经热水沸水冲泡以后，溶解出来的各种色素物质，是综合反应后的综合表现。大家看到任何一个茶的茶汤，它不是单一颜色的产物，它一定是上述五种物质综合作用于茶汤以后的结果。

朋友们在品茶的时候，首先要知道茶汤是由五种基本色素物质变化构成的其中的叶绿素有两种，就是叶绿素 a 和叶绿素 b；叶绿素 a 是深绿色的，叶绿素 b 是黄绿色的。叶绿素 a 在遇到初制加工或后期的再加工高温作用的情况下会发生转化，散失得比较多，这就是我们在茶汤中很少见到深绿色茶汤的原因。加工以后茶叶的叶绿素主要保存的是叶绿素 b，是黄绿色的。

胡萝卜素是一种黄色的物质，在一定条件下它也呈现橙色的颜色，而叶黄素和黄酮类物质多为黄色，特别是叶黄素。加工出来的各种毛茶中叶黄素保存是比较多的，对茶汤影响比较大。

黄酮类物质也是黄色的，在氧化以后，黄酮类物质会转为棕红色。这是我们在许多茶类的茶汤中都会发现茶汤带黄的主要原因。

大家分析后不难发现：这几种物质中，胡萝卜素、叶黄素和黄酮类物质都呈黄色，黄色这种颜色广泛地存在在各种茶汤之中。

再就是花青素，花青素呈红、紫、蓝色；在花青素含量比较高的茶树品种中，如紫芽茶、紫娟茶、红叶茶，这一类茶花青素含量高，于是在花青素自身属于水溶性物质的作用下，干茶、茶汤、叶底就会出现红、紫、蓝三种颜色，三种颜色共同作用的干茶颜色、茶汤颜色和叶底的颜色。而在花青素含量比较少的品种中，这些颜色在干茶、茶汤以及叶底中表现都不明显。

充分说明，茶叶的色泽取决于茶树鲜叶的色素物质的含量以及它们的比例。在此基础上，也受制于加工技术、加工条件的影响。我们看茶汤时，要想到色素物质。

## 二、茶叶色泽的基本类型

辨析茶叶的色泽，要从三个方面展开：即干茶的色泽、茶汤的色泽和叶底的色泽。

干茶的色泽主要有绿色、黄色、褐色、红色四个基本类型。其中干茶以绿色为主基调色泽的茶，主要体现为翠绿型、深绿型、墨绿型、黄绿型、砂绿型、灰绿型六种常见类型。

干茶呈翠绿型的，主要是鲜叶嫩度好，芽叶初展的名优绿茶当中比较常见，如高级绿茶瓜片、龙井、旗枪、云雾、甘露，各种高档毛尖和高档毛峰等茶类中，常常看得到翠绿色的颜色，这种色调跟鲜叶的嫩绿非常有关。

干茶呈深绿色的，主要是采用一芽一叶或者一芽二叶为原料加工出来的各种绿茶，初制的工艺杀青及时、彻底，各个工序之间处理比较恰当，没有使杀青叶、揉捻叶或干燥的茶胚受到热闷，能够比较好地保持住鲜叶中的叶绿素 a。

干茶呈墨绿色的茶，主要用一芽二叶、一芽三叶加工出来的各种绿茶，这种色调比较广泛。珠茶、火青、云南大叶种晒青毛茶、滇青以及许多烘青绿茶都是这个基本色。

黄绿型的干茶色泽，主要用料比较低，用一芽三叶、一芽四叶加工出来的毛茶常常就呈黄绿色。许多对夹叶、开面叶生产出来的烘青绿茶、中低档炒青茶都呈黄绿色。不难发现干茶色泽的决定因素主要就是鲜叶的色泽以及工艺水平。

此外，呈砂绿色的干茶颜色，主要是铁观音、乌龙茶等的颜色；灰绿色主要在各种炒青绿茶中出现，干茶色泽绿中带灰在炒青茶中比较常见，俗称"银白灰绿"，叶条灰绿带白毫，在珍眉茶上也把它称为灰绿、灰青色。

这些，都是以绿色为主调的各种干茶颜色的六种基本类型。

以黄色为主调的干茶颜色，主要有两种情况，浅黄型和深黄型两类；浅黄型的干茶颜色，在使用一芽一叶加工出来的各种黄茶中比较常见，在甘肃一带又习惯地把它称之为"黄条白芽"；而深黄型的干茶色泽，常常出现在单芽或多绒毛品种加工出来的红茶中，滇红功夫茶中的金丝红茶、中国红以及经典 58。

褐色的外形主要出现在发酵类或半发酵类的茶类中，它有黄褐色、黑褐色、青褐色和乌黑色四种。黄褐色如黄茶中的黄大茶，它的叶条褐黄油润，梗的颜色呈棕褐色，是黄大茶的一大特点。黑褐色的干茶颜色，主要出现在全发酵的茶类中，比如滇红工夫红茶就是黑褐色的，我们称为"乌润油亮"，再如普洱熟茶、广西六堡茶以及湘尖等都是呈黑褐色的。青褐色的干茶色泽，主要出现在青茶类中，如水仙、单丛这些带有"三红七绿红镶边"的特色干茶色泽"青褐色"，有发酵的和不发酵的两种颜色的同时出现。乌黑型的干茶色泽，主要出现在全发酵的红茶之中，尤其是用料比较细嫩的高档红茶，油润、光滑、乌黑。大家在评定茶叶的时候要注意黑褐色的茶和乌黑色的茶，它们的区别在于黑褐色的茶是乌黑当中有亮光的，有光泽的叫"黑褐色"，没有光泽的叫"乌黑色"。

干茶颜色的第四类是红色。这种以红色为主调的干茶色泽，主要出现在各种红碎茶中。尤其是鲜叶的等级在三级、四级、五级左右加工出来的红碎茶，它的颜色基本上是红棕色的。除红碎茶外我们很少在其他茶当中见到红色的茶。

第二，我们看看茶汤的色泽类型。

茶汤的颜色常常和干茶外形的颜色是相匹配的，它们之间的色调是有关联的。无论茶叶品种有多少，就茶汤的颜色来说，它主要有主绿色、主黄色、主红色、主褐色四个基本类型。

主绿色的茶汤主要出现在绿茶中，可以将它细分成碧绿型、深绿型、黄绿型三种。主黄色的茶汤主要出现在黄茶和轻发酵的红茶中，在半发酵的青茶里面也常常能够看到，将它分为浅黄型、金黄型和橙黄型三类。主红色的茶汤主要是出现在红茶和全发酵的黑茶中，有红艳型、红亮型、红暗型、紫红型、红褐型五种，以红色为主调，差异主要是色度和亮度上，只要仔细比较就不难把它区分开来。主褐色的茶汤主要有黄褐型和青褐型两类，在黄茶和黑茶中经过闷黄和渥堆的毛茶，常常都会带着黄、褐两个色，叶底也常常有泛暗的现象。青褐色的茶汤主要出现在青茶类中，尤其是绿叶红镶边的红镶边面积比较大的茶这种情况比较常见，在看茶汤的同时，要注意查看叶底的颜色，配合起来综合考核综合评判。

通过以上的介绍，朋友们不难发现，茶汤的色泽是千变万化的，但是，每一种色泽其实是在一个主色调的作用下，伴随有其他颜色的参与，是各种颜色混合出来的茶汤。每一种茶的茶汤怎么鉴别，怎么鉴定，哪一种为好，我们在介绍不同茶类的鉴赏方法的时候还会与朋友们做更为细致的分享。今天，我们主要建立起色调的概念，为仔细品评每一个茶打下基础。

茶叶色泽的第三个类型是叶底的色泽，它们与茶汤的颜色和干茶的颜色相互匹配。只要朋友们细致观察，找到它们之间相互连接的线索，就不难发现这些色素物质与茶叶色泽的证据关系，鉴别也就容易了。

### 三、影响茶叶色泽的因素

通过以上的介绍，我们不难发现，影响茶叶色泽的因素概括起来主要是品种、栽培条件、不同的制茶方式以及储存条件四个方面。

在这四个因素中，品种、栽培条件、采制方法我们在一直以来的分享中反反复复地与朋友们做了介绍，品种不同、鲜叶的颜色不同；栽培条件不同，受到的光温水肥等影响不同，必然引起叶色的不同的变化，这些变化反映到毛茶上就形成和决定了毛茶的基本色泽，也左右和干扰到了茶汤。我们也反复提到，茶树鲜叶生长有一个叶龄的问题，不同的叶龄颜色的深浅有不同的变化。采摘标准不同、用料等级不同，也势必带来不同的干茶色泽、茶汤的颜色以及叶底的颜色，它们综合地影响着茶叶的品质。

今天，我们要重点强调和提醒朋友们注意的是：不同储存环境对茶叶色泽的影响。

大家知道，储存中影响茶叶色泽变化的主要因素有水分、温度、氧气和光线四个方面，它们影响和改变着茶叶的色泽和品质。不同的储存环境、不同的储存时间，必然带来品质相关因素的变化。大家在茶叶色泽鉴定的时候，一定要考虑到仓储条件、储存环境，把这些因素纳入考核指标中来进行综合的判断。

总而言之，茶叶的色泽是由鲜叶所含有的有色物质以及加工生产的各种工艺决定的。这些色素物质主要是叶绿素、胡萝卜素、叶黄素、黄酮类物质和花青素，都与茶叶的色泽有关，它们各自的含量高低以及相互间的比例结构关系，是决定干茶色泽、茶汤色泽和叶底色泽的内在因素。朋友们在评茶的时候，尤其是在评定茶汤的时候，一定要想到每一个茶汤都是这些基础色素物质综合作用的结果。我们看到的茶汤，实际上是这些色素调和以后的结果。一定要养成辩证的、发展的、联系的分析判断习惯，不能孤立地锁定一个单一指标去认识茶。

说到这一点，我要批评许多所谓的普洱茶大师、普洱茶专家，看见茶汤的颜色、看见叶底的颜色，一眼就判定古树、名山、老茶的行为。这些行为缺少了辩证的思维，缺少了影响茶叶色泽各个证据链的相互支持的体系意识。还是那句话，"知之为知之，不知为不知，是知也"，要多对比多实践，才能在实践中找到真理。

思考题
1. 茶的色素物质有哪些？各有什么特性？呈什么颜色？
2. 为什么我们看到的茶汤，大部分都会带有黄色？
3. 干茶色泽有几种类型？其中以绿色为主色调的有哪几类？
4. 干茶呈褐色主要表现在哪些茶类中？可细分为哪几种？
5. 茶汤的颜色有哪些基本类型？
6. 主绿色的茶汤可以细分出哪几种基本类型？
7. 主红色的茶汤可以细分出哪几种基本类型？
8. 影响茶叶色泽的因素有哪些？为什么？

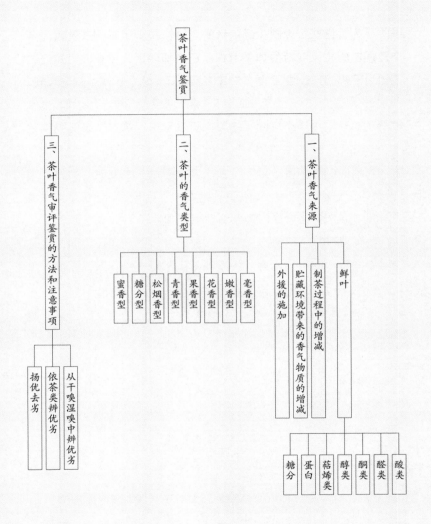

茶叶香气鉴赏

一、茶叶香气来源
- 鲜叶
  - 糖分
  - 蛋白
  - 萜烯类
  - 醇类
  - 酮类
  - 醛类
  - 酸类
- 制茶过程中的增减
- 贮藏环境带来的香气物质的增减
- 外援的施加

二、茶叶的香气类型
- 毫香型
- 嫩香型
- 花香型
- 果香型
- 青香型
- 松烟香型
- 糖分型
- 蜜香型

三、茶叶香气审评鉴赏的方法和注意事项
- 从干嗅湿嗅中辨优劣
- 依茶类辨优劣
- 扬优去劣

# 茶叶香气的鉴赏方法

我们接着聊茶叶审评品鉴的有关知识。今天我们要分享的重点是茶叶香气的审评与鉴赏。

在茶叶色香味形的品质要件中，香气一直是千百年以来爱茶的人们关注的重点，它是茶味生活带给我们精神陶醉的重要部分。许多爱茶的朋友甚至把香气作为选择茶叶的理由，失去了茶叶的香气，失去了茶叶的灵性，也就失去了许多饮茶的美好。

人类对茶叶香气的科学系统的研究，始于20世纪20年代，距今已有近百年的历史。人们最早在红茶中发现了水杨酸甲酯和反二乙烯醇。进入20世纪30年代以后，人们研究的重点主要是围绕着茶叶中的芳香油的分流纯化、元素分析以及成分鉴定，从中发现了影响茶叶香气的三十多种物质。到了20世纪60年代的时候，随着气象分析仪、红外线分光光度计和质谱仪等设备的出现，茶叶的香气的研究有了飞跃的进展。人们在茶树鲜叶中发现了近八十种香气物质，也探明了绿茶中一百多种香气物质以及红茶中的三百多种香气物质，实现了饮茶从感性认识到理性认识的飞跃。让我们从三个方面展开分享：

### 一、茶叶香气的来源

不同的茶叶类型有着不同的香气，这些香气都是非常美妙的。就其来源来说，归根到底有四种来源方式，一是来源于茶树鲜叶本身含有的各种芳香物质；二是来源于制茶过程中香气物质的增或减；三是来源于储存环境带来的香气物质的增减；四是来源于外源的施加。

鲜叶中的芳香物质是形成茶叶香气的物质基础，是内因。这些芳香物质主要是芳香油、蛋白、氨基酸以及多酚类化合物。鲜叶中的芳香油含量极少，约为 0.03%~0.05%，但是它的种类很多，主要有酸类、醛类、酮类、醇类、酚类、萜烯类、酯类、蛋白、糖分等。在鲜叶所含的芳香油中，含量最多的是青叶醇和醛类两种，青叶醇有顺、反两种结构：顺型的青叶醇具有强烈的青草气味，鲜叶芳香物中的醛类物质也有青草气味。我们在接触到茶树鲜叶的时候，如果用手搓揉叶片，挤出茶汁，就会闻到浓烈的青草气，这些青草气味的成分主要就是顺型青叶醇和醛类物质，反型的青叶醇则有清香。青叶醇和醛类具有的一个共同特点是沸点比较低，青叶醇的沸点是 156~157℃，芳香油中醛类的沸点只是 140℃左右。我们又把这两种芳香油称为"低沸点香气物质"。

在正常的制茶情况下，尤其是杀青类的茶，在杀青中低沸点香气物质会逐渐地散逸。于是制茶中杀青的时候会先闻到青草气，然后青草气逐渐消失，清香开始出现，这个过程，其实就是低沸点的顺型青叶醇和醛类物质丧失减少的消减过程。低沸点的青叶醇丧失以后，留下了反型的青叶醇，反型的青叶醇具有清香。杀青的后段，我们就闻到了茶叶的清香。

除青叶醇外，醇类的芳香油还会表现出不同的香型。比如苯甲醇、芳樟醇、橙花叔醇这一类醇类物质表现出的是花香；而苯乙醇则会表现出玫瑰香，它们与茉莉酮所散发出来的强烈花香以及紫罗酮所散发出来的紫罗兰香共同作用于茶叶身上，于是让我们感觉到了浓浓的茶香。

除此之外，鲜叶中含有的大量有机酸也具有香气，比如丙氨酸、谷氨酸、乙氨酸就有花香，苯丙氨酸有玫瑰香、苏氨酸则有酒香味。在有机酸当中，棕榈酸本身没有香气，但是棕榈酸具有强烈的吸附能力，它能够将茶叶中的香气物质吸附住，所以茶叶具有一定香气保蓄的时间。香气是一种挥发性的东西，如果没有棕榈酸的参与吸附到茶香，那么香气的持续时间、保蓄时间会大大地缩短。

大家平时饮茶时所嗅到的水果香，是酯类物质起的作用。大家闻到的甜香，是糖类物质起的作用。

于是，朋友们不难发现，茶叶的香气是由鲜叶中各种芳香油、各种有机物质共同作用的结果。我们从一杯清茶中嗅到的茶叶香气，不是简单的单一成分，而是由多种物质、多种香气共同构成的混合香型。只不过处在某个阶段的茶叶，有着一种相对比例较高的主导性的香型。

通过这些介绍，不难发现，在各种芳香油中，表现出花香的，以酸类、醇类、酮类物质比较多，我们闻到花香型的茶叶，其香气就是由这些物质组成的。

在红茶发酵的时候，常常能够闻到苹果香，这种苹果香大多是属于酯类物质带来的。生产中一些发酵类的茶加工中，如果鲜叶保管不好，鲜叶裂变，会嗅到带有酒香味，这种酒香味实际是鲜叶中的苏氨酸起的作用。普洱熟茶的发酵中所闻到的酸味和清微的酒精味，其实也是苏氨酸起的作用。

茶叶香气来源的第二个途径，是加工中各种芳香油在不同的技术措施下的增减变化，形成不同茶类特殊的香气变化。

比如绿茶加工高温杀青钝化酶活性的同时，它也抑制住了醇类的氧化，使青叶醇中的反型青叶醇固定下来，形成了绿茶特殊的清香。

再如红茶加工中的萎凋工序，它能使鲜叶中的羟基类化合物增长十倍，其中最多的是正乙醇、橙花醇和反乙烯醇。于是，我们在萎凋叶过程中能闻到浓烈的花香，不同的工艺会使芳香油发生增或减的变化。

茶叶香气来源的第三条途径，是储存中的芳香物质的变化。对于绝大多数的饮茶朋友来说，所接触到的茶叶多数是已经储存一段时间的茶叶了，储存环境的不同，会改变香气物质的变化。

比如绿茶储存，绿茶中具有清香的反乙烯醇，它与二甲硫结合以后，使许多新茶具备了新茶香和清香。但二甲硫是不稳定的，随着储存过程的延长，二甲硫逐渐地减少、转化，新茶的清香就会逐渐地减弱下来。许多绿茶在储存几个月以后就失去了新茶特有的清香。

又如许多茶叶在刚刚制成的时候具有青草气，适当地储藏以后青草气会消失，香气发生转变，出现鲜爽感。在普洱茶生茶中，有些新茶有青草味，通过适当地陈化以后会出现糖香，这些都是储存过程带来的香气物质的变化，这在铁观音中表现得尤为明显。

茶叶香气来源的第四种情况是外源香。"外源香"是人为施加的香型，比如各种花茶的香气，实际是窨花工艺直接作用和改变了茶叶香气形成的。

朋友们在审评鉴赏茶叶香气的时候，首先要学会辨析茶叶香气的来源，看它属于本源香还是外源香，是良好工艺情况下带来的香气，还是储存环境改变了香气，要在这些方面加以分析、判别。

## 二、茶叶的香气类型

根据鲜叶品质、加工方法以及茶叶香气特点，茶的香气类型大致可以分为八种类型：毫香型、嫩香型、花香型、果香型、清香型、糖香型、蜜香型、松烟香。

毫香型的茶主要是单芽茶或初展的一芽一叶加工出来的茶，无论哪一个类型都会有毫香。

嫩香型的茶主要是一芽一叶、初展的一芽二叶加工出来的茶，它们大多都是嫩香型。

花香型的茶主要出现在一芽二叶为主的原料加工出来的茶叶中。从选料角度说，只要制茶工艺好，茶叶出现花香并不是难事。

果香型的茶常常出现在一芽二叶和初展的一芽三叶加工出来的大宗产品中，它的类型比较多，有蜜桃型的、梨子香的、雪梨香的、橘子香的、香橼香的、菠萝香的，还有许多绿茶的板栗香等，类型很多。由于这些香型主要出现在一芽二叶和初展一芽三叶中，于是在大宗产品中，常常能够闻到这些气味，这些气味也是朋友们非常熟知的常见性香气。

清香型的茶在以一芽三叶为原料生产出来的各种绿茶中比较常见。因为一芽三叶的茶青杀青温度比较高，低沸点的顺型青叶醇散失得比较多，反型青叶醇被保蓄了下来，在适当高温情况下有利于茶出现清香。朋友们品茶时闻到的清香、清高香、清醇香、清正香等，这一类"清鲜馥郁"的香气，通常都在杀青工艺比较好，适当地高温杀青，杀青偏老一点的茶中遇到。

至于糖香，则是加工中一些果胶和一些纤维糖在高温作用下释放、分解出来的，储存中的茶叶随着茶叶表面自由水的减少，糖香也会越来越明显，这也是许多普洱生茶陈化以后往往呈现糖香型的主要原因。具有糖香型的茶，在遇到高温的情况下（高温烘干、高温炒干），如果不注意会出现焦糖味，但依然属于糖香范畴。

至于蜜香，它是发酵类茶所产生的花香、水果香以及糖香共同作用的结果。

不难发现，茶叶的香气类型表现很多，归类来说主要有八种大的类型。只要能给我们带来愉悦的，大家能够共同接受的，包含小种红茶特殊的松烟香，都是我们要接纳的。换句话说，符合某一类茶特有的香气要求的，就是应该肯定的、赞扬的、欣赏的，而不符合茶类要求，带有污染杂异，给人以不愉悦感的那些气味，就是需要排斥和否定的。烟、焦、馊、酸这一类型的茶，就是带有错误的"过失茶"或"劣质茶"。

### 三、茶叶香气鉴赏的方法和注意事项

归结起来有三点：

第一，从干嗅湿嗅中辨识茶叶香气优劣。如前所述，识别茶叶香气有干嗅和湿嗅两种方法。在开汤湿评中，又提出了"热辨香优劣、温辨香类型、冷辨香悠长"的方法，只要大家按照这些方法去识别，去感知，就能在实践中慢慢积累起茶叶香气辨析的经验。

第二，要学会依茶类辨优劣。不同等级的茶一定会出现规律性的香型，比如毫香、嫩香、清香，这些类型都与茶叶的等级有关系。朋友们在鉴赏的时候，要学会把茶叶的香气和茶叶的等级联系起来，综合分析、综合判断。在分清等级的基础上进一步分析判断所嗅到的香气，是否符合面对的茶叶类型。喝绿茶的时候就该出绿茶的香，喝红茶的时候该出红茶的香，喝普洱的时候该有普洱的香。归清楚茶类，分清楚等级并从中找出某个等级的规律性的香气，就能逐渐积累起丰富的香气辨别经验。

第三，要扬优去劣。要肯定愉悦的、让人舒服的香气，排斥杂异的气味。无论哪类茶，只要它的香气是令人生厌无法接受的，如烟焦馊酸、仓储过程中产生的霉变或其他杂异气味，要坚决地否定摒弃。肯定优异，摒弃杂劣，就是鉴别。

总而言之，茶叶香气的辨析是一个复杂的、细腻的体验活动。朋友们要细细体会、仔细甄别。爱好普洱茶的朋友们，我要反复

提醒的是：一定要树立茶叶香气来源和改变茶叶香气原因的辩证思维习惯，千万不要带着记忆去评价，更不能保守地、固化地去认识茶叶的香气。因为采摘标准不同、些许的加工工艺的变化，都会引发香气的改变，更何况香气物质是一种挥发性气体，它在不断地挥发、不断地转变，使得它从初制到后来的成品加工，再到各种各样的仓储环境，千变万化。面对实实在在的茶，你要用实实在在的感觉去感知这个茶，这在普洱老茶的品鉴中更为重要。干仓湿仓不重要，重要的是给我们带来的愉悦感，只要是愉悦的，就是你该欣赏的。

思考题
1. 茶叶香气从何而来？大致可以分为哪八种类型？
2. 杀青时，为什么先闻到青草气味之后才闻到茶的清香？
3. 茶叶能够保留香气的内在原因是什么？
4. 花香型的茶叶其香气物质主要由哪些物质组成？
5. 红茶发酵时，形成苹果香的主要物质是什么？
6. 导致绿茶储存几个月后就失去新茶香的原因是什么？
7. 一芽三叶原料生产的绿茶，为什么常表现为"清香"？
8. 鉴别茶叶香气时，应注意哪些事项？

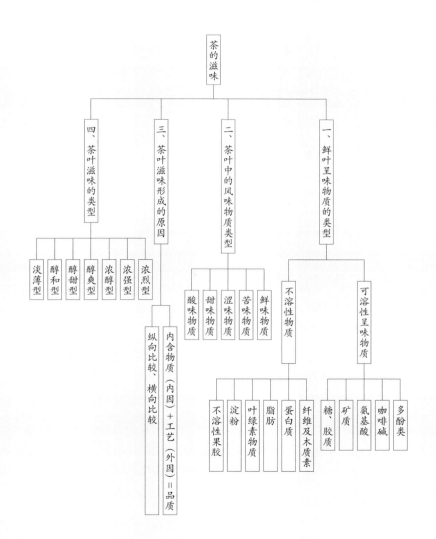

茶的滋味

一、鲜叶呈味物质的类型
　可溶性呈味物质
　　多酚类
　　咖啡碱
　　氨基酸
　　矿质
　　糖、胶质
　不溶性物质
　　纤维及木质素
　　蛋白质
　　脂肪
　　叶绿素物质
　　淀粉
　　不溶性果胶

二、茶叶中的风味物质类型
　鲜味物质
　苦味物质
　涩味物质
　甜味物质
　酸味物质

三、茶叶滋味形成的原因
　内含物质（内因）＋工艺（外因）＝品质
　纵向比较、横向比较

四、茶叶滋味的类型
　浓烈型
　浓强型
　浓醇型
　醇爽型
　醇甜型
　醇和型
　淡薄型

# 茶叶滋味的品鉴方法（一）

　　我们接着聊茶叶审评品鉴的有关知识。今天要分享的重点是茶叶滋味的审评与品鉴。

　　茶叶作为一种饮料，它的饮用价值主要体现在两个方面：一是溶解在茶汤中对人体有益的各种物质含量的多少；二是这些有益物质相互配比的比例是否适合满足消费者的喜爱。换句话说，茶汤水浸出物含量的多少以及是否好喝，是评价茶叶滋味的两个要素。

　　朋友们在品评茶叶的时候，要善于将两个要素联系起来综合判断。因为饮茶毕竟不是喝药，不能一味地去追求水浸出物含量多而强调浓。同时，因为喝茶毕竟不是喝水，也不能因为强调适口性、强调好喝而忽略了必要的有效物质的含量。我们在喝茶的同时，还需要达成的一个目的就是健康，需要必要的物质含量，要将二者结合起来，相得益彰地去选择、去判断。

　　茶叶作为一种饮料，从人们发现利用它的那一天开始，就一直关注着它的功能性、有效性，也就是它的饮用价值。从原始生吃茶到茶为药用，再到瀹蔬杂煮和后来的点茶清饮，在两千多年的发展历程中，人们从来没有忘记过对滋味的关注。于是，在古代的许多医学著作和杂著里，看到不少关于茶的保健性的记载，我们也能从大量的诗词歌赋中，看到人类对茶的十六种意象类型。随着社会进步，从 19 世纪开始，人类对茶的滋味识别，逐渐走到科学的、生化的角度认识。发展到今天，已经初步探明和了解到鲜叶主要的有味物质，以及这些物质在制茶过程中的转化过程。人们也慢慢地明晰了茶叶中可溶性成分与滋味的关系，明确了不同冲泡条件下各种有味物质的溶解度与滋味之间的相互关系。

尽管形成滋味的物质成分比较复杂，有些问题现在还没有完全地搞明白，但总的来说，人们已经能够回答影响茶叶滋味的主要物质是哪些，对茶叶滋味的形成、滋味的类型和影响滋味的各种因素，已经有了比较全面和准确的认识。

让我们用两期的时间与我朋友们细细分享。

### 一、茶树鲜叶中成味物质的类型

茶的滋味来源于鲜叶中的各种物质，这些物质直接或者间接地影响或改变着茶叶的滋味。从溶解性上来说，我们可以把鲜叶中所含的物质分为可溶于水的和不溶于水的两个部分。可溶于水的是构成茶叶滋味的重要物质，而不溶于水的对滋味是没有多少影响的。但是，这些不溶于水的物质，可以在茶叶加工的过程中，在酶的作用下，在热力的作用下，发生改变转化而变成可溶于水的物质，从而间接地影响到茶叶的滋味。

鲜叶中可溶性的物质主要有茶多酚、咖啡碱、糖分、果胶、氨基酸和部分矿物质。不溶于水的物质主要有粗纤维素、木质素、蛋白质、脂肪、叶绿素、色素、不溶性果胶、淀粉等，它们共同构成了滋味物质的来源。

### 二、茶汤中的风味物质

茶类不同风味不同、滋味千姿百态，无论茶汤的滋味表现得多么复杂，其影响滋味的呈味物质，归结起来，我们可以将它分为：鲜味物质、苦味物质、涩味物质、甜味物质、酸味物质和其他感受的物质六个大的类型。

无论哪类茶，茶叶的鲜和爽，都是由氨基酸一类的物质主导形成的，越是鲜爽的茶叶，说明氨基酸的含量越高。

当我们喝到比较苦的茶的时候，是茶的苦味物质比例比较大的茶；其苦味物质主要是碱类，包含咖啡碱、氨茶碱、可可碱以及部分花青素和苦味氨基酸。

朋友们喝茶的时候，每当感觉到茶的涩味，是茶多酚主导下形成的涩味物质起的作用。尤其是茶多酚中儿茶素里面的酯型儿茶素，具有强烈的苦涩味，收敛性很强。所以我们喝到涩味很重的茶的时候，就是儿茶素中酯型儿茶素含量较高的茶。它可能是茶树品种带来的，也可能是工艺引起的，但都是多酚类化合物起的作用。

我们喝茶的时候会感觉到茶的甜味，茶的甜味主要是茶叶中所含的各种糖分物质起的作用形成的。茶叶中的糖分包含了单糖、寡糖、多糖等类型。其中单糖和双糖是构成茶叶可溶性糖分的主要来源，单糖中的葡萄糖、半乳糖、甘露糖和果糖是最为常见的；双糖中的蔗糖以及鲜叶加工以后生成的麦芽糖，也是构成茶叶甜味的物质。

我们喝茶有时会感觉到茶汤中具有黏稠性，这种黏稠的味道主要是糖类物质当中的可溶性果胶形成的。

喝茶时偶尔地也会发现茶汤中具有酸味，这是溶于茶汤中的各种有机酸起的作用。尤其是茶汤的 pH 浓度低于 5.5 以后，会有明显的酸味感觉，它们是有机酸起的作用。

于是我们不难发现，茶的滋味其实是由鲜味物质、苦味物质、涩味物质、甜醇类物质、黏稠类物质等共同作用、共同混合在一起形成的综合感觉，其美妙的部分我们称为"风味物质"。有时，茶叶滋味会出现麻、辣、叮、挂、刺等不愉快的感觉，这些物质究竟是什么，目前没有定论，还需要进行进一步地探索。

好的制茶工艺，好的制茶技术，就是要发扬风味物质，抑制影响品质、影响滋味的各种物质的生成转化，使茶叶朝着优质可口、倍受欢迎的方向发展。

### 三、茶叶滋味形成的原因

当我们直接用茶树的鲜叶浸泡到水里面，茶汤是没有茶味，而且味道也不好。当我们直接嚼食茶树鲜叶的时候，会发现鲜叶的滋味和茶的滋味是截然不同的。这就说明，茶的滋味形成是茶树鲜叶所含有的各种内含物（即内因）在制茶工艺的作用下，施加了外因的作用以后形成的结果。换句话说，茶的滋味的形成，是制茶工艺这个外因，利用了鲜叶中所含物质的内因，是外因改变了内因的结果。所以我们说茶的味道是制出来的。

不同的制茶工艺、不同的制茶师傅，必然制出不同的味道。同样的产地、同样的品种、同样等级的鲜叶，遇到不同的加工技术，会收获截然不同的品质风格。

朋友们在选购茶叶的时候，不要只迷信产地，应该把关注点更多地放到制茶工艺的整个系统中去，才能够选择到好之又好的茶品。

### 四、茶叶滋味的类型

不同的茶类有着不同的滋味风格。每一茶类，如果按照鲜叶的质量、制法和内含物多少的不同，茶汤滋味是可以进行分类识别的，大致能把它分出八个类型，即浓烈型、浓强型、浓醇型、醇爽型、醇甜型、醇和型、平和型和淡薄型。这八种类型，在每一类茶类中都是存在的，比如同是红茶、同是绿茶、同是青茶，都存在着谁烈、谁浓、谁强、谁醇、谁淡、谁甜的问题。我们反复说茶叶审评无论是外形、香气还是滋味的评比，首先要将茶分类，在分类的基础上再找差异，茶叶滋味的鉴赏也是如此。

浓烈型滋味是指在相同冲泡条件下，表现为滋味烈、浓、刺激性强、苦涩味重的茶，与之相对应的就是淡、薄、平和等。浓、烈、强这些词汇描述的感受，大家要注意与它的反向词的对比。滋味重的，就和浓、烈、强发生了联系；滋味淡薄的，就一定和平和、淡薄或醇和联系在一起；处在中间的，我们把它称之为"醇和"，用"醇"来界定它们的基本调性；凡是浓的，意味着茶汤的水浸出物多，口感浓厚、黏稠；凡是强的，就是刺激性大的。

从用料上看，浓烈型、浓强型、浓醇型的茶，常常出现在一芽二叶为主的加工出来的茶品中。因为就一个枝条来讲，一芽一叶和一芽二叶的内含物质最多，所以，用这一类的原料加工出来的茶，它势必要比用一芽三叶、一芽四叶加工出来的产品滋味上要厚重得多，内含物质也会丰富得多。凡是鲜叶等级比较低，新梢成熟度比较高的，加工出来的茶水浸出物含量会有所下降，滋味就会显得平和或者是醇和，甚至是淡的。在一定程度上也反映了鲜叶等级、原料等级与滋味的关系。朋友们只要多加对比，就不难发现这其中的规律性的变化。

总而言之，茶叶滋味的品鉴，紧紧地围绕着水浸出物的含量以及这些物质的配比是否满足适应人们的喜好这两个方面去展开。不同的滋味有着不同的呈味物质，这些呈味物质的协调性是判定茶叶滋味好坏的主要依据，好喝的就是协调的，协调的必然是好喝的。无论哪种茶，哪一类型的茶，朋友们在品鉴的时候，要将它纳入茶叶分类的大类当中去进行纵向的比较和横向的比较。纵向比较是等级之间的比较，横向比较是不同产地、不同企业或不同省份的同类茶叶之间的比较。有了这种比较，你才能够从中建立起哪个茶比哪个茶浓一点、哪一种产品比哪种产品醇和一点，鲜爽一点，要从横向和纵向比较中找到结论。

　　鲁迅先生说，茶是喝出来的功夫。的确，要学会茶叶的审评，唯有多喝，唯有多比较。知识和经验来源于实践之中，你才能具有喝茶的真功夫。

**思考题**

1. 茶叶的饮用价值主要体现在哪些方面？
2. 鲜叶中可溶性的物质主要有哪些，不溶于水的物质有哪些？
3. 茶叶滋味的"鲜爽感"是哪些呈味物质作用的结果？
4. 茶叶滋味的苦和涩，是哪些呈味物质作用的结果？
5. 茶叶滋味"发酸"的原因是什么？
6. 茶叶的甜味是哪些呈味物质作用的结果？
7. 根据呈味物质的表现，可以将茶叶滋味分为哪八大类型？
8. 茶叶滋味鉴赏的表述中，"醇"的含义是什么？

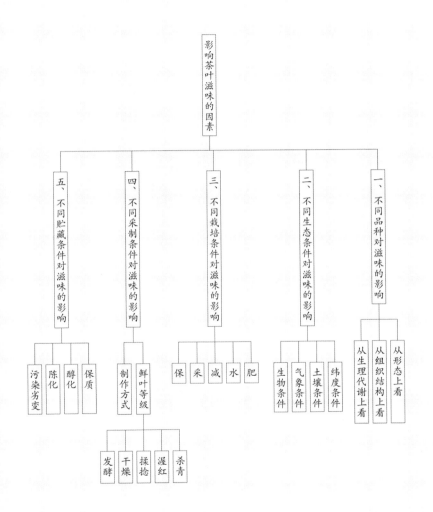

影响茶叶滋味的因素

一、不同品种对滋味的影响
- 从形态上看
- 从组织结构上看
- 从生理代谢上看

二、不同生态条件对滋味的影响
- 纬度条件
- 土壤条件
- 气象条件
- 生物条件

三、不同栽培条件对滋味的影响
- 肥
- 水
- 减
- 采
- 保

四、不同采制条件对滋味的影响
- 鲜叶等级
  - 杀青
  - 渥红
  - 揉捻
  - 干燥
  - 发酵
- 制作方式

五、不同贮藏条件对滋味的影响
- 保质
- 醇化
- 陈化
- 污染劣变

# 茶叶滋味的品鉴方法（二）

我们接着聊茶叶审评品鉴的有关知识。今天我们接上回继续与朋友们分享影响茶叶滋味的有关因素。

我们说茶的滋味是茶树鲜叶内含物质中呈味物质在不同的工艺条件下转化形成的，是不同的采制措施影响改变了呈味物质在茶汤中的比例和含量，是外因作用于内因的结果。一杯茶带给我们的感受实际上是所有的呈味物质综合作用、综合表现的综合感受。因此朋友们在品评茶叶的时候，尤其是对茶叶做出鉴定的时候，一定要联系、分析影响茶叶滋味的各种因素，要把它们综合起来进行准确的判断。比如茶叶的苦味，影响的因素可能是茶树品种，可能是土壤，可能是病虫害，可能是高温强光照，也有可能是氮肥施用过多形成了比较多的苦味氨基酸，原因很多，要善于甄别。有关知识我们在茶树形态学和生理学的讲座中已经与朋友们做了分享，我们要强调的是茶的滋味是综合因素影响作用其上形成的。

评价滋味的时候，一定要有体系意识，用排除法，像剥笋叶一样的一层一层地一个一个问题地排出，最后找到准确的结论。才是我们说的审评和鉴定。

让我们从五个方面展开分享：

## 一、不同茶树品种对茶叶滋味的影响

茶树的品种可以划分出大中小叶种，其中大叶种主要分布在我国的华南茶区，中叶种主要集中在西南茶区、华南茶区向江南茶区的过渡带，小叶种主要集中在西南茶区、江南茶区和江北茶区。由于品种不同，它们的叶色、叶质、叶尖、节间和新梢的持嫩性等属性不尽相同，势必影响和改变着茶叶的整个品质风格。

由于品种不同，它们叶片的蜡质层、角质层、栅栏组织、海绵体等结构也不尽相同，也会影响到鲜叶中的内含物质的储存量。

由于品种不同，有的品种开花多、结果多，有的品种开花少、结果少甚至不开花、不结果，都会影响或改变着茶树的碳氮比，都会影响和改变着氮代谢的产物和碳代谢的产物结构，这些差异最终作用在茶汤上，影响了茶汤的滋味。

不同的茶树品种对滋味的影响主要是形态结构、组织结构和生理代谢三个方面，它们共同作用于茶汤的滋味。

## 二、不同生态条件对茶叶滋味的影响

这一点，我们在茶树生长发育对环境条件的要求的时候做了分享，感兴趣的朋友可以将那些内容结合起来，与我们这一期的茶叶滋味的影响因素联系在一起，就能够更好地领会和把握。

生态条件对茶叶滋味的影响主要是从不同的纬度、不同的土壤条件、不同的光温水气热等气象条件以及不同的伴生生物条件四个方面作用和施加的。

　　一般来说，低纬度的地方气温高、雨量充沛、日照强度大，往往叶片较大、组织结构疏松、多酚类一类的物质含量较高，酶的活性也比较强，滋味表现得也就比较浓烈。这也是我国华南茶区的茶普遍比江南茶区的茶厚重、浓烈的原因。

　　生长在高山云雾弥漫地区的茶，其云雾较多、日照弱、昼夜温差大，常常表现为叶片肥厚、柔软、持嫩性好、内含蛋白质和含氮物质比较多，滋味比较鲜爽，醇厚，谈不上浓烈但一定很饱满。我们说高山云雾出好茶，都说明生态条件影响和改变着茶叶的滋味。

　　从伴生物种上来看，宋代的苏东坡有这样的经验，他在《种茶》说"松间底生茶，已与松俱瘦。移至百鹤岭，土软春雨后，弥旬得连阴，似许晚遂茂"，意思是说与松树一起生长的茶树叶型小，滋味薄。在云南许多茶区都喜欢用水冬瓜树作为茶树的遮阴树，这一类遮阴树种，土壤保水能力强，树冠面大，改善空气湿度的效果比较好，形成的漫射效应比较明显，这种环境下的茶树其滋味往往是比较醇厚的。而生长在桃树下面的茶和生长在黄泥地上的茶，滋味往往钝涩，这些也是生态条件作用于品质、作用于滋味的实例。

### 三、不同栽培条件对滋味的影响

在人工栽培条件下的茶园，人们对茶园施加的影响主要是肥、水、剪、采、保五个方面。这五项措施不同，茶叶的品质风格，滋味的表现也不尽相同。比如肥培管理的用肥习惯，施用氮肥的和施用农家肥的，以及农家肥选用热性肥料（如羊粪、马粪等）的，长时间作用的结果，形成的滋味肯定也不尽相同。热性肥料、牲畜肥料，往往含磷含钾和各种腐殖质比较多，施用以后对土壤的增温以及茶树的花果代谢是有帮助的，这种肥培条件所形成的茶叶滋味就会厚重一些、黏滑一些。而长时间地单一施用化肥，其滋味必然表现为入口即苦，喝进去苦味跑在先，在鲜爽的同时感觉到明显的苦。所以，肥培管理的不同措施直接地间接地改变着茶叶的品质、改变着茶叶的味道。

### 四、不同采制条件对茶叶滋味的影响

采摘的等级不同、用料不同，势必会出现不同的滋味。这一点早在一千多年前的宋徽宗在《大观茶论》中就有明确的论述。他说："采茶不必太细、细则芽初萌而味欠足，不必太青，青则芽已老而味欠嫩。须谷雨前后，觅成带叶微绿，且团且厚者采焉。"宋徽宗的意思是采茶不要太嫩，也不要太老，要在谷雨前后，觅成带叶微绿且团且厚者（即生长肥硕的）原料采摘。很明显，他知道不同的用料与滋味的关系。

事实上，不管哪个茶类，单芽茶、一芽一叶的茶、一芽二叶

的茶、一芽三叶的茶，用料不同，滋味肯定不会相同。我们反复说到一芽一叶和一芽二叶中的内含物是最高的，用这一类原料加工出来的茶的滋味也是最丰富的，要么浓烈、要么浓强、要么浓厚、要么醇厚。如果使用一芽四叶、一芽五叶加工出来的茶品，肯定滋味是淡薄的。这是原料对滋味的影响。

除此之外，不同的制茶方法、不同的制茶措施对滋味的改变，影响也是很大的。在杀青、揉捻、渥红、干燥、发酵等所有措施中，对滋味的浓强度改变最大的是揉捻环节，我们在分享力对制茶的作用的时候，已经做过介绍。不同的揉捻时间、揉捻强度、导致不同的细胞破碎率，不同的细胞破碎率直接影响和改变了茶汤的浓度，凡是揉捻得重的，滋味肯定是浓的；揉捻得轻的，滋味肯定也是淡薄的。不仅如此，揉捻的程度不同还改变着茶叶的耐泡程度，破碎率高的肯定不耐泡、破碎率低的肯定耐泡。评价滋味的时候，要注意观察茶条，看茶条的细胞破碎率、茶条的紧结度的情况怎么样，要联系起来综合判断。

### 五、不同储存条件对滋味的影响

储存中的茶叶随着储存时间的变化，在滋味上会发生着不同的改变。这种改变有四种表现，即保质、醇化、陈化或污染劣变。储存的好的茶叶，保质效果较好。

茶叶中的萜烯类物质对气味的吸附能力比较强，如果储存环境有杂异气味，就容易被萜烯类物质所吸附，从而引起茶叶的劣变；如果储存环境好，没有杂异气味可吸附，茶叶的保质效果就好。

在储存过程中，新鲜的茶叶所含有的青叶醇与二甲硫结合以后有特殊的清香，使茶叶越来越醇化，品质越来越好，但随着二甲硫的消失，二甲基硫的损失，新茶香也会逐渐地散失，从而出现陈化的现象，使茶叶产生陈味。

储存中的茶叶，茶叶中的多酚类物质也会发生氧化聚合，使多酚的含量总体下降，滋味中的涩味物质也在下降，使收敛性减弱。

储存中的茶叶如果遇见阳光直射，会使滋味钝滞；如果回潮，时间长了会引起霉变，产生霉味。这些都会影响和改变着茶的风味。不难看出，储存的环境对滋味是有直接和间接的影响的。

综合起来我们就不难发现，茶叶的滋味受品种、栽培条件、生态条件、采制措施以及储存环境五个主要因素的影响和左右。它们中每个因素的变动，都会影响和改变着茶的滋味，在评价茶叶滋味的时候，要将这些因素综合起来加以甄别。一杯茶汤一个世界，一杯茶汤一个历程，朋友们在品评茶叶的时候，试着从影响茶叶滋味的这些因素上去寻找茶的特性，是一种情调，是一种情趣，自有一种美好。

当大家了解并掌握了茶叶滋味的形成是一个系统，是多因素、多要素综合作用的结果以后，就不会再将茶叶说得玄乎其玄、神乎其神了。每一种味道，每一种瑕疵，一定有对应的证据。对其中好的部分，赞扬它，欣赏它，是赏析；对其中有瑕疵、有毛病的，要剔出来，加以改良完善；对那些故弄玄虚，装腔作势，既不能说出好在哪里，也不能指出坏在哪里的人和事，要加以纠正和批评；对那些以欺骗消费为目的、以次充好的、假冒伪劣的行径，大家在细察甄微的基础上，要予以坚决的打击。

茶行业需要法治，茶行业需要干净，茶行业需要正直。用知识武装和保护自己，也是我们学习茶叶审评品鉴的目的所在。

思考题
1. 不同茶树品种是怎样影响和改变茶叶品质的？
2. 不同生态条件是怎样影响和改变茶叶品质的？
3. 不同栽培措施是怎样影响和改变茶叶品质的？
4. 不同采制方法是怎样影响和改变茶叶品质的？
5. 不同仓储环境是怎样影响和改变茶叶品质的？

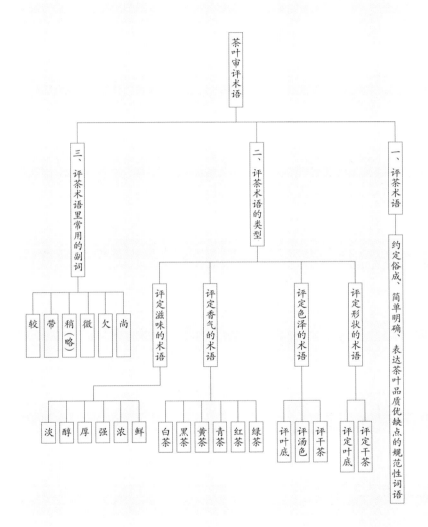

茶叶审评术语

一、评茶术语
约定俗成、简单明确、表达茶叶品质优缺点的规范性词语

二、评茶术语的类型
- 评定滋味的术语
  - 淡
  - 醇
  - 厚
  - 强
  - 浓
  - 鲜
- 评定香气的术语
  - 白茶
  - 黑茶
  - 黄茶
  - 青茶
  - 红茶
  - 绿茶
- 评定色泽的术语
  - 评叶底
  - 评汤色
  - 评干茶
- 评定形状的术语
  - 评定叶底
  - 评定干茶

三、评茶术语里常用的副词
- 较
- 带
- 稍（略）
- 微
- 欠
- 尚

# 茶叶审评术语的运用

在不知不觉中，《亚和说茶》栏目播出已经一周年了，感谢朋友们的陪伴、感谢大家的鼓励、也感谢大家的分享和转发。在接下来的时间里，我所能做的，就是在朋友们的鞭策下更加地努力。

今天，接着与朋友们分享茶叶审评品鉴的有关知识。我们要分享的重点是茶叶审评术语的基本知识，让我们从三个方面展开思索。

## 一、茶叶审评术语的定义

目前，在我国这个基本茶类很多的国家，茶叶的审评品鉴主要是靠人们的感官完成的。虽然有理化分析和其他一些检测检验手段，但对绝大部分的消费者来讲，我们依托的仍然是感官审评。

感官审评依靠的是我们的视觉、触觉、嗅觉、味觉等器官。由于个体的差异，这些感知器官总是有差异的，这种差异是客观存在的，加之不同的饮食习惯、不同的味蕾记忆，使得不同茶区的人对茶叶的色香味形有着各自的偏好。这就给我们在品评鉴定的交流活动中带来了一些障碍，在具体的品鉴活动时常常出现沟通上的不一致、认识上的不统一，于是在评定一个具体茶叶的时候，常常会出现不尽相同的结论。更有甚者，有些朋友喝茶，在交流品评感受的时候往往不知其所然。有的朋友千茶一味，有的朋友强调一点不及其余，还有些人夸夸其谈，神乎其神。这些日常的品茶活动，可以看作是一种茶趣生活，是一种乐趣，没有必要太去认真，太去计较。如果是对茶叶做出鉴定性、评价性、考评性的时候，也就是我们说的审评时候，大家知道审评的第一任务是把关，这种自由式的感受、自由式的发言交流显然是不行的。这就需要建立起一套标准的、规范的、公认的交流方式或交流语言。

于是，我们把"简单明确、准确规范的表达茶的优缺点的词汇词语"称之为评茶术语，这些术语在长时间的生产实践中得到了公认，被广泛认同和使用，类似普通话在语言学中的地位和作用一样。审评术语为茶叶的审评品鉴交流，提供了规范的交流语言。喜爱茶叶的朋友们，尤其是从事茶叶生产经营工作的同事们，学会审评术语、评茶术语的运用。从事茶艺活动的茶艺师、评茶员更是责无旁贷，他们肩负着推广茶叶科技和传播茶叶正能量的任务，在工作和生活中，学会用简单准确的词汇表述茶叶的优缺点，而不是把消费者和受众搞糊涂，把大家引进云里雾里。

## 二、审评术语的种类

中国的美食文化常常是从色香味形四个方面去看待一个食品的，茶叶也不例外。茶的审评品鉴与其他食品的品评不同的是它分为干评和湿评两类：干评是评价干茶或毛茶或成品茶或紧压茶，是开汤之前对茶叶形状的评定，评审的内容主要包含观察这个茶的嫩度、条索色泽、匀净度、匀整度这样四个方面；湿评是开汤以后的审评，内容主要包含香气、汤色、滋味和叶底四个方面。于是我们把干评的四个方面和湿评的四个方面加在一起，称之为评茶的八因子。可以说茶叶的品评品鉴实际上就是围绕着这八个方面展开的，茶叶审评术语也是围绕着这八个方面形成和运用的。评茶有八因子，就有八因子对应的评茶术语。

学习审评的朋友，要从这八个方面去细细把握、细细甄别，注意它们之间的细微的差别。对于爱好茶叶的朋友，则可以将其简化，把评价茶叶的因素按序列、按相近相同的内容进行归类。比如香气，它既有干茶的香气，也有开汤以后的香气和汤水里面的香气，可以把它从干评到湿评归纳起来一并考察。比如形状，从干茶的形状到叶底的形状连接起来学习使用。这样把相关内容、相似内容合并起来，简单明了，避免繁琐。因为爱好不是专业，只需要不出现太多的外行话、笑话就可以了。

在茶叶审评学的教科书中，所列举的评价茶叶外形的词条多达60多条、描述茶叶色泽的词条多达60多条、香气多达20多条、滋味多达20余条，相加在一起出现了170多个条目的词汇，对于爱茶的朋友来讲，完全全面地把握住茶叶审评术语是不可能的。经过简化以后，我建议朋友们从四个类型上去把握评茶术语的使用：一是评定外形的术语，二是评定色泽的术语，三是评定香气的术语，四是评定滋味的术语。在这四个类型中，建议朋友们每个类型去把握3~5个术语就可以了。

比如评定条形茶外形的术语，常常针对条索的松紧，对于"紧"

的评定有紧结、紧实、紧秀这样一些词汇，大家学习的时候，把词性的重点放在后一个后缀词上面，如"紧结"，它强调的是"结"，就是茶条没有毫但是粗实、短重，这便是紧结；"紧细"，词义在"细"字上，是指这个茶条它的特点是细的；紧而细的；"紧秀"，强调的重点是"秀"，秀就是秀丽，指锋苗完整，锋苗、芽尖保蓄得相当好。

又如评定色泽的绿，可能是墨绿、黄绿、青绿、暗绿，大家要重点注意的是这类词的前缀词。墨绿的"墨"，强调了色泽的深；黄绿的"黄"强调了色类是黄、绿两个颜色合并出来的感觉；青绿强调了"青"，比深绿、墨绿浅，是绿中带青的一种感受；而暗绿强调的是"暗"，是指色绿而暗，没有光泽。

只要注意到词汇的前缀词或后缀词的差异，你就能够举一备三，灵活使用。在评定绿色的"绿"的时候，请朋友们记住"苍绿"这个词，它专指太平猴魁，只有在尖茶类的审评上，才使用苍绿这个词语。此外，炒青茶的灰绿、铁观音的砂绿等，朋友们都可以广泛地去了解和把握。

再比如，评定茶汤的时候，常常会发现绿黄、浅黄、橙黄的汤色，它们都是黄，但是内容所指是不相似的，是不一样的。绿黄是绿中带黄的茶汤，浅黄是汤色黄而浅的，而橙黄是指茶汤带红、呈橘黄色，这叫"橙黄"。

再如评定香气的时候，表达香气的持续时间的高、长、浓、爽，以及评定茶叶的滋味的浓、醇、和、淡这些词汇，朋友们要细细地品验、细细地去感觉，这确实需要一定的文学基础、需要一些悟性。因为每个人对词语的把握能力和体会能力、理解能力是不相似的，只能提醒大家在这些非常细微的地方去善加体会，细细地体会，有了深刻的体会，表述的时候才能更加地准确。这些功夫需要朋友们去练，需要在实践中去积累。

### 三、评茶术语中的副词使用

在具体评茶活动中，常常遇到两个茶外形、汤色非常接近，难分仲伯，品评许多茶的时候这种情况更多，常常有非常相似的几只茶出现在你的眼前。这个时候怎么下结论呢？就使用到了评茶术语中的许多副词。

有六个副词，建议朋友们一定要记住并灵活地学会使用。

第一个是"尚"。两茶相较时，对弱势的这个茶，常常使用"尚"来进行表述。比如评价嫩度时所说的"尚嫩"，条索上的"尚紧"，汤色上的"尚亮"、叶底上的"尚匀"等，这种时候的"尚"字，指的是说有差距、还有不足的意思。尚嫩就是"还算嫩"，尚紧就是"还算紧"，尚亮就是"勉强亮"，尚匀就是"不够匀"的意思，是一种缺陷的指出。

第二个字是"欠"。它表达的是程度上或规格上的某种不足。比如我们看到相对松一点的茶条时，就可以使用"欠紧结"或"欠紧"这一类的词。"欠"就是不足，程度不足的意思，我们看到茶汤微微显浑的时候，可以使用"欠亮"，是指"不够亮"的意思。评价饼茶的时候，如果这个饼不够圆，就可以使用"欠浑圆"这样的术语来表述。大家就都知道了"欠"是指出了一种缺陷，一种程度上或规格上的不足。

再就是"微、略、带"这三个副词，也是审评中常常使用的。

"微"就是微微的，"略"就是粗略、大约的意思，"带"是带有的意思。这三个副词有一个共同的特点，是指某种程度某个品质特点稍微的、轻微的显现但不是很明显，存在着些许的瑕疵或些许的优势，这种时候就用这三个词来进行描述。比如滋味上的"微涩""微苦"，香气上的"带花香""带烟味""带苦涩"等，这一类表达方式，都是讲"略略地有这种感觉"的意思。圆条形茶当中带有扁条，就可以使用"略扁"，发现有少许弯条的也可以用"略弯"等，这些词语是轻微程度的一种表达方式。

在评茶术语中，还有一个副词的使用频率是很高的，就是比较的"较"，它用于两个茶、三个茶比较的时候，表示它们品质"基本接近"的意思。不同的用法、不同的语言环境下，它的使用指向是不相同的，有两种情况：一种是褒义的使用的时候，一种是贬义的使用的时候。

表示褒义的时候，"较"所表达的是稍弱的意思。比如两个很相似的茶，在比较它们哪个芽毫多的时候，如果有一盘芽毫多，你就说"显毫"，另外一个芽毫就叫"较显毫"，那么这个时候的"较显毫"，表示的是它不如前边这个多毫的，是稍弱的意思。又比如比较它们的紧细的时候，两盘茶在手里面，紧细的一盘和不如它的这一盘，不如它的这一盘就可以用"较紧细"，也是稍弱的意思。用在褒义表扬茶品质的时候，如果加上了"较"其实表达的是稍微弱一点的意思。

如果是用在贬义的时候，使用"较"则表达"有优势""稍好一点"的意思。比如两个茶汤对比的时候，如果发现这两只茶汤都是暗的，"暗"和"较暗"，它的暗的程度比"暗"要有优势，就是"暗"比"较暗"程度更严重。又比如说黄片"多"和黄片"较多"，很明显黄片"较多"表示它没有"多"的那个严重，程度上稍微具有优势。"较"字在使用在贬义的时候，它实际上表达的是"稍微有优势"的意思。语境不同，这个"较"字所表达的寓意，所指的质量等级就不相同。大家要仔细地去对比、去感受、去实践。

总而言之，评茶术语是我们行业内朋友和朋友之间，茶友和茶友之间交流的一种语言技能，一种交流技巧，它需要简单、明确，用最简洁的语言表达出茶的优劣、表现出茶的好坏，要使受众容易理解，一听就能明白。它常常是四个字连用，比如说"白毫显露""颗粒紧结""身骨重实""清澈明亮""鲜爽爽口""扁平尖削""翠绿光滑"等，使人一听一看就知道这个术语说的是哪个内容，评价的是什么指标。

许多初学茶叶审评的朋友，许多刚刚接触到茶叶的茶叶爱好者，对茶叶审评和术语的使用很不习惯，有的甚至不知道怎么去表达。这主要是缺少参照物，缺少经验引起的，只要大家多喝多比较，同时多琢磨多体会各种评茶术语的细微差异，就一定能够慢慢地熟练起来。

在现实生活中，许多诗人、文化学者也会用一些诗意的语言、梦幻般的感受来描述和表达他饮用一个茶的感受。这与我们所说的评茶术语的使用不矛盾，我们不能要求每一个爱茶的人都向专业方向发展。学习专业理论，不妨碍我们对茶味美好生活的向往，了解学习审评术语、评茶术语，只是为了更好地沟通、更准确地沟通。语言毕竟是桥梁，它不该滞涩，不该成为沟通的障碍。我们要学好审评学，用好评茶术语。

# 古今中外茶叶评价方法

我们可以把古代对茶的评价方法总结出六个方面，就是评功能、评产地、评原料、评工艺、评外形、评内质。

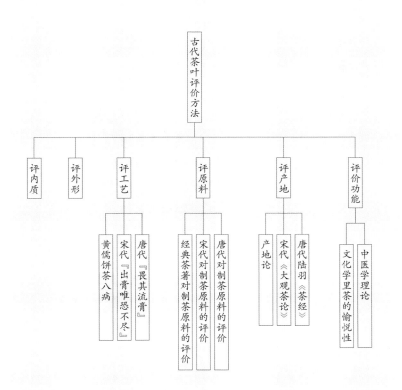

古代茶叶评价方法

- 评内质
- 评外形
- 评工艺
  - 唐代「畏其流膏」
  - 宋代「出膏唯恐不尽」
  - 黄儒饼茶八病
- 评原料
  - 唐代对制茶原料的评价
  - 宋代对制茶原料的评价
  - 经典茶著对制茶原料的评价
- 评产地
  - 唐代陆羽《茶经》
  - 宋代《大观茶论》
  - 产地论
- 评价功能
  - 中医学理论
  - 文化学里茶的愉悦性

# 古代评价茶叶的方法

我们接着聊茶叶审评品鉴的有关知识。在系统地介绍了茶叶审评品鉴的历史、作用、程序和茶叶外形、色泽、香气、滋味的评价方法，以及茶叶审评术语的规范性使用之后，今天让我们换个角度来看看古今中外的人们是如何评价茶叶的。权当作为学习茶叶审评品鉴的复习、补充和巩固。让我们从五个方面展开分享：

## 一、我国古代评价方法

我国发现利用茶叶经历了一个漫长的药用时期。从"神农尝百草，日遇七十二毒，得荼而解"到陆羽《茶经》的问世，茶叶一直是一种"瀹蔬式杂煮"的汤叶，在煮饮的时候在其中加入葱、姜、橘皮等其他植物，那一时期的茶叶是一种"复方茶"，也叫混合饮。陆羽《茶经》问世以后，茶的利用发生了重大变革。陆羽将加入茶叶中的葱、姜、橘皮等其他植物抛弃，使茶叶独立成为一种单纯的饮料。陆羽把这种煮饮的方法称之为"天然煎烹法"，"天然煎烹法"其实并不天然，因为他还在其中加了盐巴，但并不妨碍陆羽的伟大贡献。他把茶叶从"复方"茶转向了简单化的"单方"茶，过渡到了今天的清饮。

沿着这个历史我们不难发现，中国人认识茶主要有两条途径：

一是茶的药用价值，二是茶的饮用价值。药用价值的茶要评价它的功能性，饮料价值的茶要评价它的饮用的愉悦性。于是我们把古代对茶的评价方法总结出六个方面，就是评功能、评产地、评原料、评工艺、评外形、评内质。

评功能体现在大量的古代医学著作中，延续到今天发展成为数以千计的茶疗方，成为我国中医宝库中的一个瑰宝。在古代遗留下来的许多茶叶专著和大量的文学作品、诗词歌赋中，茶的功能还赋予了另外一种功能性，就是精神的愉悦性。人们把它称为"仙人草""清人树""不夜侯""窈窕菜""长生茶"等，赋予了它许多人格的美好，充满了文学的想象。这些都是我国古代对茶的植物功能性和精神作用性的评价，我们可以将它视为茶的功能性评价。

陆羽《茶经》问世以后，茶的评价体系逐渐地完善起来，人们开始把目光聚焦到评产地、评原料、评工艺、评外形和评内质，在享受茶的精神世界的同时，开始对茶的植物性、客观性的研究。在《茶经》中有三篇开启了茶叶评产地的先河，在《一之源》中，陆羽说"其地，上者生烂石，中者生砾壤，下者生黄土"。在《七之事》《八之出》中，陆羽将三十二个州的茶分出了三到四等，形成了用产地来衡量茶的评价方式。陆羽是湖北天门人，在他的一生中他主要游历在湖北、江西一带，而且在浙江和江苏都居住过，在沿途中他应该还接触到安徽和湖南两省，用心的朋友都会发现，陆羽《茶经·八之出》中，他主要叙述的，排的等级等次主要是以山南道的茶区为主的；由于他没有到过福建和贵州，对当时的黔中茶、江南茶和岭南茶没有太多的记录，这也是陆羽的局限性。陆羽按产地评价茶叶的思维方式也影响到了宋代及其之后的时间。于是我们发现在《大观茶论》中，在《东溪试茶录》中，在《北苑贡茶录》中有大量的关于福建茶的记录。明清时期大量的著作也是按照产地来分别茶的优劣的，在云南《徐霞客游记》中记录了当时他经历凤庆的时候，喝到了梅氏给他煮泡的茶以后，他说"滇茶以此为最，不输杭之龙井"。我们熟知的关于普洱茶的六大茶山的记录等，这些习惯，都是评产地的缩影，我国许多历史名茶也是在这样的背景下出名的。习惯延续到今天，在云南普洱茶中，班章、冰岛、昔归、易武、忙肺、景迈等产地的推崇，也是这种习惯的延续。至于盛名之下，这些产地是不是会出现名不符实，已经是另外一个命题。口碑相向，众说一致是我国传统的评茶习惯，具有很强的现实意义。

要强调的是，在我们评产地，评天时地利的同时，朋友们还要学会古代评茶的另外一种方式，就是评原料。在陆羽《茶经·三之造》中，他说"茶之牙者发于丛薄之上，有三枝四枝五枝者，选其中枝颖拔者采焉"，说明陆羽已经注意到了原料选用，提出茶树上生长的三枝四枝五枝的枝条，选择其中肥壮的枝条采摘的主张。在《一之源》中陆羽又说"紫者上，绿者次；笋者上，芽者次；叶卷上，叶舒次"，他还注意到了叶色与品质的关系；注意到了同为芽头的笋者和芽者，即肥壮的和瘦弱的茶芽与品质之间的关系；注意到叶片背卷和叶片展平的叶龄与茶叶品质之间的关系，他认为芽头肥壮的比芽头瘦弱的，叶片背卷的比叶片舒展的品质好。这些观点到今天都是经得住检验的。至于他所说到的"紫者上，绿者次"，可能受到当时顾渚紫笋的影响，也可能是唐朝煮茶而饮的习惯，让陆羽觉得紫色芽头这种味道浓的茶是好茶。无论如何，陆羽对原料的在意，直接影响了后来的整个中国茶叶行业的发展方向。我们在宋徽宗所写的《大观茶论》中，见到了这样的记载："凡芽如雀舌、谷粒者为斗品，一旗一枪为拣芽，一旗二枪为次之，余斯为下。"宋徽宗把雀舌和谷粒者的茶芽视为斗品，是最好的，认为一旗一枪次之，这种习惯在那个时候可是"皇帝诏曰"啊。我们现在的许多评茶活动，许多消费者购买茶叶，都受这种习惯的影响，见嫩就是好的，龙井的价格始终比旗枪高。

在熊蕃所写的《北苑贡茶录》中，也有类似的话，他说"凡茶芽数品，最上曰小芽，如雀舌、鹰爪，以其劲直纤锐，号曰芽茶。次曰拣芽，乃一芽带一叶者，号一旗一枪。次曰中芽，乃一芽带两叶，号一枪两叶。其带三叶四叶皆渐老矣"。可以看出，整个宋代对茶的评价是以嫩为好的，甚至出现了《北苑贡茶》当中剥去鳞片，只留笋丝的水线银芽。

凡此种种不难看出唐宋时期对用料的选择，一直影响了中国茶叶一千多年的价值观。这种以嫩为好的习惯或者是判别标准，究竟好不好呢？个人认为我们得从历史的角度去分析去判断，因为江浙地区的饮食都是偏清淡的，主流社会对清淡饮食的偏好，使整个宋代制茶出现了"出膏惟恐不尽"的加工习惯。"出膏惟恐不尽"就是要把茶叶里面的膏汁（即汁液）挤干、榨净，甚至还有将揉捻叶、揉坯用清水漂洗，以获得好看的外形的加工。这类加工方法在我们今天看来确实有点儿匪夷所思，将茶汁都挤出了，还有什么营养价值呢？但是朋友们注意，宋代的饮茶习惯是以抹茶和点茶为主的，将茶叶碾碎了以后，茶粉与沸水搅拌在一起，直接连茶渣一起饮入的这么一种消费方式，类似于今天日本的抹茶。这种饮茶习惯显然不能太浓，浓了就像喝药，浓了就肯定受不了，它有它的合理性。

　　说到这一点，细心的朋友就会发现，宋代的制茶和唐代的制茶完全是截然不同的两种方式，唐朝制茶是"畏其流膏"的，"畏其流膏"就是要尽量保持茶的汁液。而宋代的制法是"出膏惟恐不尽"，就是要想方设法地挤走茶汁。这两种相反相左的加工方式，就是因为唐朝是煮着喝的，宋朝是点茶喝的。煮着喝的，茶水比例很大，茶少汤多，它肯定要追逐味道浓的东西。而宋代是直接将茶碾成粉打匀，点茶而饮，不喜欢太浓，它必须将茶汁挤出去。不同的时代有着不同的习惯，不同的习惯引导着不同的加工方式，我们不评论这些时代谁对谁错，谁是谁非，我们只有敬重的义务。但是古人对用料的选择，对用料的重视是我们要重视的。我们要学习的是在评产地的同时，评价原料的等级，历史进步了一千多年，我们不能不如古人。购买龙井也好，铁观音也好，碧螺春也好，黄山毛峰也好，云南普洱茶也好，朋友们不能只是盯着产地而去，而是要在产地的基础上，学习古人的评价方法，重视对原料的评价。

不仅如此，古人还对茶叶加工的工艺有着严格的考核标准，评工艺也是中国茶叶历史上重要的审评品鉴指标。

在陆羽《茶经》中《二之具》《三之造》《四之器》《五之煮》《六之饮》这些章节中，都有对工艺的考量，有对生产工具的要求，有对采制时间的要求，有对蒸压技术的要求，也有对煮饮过程中茶具茶艺用品的要求。

宋徽宗《大观茶论》甚至对采茶工人的洗手、剪指甲等许多很细的环节，都提出了要求。宋代黄儒写的《品茶要录》指出了茶叶的八病。赵汝砺的《北苑别录》依然盯着的是茶叶的加工工艺。《品茶要录》和《北苑别录》这两部书中，有一点非常相似，它们各有一段话都重视到了杀青，即蒸汽杀青的时候的工艺水平，分别记载了三种工艺情况下的品质特点，比如说蒸青不足、不熟、不透，会出现成品的色青、易沉，味有桃仁之气、草木之气等，就是我们今天说的生青，青草气；如果过熟，杀透闷着了，就会出现色黄，粒纹大而味淡；如果适度则味甘香。

时间过去了一千多年，我们不得不臣服于我们古人的伟大，无论是陆羽的"茶有九难"，还是黄儒的"饼茶八病"，还是赵汝砺的对制茶工艺的辨别能力，都是我们要学的。古为今用，向古人处讨消息，在传承之中谈发展，是我们学习茶叶审评品鉴的捷径。因为，茶叶审评品鉴是评价茶叶的好和坏，而好和坏是一种价值观，那些千古不易的价值取向，一定是经典所在。其中的许多细节，我们在中国茶叶发展的历史介绍中，还会与朋友们作更为详细的分享。

评完了产地，评价了原料，评定了工艺之后，古人又是如何去看待一个茶叶的外形和内质的呢？容许我们下期分享。

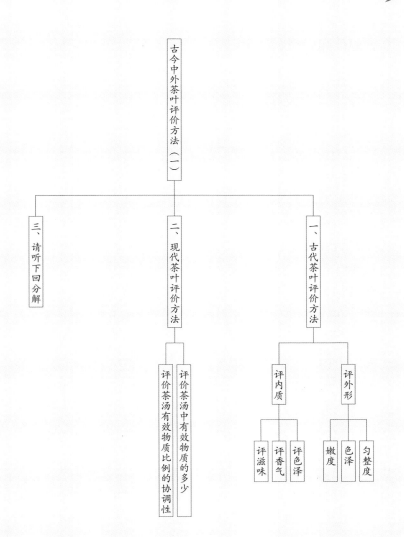

古今中外茶叶评价方法（一）

一、古代茶叶评价方法
　　评外形
　　　　匀整度
　　　　色泽
　　　　嫩度
　　评内质
　　　　评色泽
　　　　评香气
　　　　评滋味

二、现代茶叶评价方法
　　评价茶汤中有效物质的多少
　　评价茶汤有效物质比例的协调性

三、请听下回分解

# 陆羽宋徽宗蔡襄评茶

　　我们接着聊茶叶审评品鉴的基本知识。我们书接上回继续与朋友们分享古今中外的茶叶评价方法。在上期的栏目中，我们与朋友们分享了古人对茶叶功能评价、产地评价、原料评价、工艺评价的一些方式方法。今天让我们侧重看看古人是如何评价茶叶的外形和内质的。

　　当梳理古代许多茶叶专著之后，我们会发现自宋代以后茶叶的感官审评技术没有太大的发展和进步，直到十八世纪茶叶成为一种国际性的商品以后，有了茶叶国际贸易的出现，逐步地出现了各种定形定量的审评用具，也出现了表达一定品质特点或优缺点的审评术语。我们学习古代对茶叶外形内质的感官品鉴，主要还是要回到唐宋时期。

　　《茶经》是一部无体不备的、包罗万象的茶叶著作，在《茶经·三之造》中，陆羽说："茶有千万状，卤莽而言。"粗略说来，他把当时唐朝的饼茶分为了八等，就是"胡靴、犎牛臆、浮云出山、轻飙拂水、澄泥、雨沟、竹箨、霜荷"。陆羽所说的"胡靴"指的是饼面有皱缩的褶纹；"犎牛臆"指的是饼面有整齐而粗的褶纹；"浮云出山"是指饼面有卷曲的皱纹；"轻飙拂水"指的是饼面呈微波浪形的纹路；"澄泥"是饼面光滑如"陶家之子，罗膏土，以水澄泚之"，即水下面沉泥的意思；陆羽说的"雨沟"

指的是饼面光滑有像水沟一样的浅纹路。他认为"胡靴、犎牛臆、浮云出山、轻飙拂水、澄泥、雨沟"这六种茶是肥嫩、色润的优质茶。陆羽认为"竹箨"之茶，即饼面像笋壳状，起壳或脱落的，含有老梗的，"竹箨"之茶为劣质茶。他还认为"荷霜"也是一种劣质茶，所谓"荷霜"，是指凋萎的荷叶状的、色泽枯干的饼形，是瘦而老的茶。

　　从陆羽划分等级的情况看，主要审评的是茶饼的形态和色泽两个项目。通过形态和色泽推断出嫩度、蒸压的压力、捣烂的程度和汁液流失的情况等。这是通过外形来观察制造技术，考量内质与制茶品质之间的联系。他主张以茶叶的汁液流失少的为好，流失多的为差，所以唐代的制茶是"畏其流膏"，怕汁液外流。唐代的饼茶在杀青以后有一个捣烂、捣碎的过程，陆羽在"畏其流膏"的思想指导下，认为以蒸压适度、松紧适度的饼茶是好的饼茶，蒸压过度或蒸压不足的都是不理想的。他不追求饼茶的平正光滑，而要求有一定的褶纹（即纹理），纹理要细而浅。如果纹理粗而深或饼面起壳、脱落、色枯有老梗的，在陆羽眼里就是差的茶。这就是陆羽对外形的评价方法。

　　不仅如此，陆羽还把当时的茶叶审评技术分为了三等，"以光黑平正言佳者，斯鉴之下也"，意思是说只是从茶叶表面的"光黑平正"的程度就把茶评为好茶的，他认为这样的评茶技术是最差的。他又说"以皱黄坳垤言佳者，鉴之次也"就是说把饼面色黄有皱纹，高低不平的茶评为好茶的，这种评茶技术是二流的评茶技术。在陆羽的眼里，"若皆言佳及皆言不佳者，鉴之上也"，他认为能够全面指出前述两种情况的优点和缺点，从而评出茶的好和不好的评茶技术，才是最好的评茶技术。为什么呢？陆羽说"出膏者光，含膏者皱，宿制者则黑，日成者则黄，蒸压者平正，纵之者坳垤"，陆羽的意思是茶饼表面的光是出膏的表现，茶饼的外形光滑是好茶，如果把茶汁挤出去了，滋味也就淡了。因此不能只是看到饼面有光泽就认为它是好茶。陆羽认为"皱"是含膏的表现，外形有褶皱，看起来虽然不好看，但是茶汁流失得少，茶味就浓了。这种保蓄茶汁的加工方法才是好茶的加工方法。可以看出，陆羽是重味道的，而且他喜欢滋味浓的。陆羽还认为，黑色是隔夜茶的表现。黄色是当天制作的表现。当天制作的比隔夜制作的好，黄色就比黑色的好。面对这两种情况，黑色是汁多的，黄色是汁少的。陆羽认为黄色的比黑色的差，对陆羽的这个观点，本人是有质疑的。因为隔夜的茶未必黑，黄色的茶也未必是当天加工的。如果用现代的科技观点来看，茶色泛黄，可能跟枝条的生育程度有关系，跟叶绿素 a 在蒸青的时候大量丢失有关系。但我们不去跟陆羽较这个真，要注意的是，陆羽通过色泽来联系加工工艺从而评审茶的这种思想、这种思路。说明他不单单只是用眼睛评茶，他在看到茶的外形的时候一定会联想到工艺与品质的关系，实为难得。陆羽说的"蒸压则平正，纵之则坳垤"意思是饼面平正是蒸压的紧实的表现；饼面拱凹不平，是蒸压得粗松的表现。饼面平正的比拱凹的好看，但蒸压紧了，茶汁流失多，拱凹不平的，茶汁保蓄得多。反而是拱凹不平的内质要优于好看光滑的饼型。可以看出，陆羽评茶"畏其流膏"，他把茶膏保蓄的多少、即汁液保留的多少视为评茶的一个相当重要的要件去考量。

　　研究茶经，从中不难发现，陆羽《三之造》的评茶方法，在外形审评上，他主要是围绕着匀整度、色泽和嫩度这几个方面来评价茶叶外形的。一千三百年前的陆羽能做到这个程度，确实令人叹服。

到了宋代，采用抹茶碾茶，主要是一种茶粉的形式，关于外形的评价，文字记载比较少。更主要是内质的评价，我们将宋代的《茶录》以及《大观茶论》两部主要的茶叶著作与《茶经》连在一起，加以比较就会发现，唐宋对茶叶内质的审评，审评的是色、香、味三个方面。

在《茶经·六之饮》中，陆羽把"别"分为九难，说"茶有九难"，并且还说"嚼味嗅香，非别也"，这个"别"就是鉴别的意思，但《六之饮》并没有说出来怎么去鉴别，反而是在《三之造》中他回答了这个问题。陆羽对香气的要求是"珍鲜馥烈"，就是香味鲜爽而浓烈，对味道的要求是"啜苦咽甘"，也就是入口苦，回味甜。对汤色的要求是茶汤有雪白而浓厚的膜渤（即泡沫），在煮饮的时候漂起来的茶花要雪白，而不是黄色的或黑色的。陆羽说"上有水膜如黑云母，饮之则其味不正"，说明陆羽不喜欢在煮茶汤的时候，发现黑色的膜和黄色的膜，他喜欢雪白的泡沫，这就是陆羽对色的要求。如果联系刚才列举到的陆羽评外形色泽的一些观点，就可以看到陆羽评茶是有体系的。

宋代有两部重量级的茶叶著作，一本是宋徽宗的《大观茶论》，一本是蔡襄的《茶录》，这两本著作中对内质上也提出了他们的主张。由于是宋徽宗的主张，成了那个时期人们判别茶叶好坏的主要依据。在《大观茶论》中，宋徽宗倡导的色泽、汤色"以纯白为上，蒸青白为次之，灰白次之，黄白又次之"。总的来说，他主张纯白色，然后是青白色。蔡襄的主张是"茶色贵白，以青白胜黄白"。蔡襄的主张与宋徽宗的主张是高度一致的，不仅在色泽上，蔡襄和宋徽宗在香气上都主张"茶有真香"；就是说要有本来的本真实的香味，怕污染，怕杂异。在味道上蔡襄主张"茶味主于甘滑"，而宋徽宗的主张更为全面和具体。他（宋微宗）认为茶"以味为上，香甘重滑，为味之全"。看得出宋徽宗比蔡襄会品茶。蔡襄强调两个字，就是"甘滑"；而宋徽宗强调四个字，就是"香甘重滑"，香气好，甜味重，重滑的"重"是指浓度，要有一定的浓度，所以他把重作为一个指标，"滑"而且还要顺滑。所以宋徽宗的香甘重滑这个经验，直到现在都是正确的，我们品评很多茶叶的时候，遇到"香甘重滑"的茶真的是好茶的体现。这些古代的经验，确实能够指导我们去进行茶叶的鉴赏。

如果我们把陆羽的经验和宋徽宗、蔡襄等人的经验联系起来，就可以得出古人品茶的规律性的认识，就是"珍鲜馥烈，啜苦咽甘，茶汤贵白，香甘重滑"，有经验的朋友都知道，茶汤的"白"跟嫩度有关，是多毫多芽头的表现。青白的茶汤是高嫩度的表现，大多数是幼嫩的一芽一叶或初展的一芽二叶加工出来的茶，茶汤才会是青白色的。我们掌握了这些主线索，就能够把握住古人评茶的脉络。

## 二、现代茶叶的评价方法

现代茶叶的评价方法，对于大部分朋友来说都是感官审评。我们在前边的栏目中告诉大家，现代茶叶的感官审评归结起来主要是评两个指标，就是茶汤中有效物质的多少，以及这些有效物质之间的配合比例是否协调好喝。我们的主张是内含物质要多，而且协调性要好，既要好喝，也要强调保健性，强调有效性。

朋友们只要把握住这两个主线，以及掌握古代先哲、先贤评茶的一些精髓，我们就不难评出好茶，也就不难知道茶的规律性的好，规律性的优质。

陆羽对评茶三种技术等级的划分，给我们一个提示，即评茶不能只是看表面，不能只是从表面来断定茶的好坏。要能够知其好在哪儿，不好在哪儿，说得清楚说得明白，才是一流的评茶技术。这一点，激励许多茶人，对我们是一种鞭策，我们尊陆羽为茶圣，他的身上，他的经验，确实有许多我们需要效法的东西。古为今用，一定要臣服下来，拜古人为师，从古人处讨消息。

至于现代生活中茶叶的物理检验、化学检验和安全性检验的检测方法和评价方法，我们下期分享。

思考题
1. 陆羽划分茶叶等级主要依据的是哪些方面？
2. 陆羽认为的一流评茶技术是什么？
3. 宋徽宗和蔡襄对茶叶汤色和香气的共性主张是什么？
4. 宋徽宗和蔡襄在茶叶滋味鉴赏上有何不同？
5. 陆羽、宋徽宗、蔡襄他们对好茶标准有哪些共性认识？

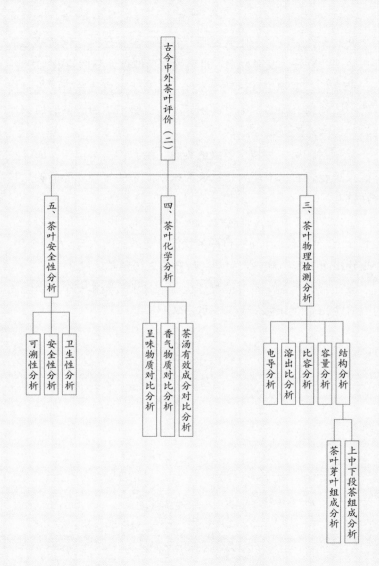

古今中外茶叶评价（二）

五、茶叶安全性分析
- 可溯性分析
- 安全性分析
- 卫生性分析

四、茶叶化学分析
- 呈味物质对比分析
- 香气物质对比分析
- 茶汤有效成分对比分析

三、茶叶物理检测分析
- 电导分析
- 溶出比分析
- 比容分析
- 容量分析
- 结构分析
  - 茶叶芽叶组成分析
  - 上中下段茶组成分析

# 茶叶理生化分析和安全性检测

　　我们接着聊茶叶审评品鉴的基本知识。在前两期的栏目中，与朋友们分享了中国古代和现代茶叶审评品鉴和评价的一些方式方法。中国古代茶叶的评价主要是围绕着评功能、评产地、评原料、评工艺、评外形、评内质六个方面进行的分析和判断。同时也介绍了现代茶叶的评价方式主要是围绕着"茶汤中有效成分的多少"以及"这些有效成分的比例是否满足消费者的喜好"两个大的方面。朋友们将我们所介绍到的茶叶审评的专业知识以及古今评茶方法融会贯通、综合使用，就能够找到茶叶审评品鉴的那把钥匙，也能够具备相当的评茶水平。在此基础上，今天我想与朋友们分享的重点是茶叶的物理检测、生化分析和安全性分析的相关知识。

　　随着现代贸易的兴起以及中国茶叶的对外传播，茶叶的受众面已经不单单是中国本土。中国茶叶已经传播到了世界的各地，有近三十亿的人口在欣赏和品用着茶叶。地域不同，大家欣赏和评价茶叶的方式和角度不同，我们有必要在了解了中国在美食文化指导下，对茶叶色、香、味、形和叶底的评价方式，更多地掌握、了解其他国家、其他民族对茶叶的认识形式。所以，我还是想书接上回，向朋友们介绍古今中外茶叶评价的方式方法。

## 一、茶叶的物理检测方法

茶叶的物理检测，就是在不改变茶叶的固有形态的基础上，对茶叶品质的优劣作出分析和判断的一种方法，它主要包含结构分析、容重分析、比容分析、溶出比分析以及电镀分析等方式。

茶叶物理检验中的结构分析，主要有两种：一是分析茶叶的组成结构，观察茶叶的上中下段茶的结构，计算出上中下段茶在一个茶中所占的比例，从而判断茶的好坏优劣的一种方法。上段茶又叫面张茶，主要是由圆身茶或一些枝条成熟度比较高的粗大的芽叶构成的，特点是条索粗大，身骨轻，冲泡的时候常常漂在杯的表面，内含物质比较少。而下段茶则是形体比较短小的茶，它的特点是形体短小、不耐冲泡。一个茶叶中，如果上段茶和下段茶的比例过大，那么这个茶的品质肯定是有问题的，上段茶多的，等级是偏低的；下段茶过多，碎茶多，这种茶除红碎茶等特殊茶外，都不是优质茶。通过分析上中下段茶的比例，就能够判断出茶的好坏，中段茶多的，是优质茶的表现，或者说，上中下段茶咬合得好的，就是优质茶。

这种分析方法，通常是用两把筛进行撩头或筛出下边短小的茶碎，进而对茶的组成优劣做出判断。通常来说，上段茶的比例不该超过28%，下段茶的比例也要尽量地压缩在16%以下，中段茶越多越好，这个方法朋友们在自己购买茶叶的时候可以使用。许多从事茶叶经营的朋友或爱茶的朋友进山买茶的时候，都喜欢"撩头割脚"或拣出粗大的茶头，去掉短碎的茶叶。这个行为本身，实际上就是上中下段茶的筛选，以中段为优，属于茶叶物理检测中的结构分析方式。

除此以外，茶的物理检测还可以进行芽叶组成成分的分析，这是组织结构分析的第二种方式。只不过芽叶分析的重点是将茶叶中所含有的芽、叶、梗、片、团块、杂质、碎、末等不同形态的茶分离开来，然后分别计算它们的百分比。凡是片、碎、杂质多的，肯定不是优质茶的表现，凡芽、叶条，尤其是叶条中含有隐毫的叶条比例大的，都是好茶的反映。至于茶梗的含量，无论哪一种茶在国家标准、地方标准中，都有限制性的规定，即是对粗纤维的限制。粗纤维指的是梗和叶条中叶脉，主脉和侧脉加在一起的总比例，这个比例是不能突破标准的限制性规定的。关于茶梗含量的多少，纤维含量的多少，要对应标准来做出判断，这种分析方法我们叫作"芽叶机械结构分析"，是茶叶物理检测分析的一种。这种方法在使用的时候大家要注意三点：

第一，同产地同级别对比的时候。比如同是滇红、同是班章、同是冰岛、同是龙井、同是碧螺春，在购买的时候要注意茶叶的这种芽叶的物理结构、或上中下段茶的结构性比较，在买到真品的同时要买到好的茶叶。

第二，同等级对比的时候，要注意不同企业生产的同一等级的差别。比如同是六堡茶、同是滇红茶、同是勐海茶，它们产地相同，等级也相同，就要注意不同企业间同等级茶它们的物理结构是否相似。通过分析芽叶的机械组成，上中下段茶的结构，就可以判断出孰优孰劣，买到好茶、优中选优。

第三，是要注意级差之间的悬殊。不同的茶叶，它的上中下段茶的结构肯定不尽相同，它的芽叶机械组分也肯定不尽相同。春茶、夏茶、秋茶的季节性变化，以及一级、二级、三级、四级、五级之间的级差悬殊，实际上就是茶叶的机械组分的不同。用心的朋友可以追踪一个企业或追踪一个花色品种，看同一个等级不同季节、不同时间、不同批次出厂的芽叶机械组分是否相似、是否相同。如果发生了较大的变化，那实际上这个企业的质量是波动的、不稳定的。反过来说，从事茶叶生产加工的企业也要注意茶叶机械组分的稳定性。

现在在普洱茶市场上，大家追逐的88青也好，7542也好，总是讲配方，但是朋友们没有注意到88青、7542不同时期出现的产品，它们的芽叶结构、机械组分不相同的问题。要善于从这些方面去分析和判断出茶的优劣，看看它是不是一致的。我们天天说的标准，天天讲的质量稳定。我们说的对样加工，其实对样加工的"对样"就包含了这种芽叶结构的对样、机械组分的对样，没有这种对样就无所谓标准。如果没有这种意识，何谈质量意识？如果没有这样的鉴别方法，不懂得这种鉴别方法，何谈懂茶？说到这个问题，玩茶爱茶，尤其是玩家朋友、从事茶叶收藏的朋友，更应该学会用茶叶物理检测的方法保护自己。

茶叶物理检测中还有一种检测方法叫做"容重检测"、也叫"容重分析"。一定容积下茶叶的重量叫"容积"，换句话说，就是在体积固定的情况下，这个体积内能够盛装茶叶的重量，这种分析检测方法叫作"茶叶的容重检测"。毫无疑问，在相同体积下能够盛装茶叶的重量越大的，同一纸箱、同一茶杯，可以用来盛取不同的茶叶，凡是茶叶重的就是好的。喜爱茶叶的朋友都知道，同一纸箱盛装春茶、夏茶、秋茶它们的重量不尽相同，春茶要重一些，夏茶次之，秋茶又次之。这就说明春茶的内含物质是最多的，它在同一体积内的重量反应也是最大的。这种经验许多茶友都有，把它运用到一个茶店，或者一个爱好者购买茶叶评价茶叶的时候，可以使用一个纸杯，盛装相应的茶叶，凡是纸杯中茶叶重量大的，是好茶的表现，重量小的就是品质较次的，越小越次。购买茶叶的朋友如果学会了这个方法，无论你购买的是铁观音、龙井还是普洱茶，用一个纸杯去反复地称量，重量比较大的那个茶一定是好的茶。当然，这必须是同茶类对比，这种方法就是我们说的容重检测、容重分析。

与容重分析相反的叫作"比容分析"，是同种重量的茶反映出不同的体积的比例关系，这种用重量去对应体积的检测方法叫作比容。它与容重分析是相反的，但二者研究的都是重量与体积之间的关系，原理是相通的。同一等级、同一茶品、同一重量需要的体积越小，那么这个茶就是越优质的，需要的体积越大，这个茶质量就是较次的。这就是茶叶比容分析的方法。

在茶叶物理分析中还有一个方法，朋友们可以学着使用，就是"溶出比分析"。茶叶通过冲泡以后，茶叶中的内含物会溶解在茶汤当中，冲泡前的茶叶重量和冲泡以后茶底（茶渣）晒干后的重量不同，出现减重现象，减重的部分就是溶解在水中的部分。可以将茶叶冲泡前的重量和冲泡后晒干了的叶底的重量进行一个减重分析，凡是减重多的就是溶解在茶汤中的溶解物多的茶，溶解得越多的，就是越好的茶。我们评价茶叶的一个方式是"茶汤中有效成分的多少"，越是有效的，越是好茶。溶出比是检测茶的优劣、好坏的一个重要方法，感兴趣的朋友可以一试。

除此之外，有条件的朋友还可以用电导分析的方法来鉴定茶叶的优劣。茶的有效物质溶于水以后，茶汤中的物质有一定的导电性，尤其是茶汤浓度高，溶出物多的茶，它的导电性是比较强的。于是我们也可以用电导分析的方法来判断茶叶的优劣，电导能力强的是优质茶的表现。

凡此种种，应该说茶的物理检测方法既是规范贸易、处理纠纷的有效手段，也是我们爱好茶叶的朋友可以学习使用的一种自我保护的方法，学会它就学会了自保。

## 二、茶叶生化分析

茶叶的生化分析是茶叶检测的一种手段，它运用各种科学的仪器（如紫外线分光光度仪、气相色谱仪、液相色谱仪、质谱仪等），检测分析茶叶中的各种有效物质的成分、香气物质的各种成分和它们的类型。这种方法对大多数的消费者来说是可望不可及的，也没有这个条件。

我们可以通过各个企业提供的茶产品检测报告，去读取其中对人体有利的、对茶叶品质有利的各种物质的含量信息，含量越高的，肯定是好茶的表现。检测报告验证有效物质多的茶，个人喜欢不喜欢是个人的问题，你可以不喜欢它，但你不能不承认它的好。水浸出物的含量、氨基酸的含量、茶多酚的含量，多多益善。我们喝茶的同时，需要获得的是保健，只要这些物质含量多，而且又协调又好喝，那它肯定是一个优质的茶。

### 三、茶叶安全性分析

　　随着现代社会的进步，工业化时代的到来，茶叶的安全性成了广大消费者普遍关注的问题。无农残、无污染、无重金属是最起码的要求。虽然我们每个爱茶的人没有条件去做这些指标的分析，但是我们有权要求企业提供安全性检测报告，维护我们的消费权益。从这个意义上说，我们要追逐安全卫生的食品。要去生产或购买那些带有可追溯、可追责，来历清晰，靠得住的产品。

　　总而言之，茶叶的物理检测、化学检测和安全性检测，是茶叶品鉴评价的重要指标，也是未来茶叶发展的方向。我们不能强调感官审评而忽略了物理检测、化学检测以及安全性检测。感官审评简单易行，是眼耳鼻舌身意带来的快乐，我们在享受这种快乐的时候，还需要学会用物理的方法、化学的方法、检测的方法保护我们自己。

　　古今中外茶叶审评、品鉴、检测评价，发展到今天，早已成为完备的体系。这个体系是由感官审评、物理审评、化学检测、安全性检测共同构成的。我们评价茶叶应该学会现代的方法，拿起现代的武器。

鲁迅先生说"茶是喝出来的功夫"，会喝茶是一种口福，真正的口福是格物致知。理性品茶，理性消费，才是正道。

思考题
1. 什么是茶叶的"组织结构分析"？如何进行？
2. 什么是茶叶的"芽叶结构分析"？如何进行？
3. 什么叫"容重"？如何进行"茶叶容重分析"？
4. 如何进行"茶叶比容分析"？它与容重分析有何异同？
5. 什么是茶叶"溶出比分析"？如何进行？
6. 茶叶审评品鉴的完整体系是如何构成的？

# 不同茶类的审评知识

我首先要建议朋友们将绿茶进行归类，首先分清楚它们是烘青、晒青还是炒青，先归类后审评。

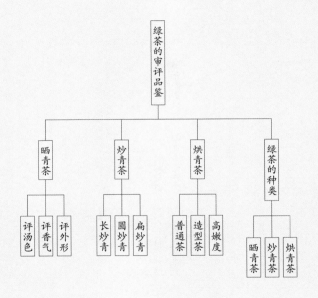

# 绿茶的审评品鉴

我们接着聊茶叶审评品鉴的基本知识。通过系统介绍茶叶审评专业知识，古今中外评茶方法以及茶叶检测检验的有关手段等知识以后，得到了茶叶审评品鉴的理论性系统知识。我们学习理论性知识的目的是为了解决实际问题，是要实实在在地去将这些知识运用到茶叶审评品鉴的实践活动中。与朋友们一起拿起这把武器，敲开茶叶审评品鉴的实践性大门。

我们准备用四期的时间与朋友们系统地分享绿茶、红茶、青茶、普洱茶的审评品鉴的实践性探索，真真实实地学会品茶。今天我要分享的重点是绿茶的审评品鉴。

在《亚和说茶》第十三期中，从绿茶的用料、不同等级的绿茶的品质风格上与朋友们作过分享，大家可以将那一期的知识和这一期的内容联系起来互为补充，一定能够解决关于绿茶怎么去审评品鉴的问题。

绿茶根据其干燥的方式不同，分为晒青绿茶、炒青绿茶、烘青绿茶三个类型，它们是我国茶叶的主体，占据了市场份额总量的 70%~75%。由于工艺不同，烘青、炒青、晒青，各个大类型中又有不同的花色品种。其类型之多，多到了我们说"茶叶学到老，茶名记不了"。在具体的实践中，建议朋友们将所面对的绿茶进行归类，首先分清楚它们是烘青、晒青还是炒青，先归类后审评。

类似于我们欣赏球赛，你得知道它是篮球、排球还是乒乓球、羽毛球。不同的类型它的规则、评价的方式、欣赏的角度肯定有所变化，再拿起评价各类茶的标尺进行评价、品鉴，分开了就清晰了，一个标准走到底。

常常听到一些初学的朋友说喝什么茶都是一个味道，其实这种混淆首先就是类别不清带来的。只要分清了类别，慢慢地一个类别一个类别去熟悉它、了解它、认识它，日积月累以后，能够形成经验，逐渐地熟悉起来。

## 一、烘青茶的评价方法

在介绍制茶技术理论的时候，烘青茶是一种通过空气传热的方式进行烘干的茶。在干燥过程中它没有摩擦，是揉捻的茶胚在高温热空气的烘烤下烘干的，它的形体接近于揉坯自然状态。茶芽的白毫显露，锋苗完整，在叶条上有较多的近似于直立状的隐毫，大家看到这类形体的茶都是烘干类的茶。由于形体接近自然状态，在命名的时候通常用"毛峰""毛尖"等形体特征加地名季节的方式命名。大家在审评评价的时候，可以将它进一步地细分出高嫩度、做形茶和普通茶三种类型。

高嫩度茶是指用料特别的细嫩。比如单芽茶、一芽一叶的茶，这种嫩度很高的茶，必然是充满着绒毫的，叶片的尖端和芽头的尖端保蓄都非常地完整。它的名贵也因此体现在芽头完整、锋苗完整两个主要方面，就是优质茶的体现。有的名优绿茶，用料非常精到，四万、五万、六万甚至多达八万个芽头才能制成一斤茶叶。于是，评它的名贵、评它的芽头的完整性和锋苗的完整性，就是这类茶评价的重要方法。只要其他的内质指标正常，没有杂异、没有污染，都可以列入优质茶的范畴。

第二类是有做形的烘青。它的形体通过一定的形状塑造，比如把它做成针形的、卷曲的、雀舌的、扁平的，甚至还会出现剪刀状、辫子状等形状。只要有了一定形状的造型，我们都把它视为造型茶。评价带有造型性质的烘青茶，"评造型"就成为一个重要的指标。它可能嫩度很高，也可能原料等级会稍微低一点，但对造型茶的评价，用料就不是最重要。造型的权重远远超过了对原料等级的评价，是什么形体就尽量都是那种形体，圆的都圆、扁的都扁、尖的都尖、"针形"所有的茶条都该是针形的……越是高度统一，就是越好的。只要把造型的精美程度、用料的等级程度以及内质上的正常无杂异，同时满足三个指标，就能够选出优质的造型绿茶。

第三，是普通烘青的评价。是指用料的等级大宗化，常常是一芽二叶、一芽三叶的原料。这类茶由于没有嫩度的高要求，没有工艺造型上的严要求，它评价的指标较多地摒弃了嫩度和造型，更多地关注它条形的色泽、松紧度是否合适，香气、滋味、汤色是否纯正，只要匀整度统一、汤清叶绿都是好绿茶的表现。

总体来说，绿茶追绿，如果烘青类的绿茶的外形出现了墨绿、翠绿、嫩绿，而且汤色、叶底都是绿的，出现"三绿"特征的绿茶，肯定是好的绿茶。把握住这个规律，就不难选到理想的茶品。

在烘青绿茶中有一个特殊例子，就是黄山毛峰。它的干茶的颜色不是追绿的，而是形状如雀舌，颜色呈金黄色，特别是鳞片，又称之为"金黄片"，黄山毛峰的正常颜色多是嫩绿、金黄、油润的，我们俗称"象牙黄"。有了象牙黄的黄山毛峰才是顶级的毛峰，它的汤色必须是清澈明亮的，叶底呈嫩黄色。把这几个指标综合在一起就是黄山毛峰的评价方法。

### 二、炒青绿茶的评价方法

大家知道炒青绿茶分为扁炒青、圆炒青和长炒青三种。

"扁炒青"中最有代表性的莫过于龙井，其次是旗枪和大方。龙井茶是大家很熟悉的一个茶种，以色绿、香郁、汤清、形美四绝著称于世。评价龙井茶就围绕着这四个指标去评价，就不会出问题。我想提醒朋友们注意的是，龙井茶可以分出十个等级，在传统的评茶习惯中，形体长度在一个指节以内（1~1.5cm），出现糙米色的龙井，是优质的龙井茶；形体长度超过 1.5cm 的叫作旗枪，其名贵程度和品质要低于具有糙米色、长度在 1.5cm 以内的龙井茶，龙井茶"形如碗钉，扁平挺削"是它的特点。所以，在龙井茶中不该出现条形的圆条形的茶或卷曲形的茶，它追求的是扁平而且要挺直并光滑，于是"扁平""挺直""光滑""形如碗钉"具备这些特点的就是顶级的龙井。目前，扁平体的炒青绿茶在我国各个省都有了生产，大家评价这种类型茶的时候，可以用这些要求比照而行。

"圆炒青"是形体呈圆形或近圆形的茶。比如碧螺春、珠茶和我们云南的元阳云雾茶等，其圆整程度不同的茶要求或有差异。评价这一类茶的时候，首先要把它归入造型茶的评价要求上。因为圆炒青的"圆"就说明它是有一定形状的，如果不具备这个形状，说明工艺是有问题的。既然追逐的是"圆形"或者是"螺形"，就应该有圆形或螺形的体现。于是，凡这一类茶叶中出现直条形的茶就可以视为瑕疵，只要造型规范，整齐划一，没有其他问题，都可以视为优质的圆炒青。

"长炒青"是一种成条形状的炒青绿茶，它不是扁形的，也不是圆形的，除扁形、圆形外的其他炒青茶统统都可以归入长炒青的范畴。如眉茶，云南生产"蒸酶茶"，安徽的屯绿，江西的雾绿等都是长炒青。它和烘青茶的最大区别在于最后干燥工艺是炒干的，由于在机器炒茶时有摩擦力的作用，茶坯在不断地摩擦、翻转中出现"上霜"，色泽有灰白色的现象，所以长炒青的色泽常常是"灰绿色"的。审评时要照顾到灰绿、绿润这样的品质特点。如果没有其他的品质瑕疵，都是好的长炒青。

总而言之，炒青茶干燥方式是金属性热传导，是在金属传热的作用下不断地滚炒、不断摩擦以后的干燥，形体上炒青茶有一个共性的特点，都比较光滑。由于摩擦的作用，炒青的茶汤不如烘青那么清澈明亮，略比烘青显得润泽一些，茶汤不能用"亮"来要求，只要香气高鲜、滋味爽口、叶底绿匀，都是好的炒青茶。

### 三、晒青绿茶的评价

晒青茶是我国的传统茶类。在各个产茶省都有生产，云南、贵州、广西、四川产的比较多。这几年以来随着普洱茶的兴起，云南晒青毛茶的比重在加大，成为一个典型性的茶品。由于是晒干的，它受自然条件、天气条件的影响比较大，所以晒青茶的品质特点重点应该把握的是三个大的方面。

第一，是评外形的条索。它们共同的要求是形体肥壮、肥大，追逐肥壮的形体就排斥了茶条的松和泡，松条泡条不是晒青茶应该追逐的方向。在外形色泽上要追逐墨绿色，在墨绿的基础上要有光泽，特别忌讳枯杂。晒青茶干茶颜色枯的，是重萎凋或隔夜加工的表现。杂色或暗红色叶条多的，说明鲜叶没有保管好，渥到了或糟沤了、劣变了，可以"色泽墨绿油润、没有松泡茶条、色不枯无杂异"的外形，就是优质云南晒青毛茶的品质特点。

第二，是要注意评香气。由于晒青茶是晒干的，没有通过烘青、炒青一样的高温烘焙，"日晒味""荷香型"是它的主流香型，不该在晒青中出现板栗香一类的香型。

第三，是注意评汤色。晒青毛茶的汤色应该是杏黄明亮的，大家要注意的是，"杏黄明亮"有一个程度上的幅度：从青杏的颜色的"青绿带黄"直到熟透了的杏子的"熟杏黄"之间有一个幅度，只要在这个幅度中，都是正常的好的晒青茶。如果晒青茶的茶汤中看不见黄（哪怕只是微黄），只是看到了绿，那么这个晒青茶的茶汤实际上已经跑向了烘青或炒青的汤色里边；如果出现了红的汤色、出现了橙黄色或橙红色，说明它又跑向了发酵类的茶，很可能是鲜叶劣变的程度较重，或长时间不能晒干，揉捻叶氧化程度较深引起的，都是不理想的。

我们主张将晒青茶的汤色限制在"杏黄明亮"这个范畴内，透绿的、带红的都是有问题的。于是我们反复说，晒青毛茶的加工，鲜叶进行萎凋的，或者是揉捻叶长时间堆捂的，都是不规范的工艺。这一点要提醒朋友们，提醒我们云南的茶叶生产者们高度重视，千万不要做错茶类。晒青茶毕竟是一个既保留部分绿茶特性，又要能够获得后期转化的茶，"杏黄明亮"的茶汤要求，可以说是晒青茶的金科玉律，不该擅作改变。

总而言之，绿茶是我国的主要茶类。品种繁多，品名浩瀚。朋友们在审评的时候，只要紧紧抓住不同品种、不同类型对品质的关键性要求，抓住主要的关键点，就一定能够选到、评出好的优质的茶。

思考题

1. 烘青茶审评品鉴时，可分为哪些类别归类进行？
2. 黄山毛峰最独特的外形特点是什么？
3. 炒青绿茶分为几类？龙井茶属于其中的哪一类？
4. "圆炒青"形体特点是什么？如何评价其优劣？
5. "长炒青"形体特点是什么？如何评价其优劣？
6. 云南晒青毛茶贵在条索肥壮，却反对松而泡的茶条。为什么？
7. 如何正确理解晒青毛茶茶汤的"杏黄明亮"？

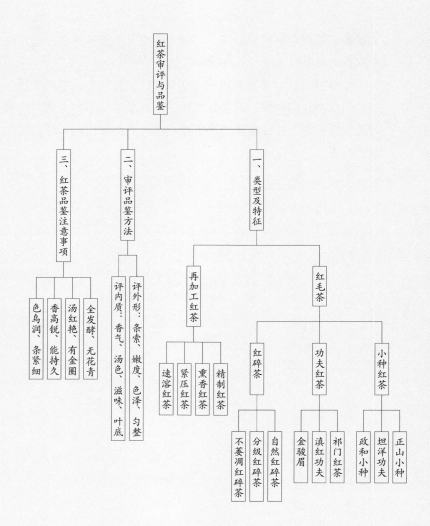

红茶审评与品鉴

一、类型及特征

红毛茶

小种红茶
- 正山小种
- 坦洋功夫
- 政和小种

功夫红茶
- 祁门红茶
- 滇红功夫
- 金骏眉

红碎茶
- 自然红碎茶
- 分级红碎茶
- 不萎凋红碎茶

再加工红茶
- 精制红茶
- 熏香红茶
- 紧压红茶
- 速溶红茶

二、审评品鉴方法

评外形：条索、嫩度、色泽、匀整

评内质：香气、汤色、滋味、叶底

三、红茶品鉴注意事项

- 全发酵、无花青
- 汤红艳、能持久
- 香高锐、有金圈
- 色乌润、条紧细

# 红茶的审评与品鉴

　　我们接着聊茶叶审评品鉴的基本知识。今天我们要分享的重点是红茶的审评与品鉴。

　　红茶是我国六大茶类中的重要茶类，它与绿茶一起成为我国传统茶叶出口的两支主要力量。某种意义上说红茶与丝绸、瓷器共同构成中国近三百年以来，民族工业发展的功不可没的出口物资。发展到今天，红茶已经遍布我国各个主要产茶省，每个茶叶生产的省份都有红茶的生产。红茶也是广大消费者尤其是东三省的消费者最为熟悉和亲切的一个茶类，对于它的审评和品鉴，让我们从三个方面展开思索和讨论。

## 一、我国红茶的类型和它们的特点

　　茶叶审评，无论评什么茶，首先要将茶进行归类，在归类的基础上进行纵向和横向对比，纵向比较等级，横向比较优劣。首先，要了解红茶的种类以及各个种类的品质特点，在了解和掌握了这些特点以后，用这些特点来要求和鉴定红茶。

　　我国的红茶可以分为红毛茶和再加工红茶两个大的类型。在红毛茶中又可以细分出小种红茶、工夫红茶、红碎茶三种类型。

下面分别介绍。

小种红茶主要包含正山小种、坦洋工夫和政和工夫三个代表性的茶类。它们主产于我国的福建省，尤其是以桐木关生产的小种红茶最为著名。

桐木关生产的小种红茶又叫正山小种。它的特点是条索粗长松散、色泽乌黑油润有光泽，内质的茶汤鲜艳而浓厚，呈糖浆状深金黄色，香气高，带有自然的松柏香或松烟香，入口滋味轻快活泼有清爽感，叶底厚实呈古铜色。可以说"条索乌黑油亮、茶汤呈糖浆状的深黄色以及带有松烟香"是正山小种的最大特点。

坦洋工夫和政和工夫的一大特点是条索都比较松粗、身骨轻、不追紧条。不同的是坦洋工夫茶汤是黄黑色的，香气是松烟香型的；而政和工夫的茶汤是金黄色的，它的香气是松柏香的。两支茶的汤色不一样、香气类型不一样。

无论正山小种、坦洋工夫还是政和工夫，这些小种红茶的一个共同点是都带有松烟香或是松柏香，而且茶汤不追红而追黄。与传统红茶的评价观点相比，汤色都比较浅，金黄色的或者是深金黄色的。大家在评价这一类茶的时候，不要用其他茶类的"红艳明亮"的茶汤来要求它。近几年以来，正山小种红茶甚至还出现了在烘干的时候有意识地用松柏枝进行烘烤，让松烟香或柏枝香更加地明显。三烘、四烘的正山小种的价格，远高于萎凋时候烘焙的正山小种茶。这说明大家对于正山小种或者说小种红茶的要求更在意它自然的松柏香或松烟香，只要香气自然，入口有清凉的感觉，都是好的小种红茶的表现。

除小种红茶外，红茶中最主要的一个红茶类型是工夫红茶。工夫红茶的得名主要是它精细的揉捻，它比小种红茶更在意条索的紧细、紧结。也因为要追求紧细紧结的茶条，工夫红茶揉捻的时间都要比小种红茶时间长。所以工夫红茶的"工夫"，说的是揉捻上的精细。

在工夫红茶中，代表性的茶品主要是祁门红茶、滇红工夫茶以及现在市场上大家普遍熟悉的金骏眉。

祁门红茶主要产于安徽的祁门和江西的浮梁以及附近的各个县，是我国最早的红茶类型，其历史一直可以追溯到清光绪年间。它的特点是条索细紧而稍微弯曲，色泽呈"乌润带灰光"，香气"清香带甜"，具有明显的蜜糖香或苹果香，茶汤红艳而明亮。可以说"条细而弯，颜色乌润带灰色，有明显的苹果香"是祁门红茶最主要的品质特点。朝着这些特点去选择祁门红茶，就把握住了主要的辨别方向。

在工夫红茶中，滇红工夫茶是代表性的茶类。顾名思义它产在云南，尤其是云南的凤庆地区。由于是用大叶种生产的，滇红工夫茶的品质特点就是条索肥壮、紧实、乌润、金毫多、蜜香高锐而且伴有糖香，茶汤红艳明亮且带有金圈，在茶汤的最上部分能够看见类似于"鸡油黄"一样的金圈，滋味浓厚具有刺激性，可以说"浓、强、鲜、香"就是滇红茶的最主要的品质特征。大家在把握这些品质特征的同时，注意滇红工夫茶的各个等级的纵向比较、纵向划分，就能选到好的滇红茶。

金骏眉是 2005 年以后才兴起的新的工夫红茶类，它的特点是用料精细，常常用单芽或一芽一叶进行加工。金骏眉的特点是金毫满布、条索紧细、蜜香高长。由于用料精细，在加工的时候为了防止芽尖、叶尖的断碎，它揉捻的程度较轻。受正山小种茶的影响，金骏眉的茶汤也不是很红艳的，常常出现橙黄色，汤色比滇红茶要浅得多。可以说，金骏眉脱胎于正山小种，受正山小种的一些加工工艺的影响，在用料上进行了提升，而保蓄了茶汤金黄明亮的特点。由于小种红茶喜欢"金黄明亮"茶汤的这个特点，也带来了金骏眉的发酵程度比较轻，在金骏眉中也常常看见金黄色的芽毫，甚至稍显白毫。于是"轻发酵，工夫红茶显轻微的白毫"，也是金骏眉的一大特点。

除祁门红茶、滇红工夫茶、金骏眉外，在工夫红茶中还有川红、宜红、宁红、闽红等红茶，类型很多。条形紧细、紧结的这一类红茶都视为工夫红茶，并用工夫红茶的标准去要求它，就不难选到好的红茶。

在红毛茶中，除小种红茶和工夫红茶外，还有一个类型就是红碎茶。红碎茶中又可以把它分出自然红碎茶、分级红碎茶和不萎凋红碎茶三种。自然红碎茶是指各种工夫红茶中产生的碎茶的统称；分级红碎茶，是有意识地将鲜叶通过切碎、切断加工出来的呈颗粒状的茶，它当中没有叶条。选别这些茶的时候，自然碎茶以叶茶为好，其次是有颗粒状的茶；分级碎茶则以颗粒紧结、色泽乌润的为好。这些知识在我们介绍到茶叶的分级加工，尤其是碎茶的分级加工的时候，有所介绍。朋友们可以把那些知识连贯起来，甄别运用。就不难找到红毛茶的评价方法。

除红毛茶外，红茶的第二个大的类型就是再加工红茶。再加工红茶就是我们常常说的精制红茶、熏香红茶、紧压红茶、速溶红茶等。精制茶就用精制茶的标准去要求它，各个筛号茶、筛路茶、拼配得恰当合理，不脱档，上中下段茶衔接紧密，就是好的精制茶。紧压类的红茶我们介绍过米砖，现在也有把红毛茶压制成饼茶的、砖茶的、沱茶的……只要是紧压类的红茶，要将紧压茶的要求和工夫红毛茶的要求，两个要求相加在一起就能够找到好的紧压类红茶了。

熏香类的红茶主要是指将红茶作为茶坯，进行各种熏花、添香加工出来的茶。比如大家熟悉的玫瑰红茶、荔枝红茶、茉莉红茶等，对于这一类茶的评价，可以借鉴花茶类的茶的评价方法。在此基础上，重点评价茶坯，如果你面对的茶坯是毛茶熏制的，就用毛茶的要求去要求它；如果是精制茶熏制的，就用精制茶的要求去要求它。要根据类型和特征，进行归类性的评比。

**二、红茶审评评价的基本方法**

从前面的介绍中，不难发现不论是哪一类的红茶，其评价方法依然是遵循着八因子评价方法，从评外形和评内质两大方面入手。外形上重点要评价各个茶的条索、嫩度、色泽和它的匀整度。

内质方面主要围绕着香气、汤色、滋味、叶底四个方面去进行评价，所运用的知识依然是八因子评茶法的相关知识。

### 三、红茶品鉴时的注意事项

尽管红茶的种类繁多、产地辽阔，不同产地、不同地区会有一些品质上的差异，在评价品鉴红茶的时候，总体来说要从四个方面把握规律性的要求。

第一，评红茶香气的时候，以高锐的香气为好。高锐的"锐"，香气要有鲜灵感，要有穿透感，要有沁人心脾的感觉。如果只有香气，没有这种沁人心脾的锐感，都不是最好的红茶。

第二，评价红茶色泽的时候，除小种红茶中的坦洋工夫茶和政和小种茶外，绝大部分工夫红茶的色泽以乌润为好，而且条索要紧细。凡属不乌、不润，没有光泽的、条索松粗的，依然是有瑕疵的。

第三，在评价红茶茶汤的时候，以红艳明亮或红浓明亮的为好，红而且要亮，有金圈是最好的。如果将茶汤冷却之后，尤其是茶汤的温度降到 17℃以下的时候，出现冷后浑的红茶一定是好的红茶。

第四，看叶底的时候，由于红茶是全发酵的茶，无论是哪种红茶，都不该出现花青的叶底。凡是红茶中出现花青的叶底的，都是有瑕疵的；有些红茶冲泡到七泡、八泡以后，会发现叶底出现暗青色，这都是发酵不足的表现。这一类的茶往往带青涩，品质上还有提升的空间。

　　朋友们把握住这四个方面，然后再针对各茶类的特征进行比照，就一定能够甄别出好的红茶、优质的红茶。

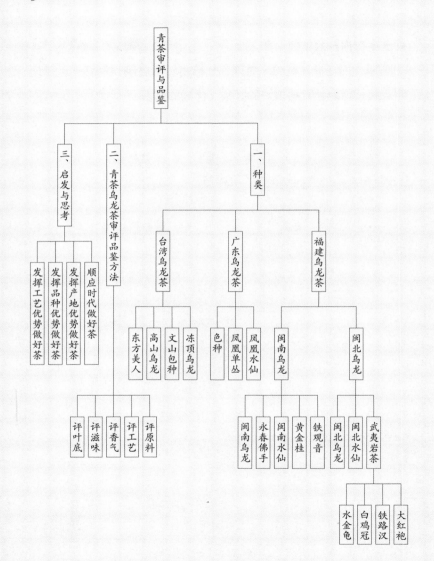

# 青茶的审评与品鉴

我们接着聊茶叶审评品鉴的基本知识。今天与朋友们分享的是青茶的审评与品鉴。

青茶是我国六大茶类中的重要茶类，它主产于福建、广东、台湾。随着全球经济一体化时代的到来，目前在越南、缅甸和我国的云南等国家和地区都有乌龙茶的生产，种植范围还在不断地扩大。

从茶的种植加工历史来看，福建、广东是我国历史悠久的茶区，尤其是福建，从唐代晚期的许多茶叶著作和杂文中以及宋代的《补茶经》《茶录》《东溪试茶录》《品茶要录》《大观茶论》《宣和北苑贡茶录》《北苑别录》《茶谱》《茶具图赞》等茶叶著作中，福建早在唐宋时期就已经发展成为一个制作工艺高度发达的茶区。在一千多年的中国茶叶发展史中，福建一直参与了唐宋的饼茶制造，也经历了元、明、清各个时代的茶叶变革，悠久的历史，奠定了这一茶区从茶叶种植、品种，到加工工艺和茶类的丰厚底蕴。近二十年的国内贸易也说明，以铁观音为代表的青茶类的茶，是我国茶叶市场中非常受到重视和欢迎的茶。在浩如烟海的茶叶花色品种中，青茶甚至占有领导地位。学习茶叶审评，青茶的审评与品鉴是一个绕不开的话题。

让我们从三个方面展开分享和讨论：

**一、青茶的种类**

青茶，就其种类来说主要有福建乌龙茶、广东乌龙茶、台湾乌龙茶三个大类。

在福建乌龙茶中，又可以将它分为闽北乌龙和闽南乌龙两个类型。闽北乌龙主要包含武夷岩茶、闽北水仙和闽北乌龙三个大的代表性品种。其中的武夷岩茶是大家最为熟知的一个茶类，主要包含四大名枞，即大红袍、铁罗汉、白鸡冠和水金龟，产于福建武夷山区的岩壑谷地之中，是岩壑之中的洼地、台地生长的茶树品种制成的一种乌龙茶。

武夷山方圆60多平方公里，海拔600~800米，有三十六峰，九十九名崖，岩岩有茶。茶以岩名，岩以茶显，故名"岩茶"。与其他乌龙茶相比，大红袍、铁罗汉、白鸡冠、水金龟这些茶有它自己的一些特点。

在用料上，它们都是以生长发育到一芽三叶、一芽四叶并且顶芽成为驻芽的新梢为原料，用料比起传统的红绿茶的用料新梢的成熟度较高。这种采摘方式我们俗称"开面采"，就是几乎只使用对夹叶和成熟的新梢，在鲜叶萎凋、做青之后，通过了双炒、双揉，即两次杀青和两次揉捻。并且在通过毛火和足火两次烘干以后，还有一次低温长时间的烘焙，又叫"吃火""钝火"。在低温慢烤之后，还采用了"趁热装箱、干热吃香"的方法进行提香。这些精细的加工，使得武夷岩茶具有特殊的岩韵，香气馥郁胜似兰花而且深沉持久，世人对武夷岩茶有"岩骨花香"的赞誉。

朋友们在品鉴武夷岩茶的时候，只要把握住"岩骨花香"的岩韵，就拿捏到了这类茶审评的要点。什么是"岩韵"呢？通俗地理解就是"豆浆香"，有鲜活的豆浆味，并且在这种豆浆香的同时散发出兰花香，这两种香气混合出来的特有的感受我们称之为"岩韵"，这就是武夷岩茶的规律性的香型。只不过产地不同、品种不同，这些风格会有细微的差别。

大红袍、铁罗汉、白鸡冠、水金龟都是按照茶树品种命名的茶，茶名和茶树品种名是一致的。区别在于大红袍这个品种，它的嫩茎的颜色是紫红色近似红袍，类似于我们云南的紫芽茶、红叶茶一类，所以叫它"大红袍"。与铁罗汉、白鸡冠、水金龟相比，大红袍具有浓郁的兰花香，而铁观音和白鸡冠、水金龟则多兰韵少花香，这就是四大名枞的细微的区别。

除武夷岩茶外，闽北乌龙还包含了闽北水仙和闽北乌龙两个类型。闽北水仙是用无性系的水仙种加工而成的乌龙茶，也是一种按品种命名的茶。闽北乌龙则是闽北地区众多品种加工出来的乌龙茶的统称。它们共同的特点是条索肥壮匀整、紧结卷曲，在茶条的一端有结团的现象，俗称"蜻蜓头"，叶背有蛙皮状的砂粒，俗称"蛤蟆背"，干茶的色泽多为绿润带宝光，俗称"砂绿润"。所以"蜻蜓头""蛤蟆背""砂绿润""豆浆韵"就是闽北乌龙的主要特点。

闽南乌龙主要产于福建的安溪、永春、南安、同安等地，代表性的茶品有铁观音、黄金桂、闽南水仙、永春佛手、闽南色种五个大的类型。其中铁观音、黄金桂、水仙、佛手都是以茶树品种命名的茶品，而"色种"则是以佛手、毛蟹、本山、奇兰、梅占、桃仁等品种生产出来的乌龙茶的统称，所以"色种"是多个品种生产的茶叶品类的代表性称谓。

由于品种不同，制出来的茶品质上肯定有所差异，其中铁观音的形状是"拳屈形"的卷曲形茶，黄金桂和水仙是条形茶，永春和佛手则是"蚝干状"的卷结形的茶，"蚝干状"就是风干了的杜梨的形状，它紧结但不盘曲。就色泽来看，铁观音是砂绿色的，俗称"香蕉皮"的颜色，而黄金桂、水仙和佛手，它的色泽则是"鳝鱼皮"的颜色，也就是砂绿、蜜黄、绿中带褐的颜色。把握到这些规律就能够选择到好的铁观音，好的黄金桂，好的水仙和佛手。

除福建乌龙茶外，还有广东乌龙茶和台湾乌龙茶。广东乌龙茶主要产于广东的东部，代表性的茶品有凤凰水仙、凤凰单丛和色种三个大类。除凤凰水仙是用无性系的水仙品种加工成的乌龙茶外，其他的单丛和色种包含的品种就很多，基本上是群体种中优良的变异单株形成的产品，可以细分出80多个品系，比如说黄枝香、肉桂香、芝兰香、杏仁香、茉莉香、通天香等。由于是变异单株的后代"单株单制"形成的茶品，朋友们面对这一类茶的时候，不要太纠结于这些个性的变化，只要把握住规律性的东西就能够选到好的凤凰单丛。此外，凤凰单丛做青的程度千变万化，就发酵程度来说它可以是20%，也一直可以延展到70%，有一个很大的波动空间，单丛茶的汤色也多姿多彩，有浅绿色的、浅黄色的、橙黄色的、黄红色的，朋友们无须计较这些汤色的变化，你只要选择到你所喜爱的外形，喜爱的汤色和香气就可以了。

台湾乌龙是台湾乌龙茶的统称。有"南洞顶北文山之说"，"南洞顶"指的是冻顶乌龙，"北文山"指的是文山包种。冻顶乌龙主要产在中国台湾地区南投县的鹿谷乡，是一种形似铁观音的半球形包种茶，它的颜色有"砂绿"和香蕉皮一样的"黄绿带砂"的颜色两种，香气很像铁观音，俗称"音韵"。但不同的是，冻顶乌龙常常带有熟糖香、焦糖香；文山包种是产于台湾台北县的坪林、新店、深坑一带的乌龙茶的统称，它的做青程度和发酵程度都比较浅，大约只有20%的发酵度，汤色是浅黄色的，有轻微的花果香味，外形自然卷曲而非团块，是台湾乌龙中的一个代表性的茶品。

除此之外，在台湾乌龙茶中还有大家熟悉的高山乌龙和东方美人两个代表性的茶。高山乌龙主要产于台湾地区的中部、东部的嘉义、南投、台登等县，这些茶区海拔一般都在800米以上。发酵程度有轻有重，轻的只有20%，重的达到70%以上的发酵度，代表性的茶品主要有梅山茶、阿里山茶、玉山茶、雾色茶、梨山茶等，基本上都使用了类似于铁观音的加工工艺，即"双揉双炒长烘焙"，它的外形也是卷屈形的茶。至于东方美人，则是台湾乌龙中一个发酵程度比较重的乌龙茶，产于台湾新竹县的北埔乡和峨眉乡，以一芽二叶为原料，保蓄了比较多的芽头和茸毛，由于加工中使用了晾晒结合的萎凋方式，以及重萎凋的做青，东方美人的色泽是比较花杂的，红黄白绿四色相间，它最大的特点是蜜香高长，有果香带糖味，滋味比较甜醇。选择它的时候不要在意它的外形，更多地是去选择它的香高和味甜。

## 二、青茶的审评品鉴方法

通过以上的介绍，不难发现，青茶类由于产地辽阔，它产于三个省，而且历史悠久，制茶工艺复杂多变。很多品种是以茶树品种命名的，很多品种源于群体种单株变异的优良表现，单株加工单株制作，名称比较复杂，类型比较多变。加之青茶是一种介于红茶和绿茶之间的茶类，也就是说它的发酵程度，渥红程度可以靠近绿茶也可以靠近红茶，从而形成了颜色上的多变性、汤色上的多异性，似乎给茶叶的审评和品鉴带来了困难。实则不然，审评青茶类的茶，毋需用八因子的审评方法去审评，只需要紧紧地盯住香气品鉴和滋味品鉴两个指标就足够。因为青茶的采摘标准不同于其他茶类，它是开面采，没有嫩度限制和嫩度要求，尽管青茶中也有嫩度很高的乌龙茶（比如政和白毛茶、福鼎白毛茶多数使用的是白毫嫩芽），对大多数的青茶类来讲，它主张的是开面采，只不过分为"半开面"和"全开面"两种方式，评价的时候可以不用嫩度的指标去要求它。

由于青茶是一个半发酵的茶，处在红绿茶之间，它的色泽是多变的，于是色泽的评价也不重要。既然不评嫩度、不评色泽，于是叶底也就不需要去多计较，只要紧紧地盯住香气和滋味，找到你所喜欢的类型就是青茶选别的方法和标准。从这个意义上说，我们说青茶的审评品鉴其实是最简单的，难就难在香气的把握上。

### 三、对青茶的感受和思考

从我们的介绍中，福建、广东、台湾茶区制茶有四条经验是云南茶叶可以学习和借鉴的：

第一，顺应时代做好茶。福建从唐宋直达元明清直到现在，整个茶区一直是中国茶叶的弄潮儿。它们在不同的时代、不同的时期，都加工制作出引领中国茶叶的主导性品牌，主导性产品。这种顺应时代做好茶的精神是我们要去学习，要去借鉴的。

第二，发挥产地优势做好茶。从福建的闽北乌龙、闽南乌龙以及台湾的乌龙茶、广东的乌龙茶中，都可以看出这些大产区中有各自的小产区。武夷岩茶的三十六峰，九十九名崖可以各自生产出自己富有特色的产品。这种发挥地理优势、加工产品、顺应市场的做法是我们小产区经济打造有启发性的、启智性的。

第三，发挥品种优势做好茶。在青茶类的茶叶中，无论是铁观音、大红袍、黄金桂、水仙、奇兰、梅占、毛蟹等，都是以茶树的品种在命名着茶叶的产品，发挥着各个品种的优势，取得了非常好的社会效益和经济效益。这种以品种优势为依托、加工制作好茶的做法，是我们云南要学习的。云南是植物王国，有丰富的地方品种，云南大叶种可以划分出 126 个地方品种、地方良种。这些品种我们善加运用，云南茶一定会有新的局面和新的成就。

第四，发挥工艺优势做好茶。从青茶的加工中我们不难发现，它的加工工序萎凋有日光萎凋、有自然萎凋，这些萎凋工艺在不断地交替进行，做青时间长达几个小时甚至几十个小时，反反复复交替进行，采用了双炒、双揉、甚至多揉、多炒的方法来达到好的优质目标。它在毛火足火的基础上又采取了"低温长烘焙""低温慢烤"的方式来发展香气。福建人加工茶叶，每一道工序都穷其工序的奥妙，一切围绕着优质茶品、优良茶品的打造，这种精神也是我们要学习的。

总而言之，福建、广东、台湾是我国底蕴深厚的茶区，是中国茶叶走向世界的重要力量。他们对茶的精神，对茶的深耕细作的做法是值得我们敬重、值得我们效法的。云南人善学，就是要从这些好的经验中，好的做法中武装我们自己。唯有如此，我们在云南得天独厚的气候环境下、生态条件下和品种优势下，才能取得更大的辉煌。

思考题

1. 青茶类有哪些大的类型？
2. 闽北乌龙有哪些代表性品种？其中武夷岩茶四大名枞是哪些？
3. 什么是"岩韵"？
4. 闽北乌龙品质上主要的共性特点是什么？
5. 大红袍的香气特征是什么？其外形有何特点？
6. 铁观音外形有哪两个主要特点？
7. 广东乌龙茶代表性茶品有哪些？
8. 冻顶乌龙与铁观音品质特征有何异同？
9. 台湾东方美人茶加工工艺和品质上，各有哪些主要特点？
10. 青茶类的茶叶审评只重香气和滋味，为什么？
11. 云南茶业可以从青茶类茶叶生产中，学习借鉴哪些宝贵的经验？

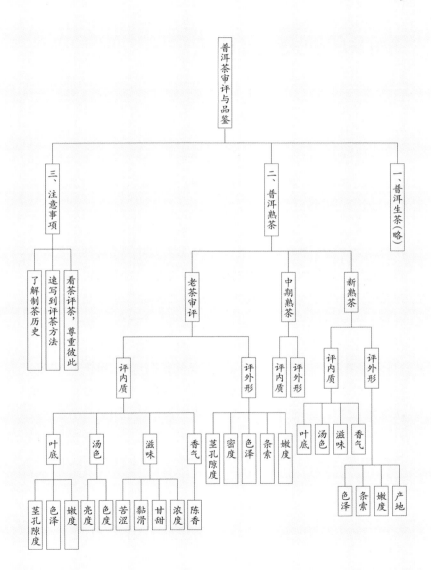

普洱茶审评与品鉴

一、普洱生茶（略）

二、普洱熟茶
- 新熟茶
  - 评内质
    - 叶底
    - 汤色
    - 滋味
    - 香气
  - 评外形
    - 色泽
    - 条索
    - 嫩度
    - 产地
- 中期熟茶
  - 评内质
  - 评外形
- 老茶审评
  - 评内质
    - 叶底
      - 茎孔隙度
      - 色泽
      - 嫩度
    - 汤色
      - 亮度
      - 色度
    - 滋味
      - 苦涩
      - 黏滑
      - 甘甜
      - 浓度
    - 香气
      - 陈香
  - 评外形
    - 茎孔隙度
    - 密度
    - 色泽
    - 条索
    - 嫩度

三、注意事项
- 了解制茶历史
- 速写到评茶方法
- 看茶评茶，尊重彼此

# 普洱茶品鉴与老茶鉴别

　　我们接着聊茶叶审评品鉴的基本知识。我们要分享的重点是普洱茶的审评与品鉴，尤其是关于普洱老茶的审评与鉴赏的有关知识。

　　云南普洱茶可以分为普洱生茶和普洱熟茶两个大的类型。其中普洱生茶属于基本茶类，它是利用云南大叶种茶树的茶青经杀青→揉捻→晒干加工而成的晒青毛茶。这些晒青毛茶可以直接通过精制筛分生产为三春三配茶。所谓"三春茶"主要是指春蕊、春芽、春尖，"三配"指的是甲配、乙配、丙配。在历史上"三春三配"茶主要销于我国的西北市场和康藏地区，人们习惯地将它称为"滇青"。晒青绿茶也可以直接将它蒸压加工出饼茶、砖茶、沱茶，过去人们也很习惯地将它称为"青饼、青砖、青沱"，也就是我们现在称呼的普洱生茶。普洱熟茶则是利用晒青毛茶为原料，经人工渥堆发酵加工出来的再加工产品，它有散茶和紧茶两种形制，散茶就是我们常说的"普洱蕊茶""宫廷普洱""421""特级""三级""五级"等。这些散茶也可以进一步地加工成为大家熟知的熟饼、熟砖、熟沱等形制，颇受市场青睐。关于普洱茶的审评品鉴，无论是生茶还是熟茶都面临着评散茶和评紧压茶两种情况。

让我们从三个方面展开讨论:

## 一、普洱生茶的审评品鉴

我们说普洱生茶属于晒青绿茶,而晒青绿茶的审评我们已经在绿茶审评中做过介绍。我们也在茶叶初制加工制茶技术理论的有关章节中与朋友们做过分享。相信朋友们已经具备了对晒青绿茶的鉴别知识。需要提醒大家的是晒青绿茶属于条形茶,因此在审评的时候用条形茶的标准去要求它、鉴别它,就能评价选别到好的晒青毛茶。至于紧压类的生饼、生砖、生沱,它们属于造型茶,只要用造型茶的端庄、美观、大方来要求它就可以了,把评茶坯和评造型两个方面结合起来,大家就能够选到你所中意的普洱生茶。

## 二、普洱熟茶的审评品鉴

大家知道普洱熟茶也分为散茶和紧茶两类。熟茶的散茶是熟茶的紧压茶的原料。对它们的评价我们不打算占用太多的时间。今天重点是将熟茶分成新熟茶、中期熟茶和老熟茶(老茶)三个类型来做分享、做介绍。

第一,我们先看看普洱熟茶的新茶的评价方法。

在与朋友们分享制茶技术理论的时候,详细地与朋友们介绍了普洱熟茶的渥堆发酵技术。朋友们了解了普洱熟茶是一种利用晒青毛茶,经过长时间的渥堆发酵获得的产品。对它们的评价,首先要建议朋友们,无论市场上有多少关于普洱茶的书籍,无论市场上有多么复杂的声音，大家都应该以国家有关部门颁布的普洱茶的标准为标准，用标准的定义来要求普洱茶的品质。

在普洱茶国家地理标志和云南省地方标准中，对普洱熟茶的标准是这样规定的："它的外形，条索粗大肥壮、完整，色泽褐红或带灰白色，内质滋味醇厚回甜，具有独特陈香，汤色红浓，叶底褐红色。"建议大家紧紧记住这个标准，在标准的指导下进行具体的评价、品鉴活动。

在具体品鉴的时候，使用的方式方法依然是我们介绍过的八因子评茶法，从评外形和评内质两个方面去考量你所面对着的茶品。一般来说，评价熟茶的外形主要是从评产地、评嫩度、评条索、评色泽四个方面去进行。

我们所说的评产地，不是要一定去追逐名山茶、特种茶，而是要将你所面对的普洱茶限制在普洱茶地理标志范围内，言下之意是要去杜绝非地理标志之外的其他茶区加工的普洱茶。所以我是不会将缅甸茶、越南茶、老挝茶等这些产地所产的晒青茶或它渥堆出来的熟茶视为普洱茶的，这依然是造假行为。我们说的评产地就是在这个限制性的范围内生产出来的熟茶，讲原则、讲规矩。

评嫩度，观察熟茶里面条索的机械结构中芽叶、筋梗所占的比例。用我们所介绍到的物理检测的方法来评价出茶的等级的好坏，凡是芽头多的，条索紧细、紧结的肯定是优质的熟茶。那些条索松泡，黄片老梗多的是等级比较低的，不该成为你的首选。

至于评色泽，标准里规定的是"褐红色"，也就是大家俗称的"猪肝色""褐红乌润"的色泽是优质熟茶的表现，发青、发枯、发暗的都不是理想的熟茶。

需要提醒朋友们注意的是，标准中还提到了普洱熟茶中有的熟茶带有"灰白色"，这种情况多出现在高嫩度茶发酵出来的熟茶中。比如单芽茶、一芽一叶为主的原料发酵的熟茶，或早春茶发出来的熟茶，都可能带有灰白色的颜色。在2003年之前编制的普洱茶标准中，一直把灰白色视为普洱茶的一个正常的颜色，这种颜色它只会出现在高档优质的普洱熟茶中。2003年以后出台的普洱茶标准去掉了灰白色这个特征，有点儿遗憾。大家要注意的是，面对原料等级比较高的普洱熟茶的时候，要注意将"灰白色"和发霉的茶加以区别，霉味是很重的异味。凡是带有灰白色的普洱熟茶，它的香气是呈奶香型的、豆浆香型的。我们在介绍青茶的时候说过，豆浆香就是"岩韵"，是很难得的。可以说普洱熟茶的豆浆香，其实是普洱茶的高嫩度茶的一种韵味。建议朋友们留意，要善加甄别，区别对待。

评价普洱熟茶内质的时候，依然是从香气、滋味、汤色、叶底四个方面去评价、去鉴赏。

评熟茶香气的时候，要以纯正为好。新的熟茶，刚刚完成渥堆发酵，不可避免地会带有轻微的"堆味""水汽"，这是一个阶段性的特点，属于正常的范畴。当然，严重的堆味是我们不主张的，只要香气纯正，没有熟茶所忌讳的酸味和其他杂异的气味，都是正常的熟茶。只要假以时日，水味和堆味褪去以后，必然有良好的表现。

新的熟茶在评价滋味的时候，主要要评价滋味的浓醇度和纯正度。只要滋味的浓醇度、饱满度具备，没有酸味、没有沤味，堆味较轻的都是可以留意的。

至于汤色，以红褐为好。怕黄、怕褐、怕黑、怕浑，至少要维持在"红明"这个基础上，就是说新茶的汤色可以不亮，但一定要"明"而不能是"浑"的。

在此基础上，朋友们还要注意观察熟茶的叶底。如果叶底泥烂的，可能就是茶汤浑浊的原因。只要叶底的条索颗粒清晰、色泽均匀，都是正常新熟茶的表现。朋友们将我们说的嫩度、条索、色泽、香气、滋味、汤色和叶底的状态结合起来对比，找到优良的新的熟茶，不是一件难事。

我想强调的是，刚发酵的熟茶，品质上常常有一些瑕疵，这些瑕疵是阶段性的，是正常的。尽管可以谅解，但我还是一直主张云南生产普洱熟茶，还是要强调"陈香循环"的概念。刚刚出堆的熟茶不建议销售，建议生产企业尽可能将刚出堆的熟茶在仓储里面保存一到两年再出厂。把修正、矫正品质这个工作作为我们工序管理的一部分。不要急于出厂，用时间换品牌的空间，用时间换口碑的赞誉。

第二，我们看看普洱老茶的审评方法。

评价普洱老茶还是从外形和内质两个方面去进行。评外形的时候依然是评它的嫩度、条索、色泽等。在此基础上，要增加一个"孔隙度"的鉴别方法，重点评它的密度和筋梗的孔隙度。有经验的朋友都知道，有年份的熟茶、老茶，在同重量的情况下，手感上会觉得比较轻，这是随着茶饼的收缩、茶条的收缩，茶条中间出现了大量的孔隙，充满了空气，所以浮力比较大，茶的比容增大，比重下降，重实度下降了，给我们以松而轻的感觉。

特别提醒朋友们，评价老茶的时候，要注意观察茎梗的孔隙。建议朋友们在老茶中寻找到嫩茎或茶梗，把它掰断，观察它的横断面。注意观察茎梗的髓部，看它髓部是不是有空洞的现象。如果髓部出现了空洞，这就说明这确实是一个老茶；如果髓部出现了像螺纹状的收缩，那么这个茶也是有年份的茶。我们在介绍茶树形态学特征的时候，在介绍茎的生育特性的时候告诉过朋友们，茎的中心是髓，髓部是含水量最高的地方。尤其是嫩茎，当它长时间地储存以后，髓部的水分散失殆尽，出现了空洞的现象；在很多古老的树木上，常发现它们的主干有空洞现象，这种空洞现象其实是髓部收缩的表现。因此，将这个经验用在老茶鉴定上，帮助你甄别老茶。

评价老茶内质的时候，大家还是要从香气、汤色、滋味、叶底四个方面去进行观察和比较。老茶的香气以陈香为贵，陈香就是类似窝窝头的香，是一种甜香，公认最正的陈香。带霉味的肯定不是好的，带仓味的也不是好的。

老茶出现非霉味和仓味，而是其他木质或果实香的。要注意辨别这种香气是本真的香还是施加的外源香；因为有的人会用樟树皮、桂圆枝、肉桂等有气味的材料对老茶进行"熏香""吃香"，这属于外源施加香型的老茶，不建议食用，要慎重。还是大家公认的陈香为好。

在评定老茶滋味的时候，要从甘甜度、黏稠度、黏滑度、苦涩度这四个方面去评价滋味的好坏。凡是老茶滋味一定是黏、醇、滑、甜的。经过长时间的储存，茶多酚一类涩味物质早已消失殆尽，甚至性质比较稳定的茶碱、咖啡碱、可可碱一类呈苦味的物质也降到了相当低的水平，也不会有苦味。许多老熟茶怎么冲泡都不会冲出苦味来，就是苦味物质消失的原因。在许多时间不长的普洱熟茶中，可能还有"苦底"的现象。但是对于老熟茶来说，不可能有苦底。某种意义上说，凡是含有苦底的，它的年份也长不了。所以，个人的经验，滋味醇、滑、甜的，肯定是老茶。

大家在评价老茶汤色的时候，要从色度和亮度两个方面去把握。熟茶茶汤色度的颜色一定是红褐色的，以红和褐这两个颜色为主调。朋友们知道，茶叶的色素主要有叶绿素、茶黄素、茶红素、茶褐素、花青素等，老茶随着时间的延长通过热化作用产生的叶绿醇，也就是使汤色表现为绿色的色素，以及茶黄素等这一类的物质已经降解得差不多了。尤其是叶绿醇，基本上是消失殆尽了，不可能在茶汤中还看见绿色。茶汤中呈橙黄色的茶黄素的数量也在减少。所以，老茶的颜色一定是以茶红素和茶褐素两个主要色素为主的，茶红素是棕红色的，茶褐素是深褐色。因此茶汤在这两个色素的作用下，必然出现深如红酒的"红褐色"茶汤。具备这类的汤色，这种色调，就是老茶的表现。

老生茶在储存过程中，色素物质从叶绿醇、茶黄素向茶红素、茶褐素的转化需要一个过程。也就是说，茶汤会从最初的杏黄明亮，可能还含有叶绿醇的状态，逐渐地叶绿醇丢失，茶黄素下降，茶红素、茶褐素大量生成，色泽变化是这样的一个渐进过程。有经验的朋友，可以对比自己的储存环境，慢慢地学会从茶汤的递变过程中，辨别茶的时间年限，储存的地方不同，温湿度环境不一样，这个速度会有变化。但是在相同条件下对比，还是可以找到规律的。

不难想象，那些号称号级茶的老茶，哪怕是八八青一类的茶，它的色调的转化一定是到了茶红素、茶褐素、茶黄素共同起作用的时候。其中主要的色素物质应该是茶红素和茶褐素，凡属还能够发现带黄的茶汤，或者是冲泡五六泡、七八泡以后茶汤就露黄的，肯定不是老茶；真正的老茶，冲泡到十多泡以后，它的茶汤依然是橙黄色的。大家在观察茶汤色泽这个主线的同时，进一步地观察和审视茶汤的亮度，凡是老茶，茶汤必然是亮的，而且越亮越好。

评价老茶的最后一步是评叶底。凡属老茶，它和茶汤相匹配，其叶底的颜色一定与茶汤有关联关系。也就是说，老茶叶底的色泽一定是红褐色的，甚至是深褐色的。接近寿终正寝的老茶，它的叶底甚至是碳化的。提醒朋友们的是，熟茶出现红褐色的叶底并不难，因为熟茶是通过发酵的。老生茶出现红褐色的叶底是需要相当的时间的。

这些不确定性给我们评价老茶的叶底带来了难度。我教大家一个方法，朋友们可以从叶底当中找到茶梗，用手捏，看看它有没有空洞的现象。如果是老茶，你会有捏到塑料管一样的感觉，就是说茎梗中间空洞，中间空心了，这就是老茶的表现。当然，叶底可能不是每一棵茶梗都有这种空心的感觉，它一定会有这种比例存在，比例面积越大的，就是越老的。

### 三、普洱茶审评品鉴的注意事项

大家在评定普洱茶的时候要注意两点：

第一，看茶评茶。用茶叶审评的科学的方法即八因子评茶法，科学地去评价茶。就茶说茶，看茶论茶，少听故事，即使是名山茶，即使是年份茶，都需要优质。我们说茶叶审评是把关，是鉴别，是鉴赏。学习茶叶审评可以从不懂到懂，慢慢学，但一定要讲科学。

第二，建议大家在评价老茶的时候，用一种"否定到肯定"的方法去认识它、辨析它。在否定中取寻找支持老茶的证据链，支持好茶的证据链，如果能形成新的肯定，那么这个茶就一定是值得褒奖的茶。

喜爱普洱茶的朋友们、玩家朋友们，由否定到肯定地认识普洱茶，是我们共同需要的方法论。

---

思考题

1. 晒青茶"三春三配"指的是什么？
2. 评价普洱熟茶的新茶，为什么要以普洱茶国家地理标志和云南省地方标准为依据？
3. 高嫩度的普洱熟茶外形色泽带有"灰白色"，正常吗？
4. 如何客观评价刚渥堆发酵出来的普洱熟茶？
5. 如何从外形和内质两个方面鉴别普洱老茶？
6. 从事普洱茶审评品鉴，应注意哪些事项？